青少年C++编程入门

从解决问题到培养思维

荆晓虹　编著

清华大学出版社
北　京

内 容 简 介

本书是一本C++零基础入门的书籍，遵循教育规律，引导读者逐步理解“为何而学”，将他们领进编程的大门。

全书共分为12章，循序渐进地介绍了C++编程环境、程序的基本结构、基本数据类型及其运算、算法及三种基本结构等基础知识，以输入输出语句、赋值语句、if语句、for语句、while语句等应用为例，生动讲解C++语句的基本使用方法，并深入浅出地阐述了数组、结构体、函数等概念及应用，以及排序、查找和穷举等算法基础。每章采用趣味项目和问题引入的方式，让读者在解决问题的过程中自然构建C++基础知识，引导读者理解计算机基础知识，培养计算思维。

本书可以作为小学四年级以上学生零基础学习C++的教学用书，也可以作为准备参加全国青少年信息学奥林匹克竞赛的学生用书，还可以作为零起点自学C++编程的各阶段学生或社会人士的参考用书。

图书在版编目(CIP)数据

青少年C++编程入门：从解决问题到培养思维/荆晓虹编著. —北京：清华大学出版社，2021.8(2024.3重印)
ISBN 978-7-302-58112-3

Ⅰ.①青… Ⅱ.①荆… Ⅲ.①C++语言－程序设计－青少年读物 Ⅳ.①TP312.8-49

中国版本图书馆CIP数据核字(2021)第084400号

责任编辑：龙启铭
封面设计：何凤霞
责任校对：李建庄
责任印制：丛怀宇

出版发行：清华大学出版社
网　　址：https://www.tup.com.cn，https://www.wqxuetang.com
地　　址：北京清华大学学研大厦A座　　**邮　　编**：100084
社 总 机：010-83470000　　**邮　　购**：010-62786544
投稿与读者服务：010-62776969，c-service@tup.tsinghua.edu.cn
质量反馈：010-62772015，zhiliang@tup.tsinghua.edu.cn
课件下载：https://www.tup.com.cn，010-83470236
印 装 者：三河市铭诚印务有限公司
经　　销：全国新华书店
开　　本：185mm×260mm　　**印　　张**：21.5　　**字　　数**：457千字
版　　次：2021年9月第1版　　**印　　次**：2024年3月第4次印刷
定　　价：69.00元

产品编号：091098-01

前　言

随着大数据、人工智能等信息技术的飞速发展，编程教育越来越受到社会、学校和家庭的关注。近年来编程教育课程丰富、学习资源充足，但目前大多数的 C++ 入门书籍都是以介绍 C++ 知识和技能为主。未来社会需要的人才不仅仅是掌握编程知识和技能的人才，更需要具有计算思维的创新型人才。本书遵循教育规律，引导学生逐步理解“为何而学”，将他们领进编程的大门，激发其学习主动性，挖掘他们的学习潜力，逐步培养其自主探究的学习能力，并引导他们通过学习 C++ 编程培养计算思维和自我优化意识，为适应未来社会奠定基础。本书也是江苏省教育科学“十三五”规划自筹重点课题（立项编号：247)《区域化推进项目趣味化教学与培养学生计算思维的研究》实验教材。

本书特点

问题导学，学习目标明确。最重要的教育手段一直是鼓励学生采取行动。本书每个章节采用贴近学生的小项目问题创设情境，学生通过尝试解决问题的过程，逐步生成必需的新知识。学生学习过程中，能强烈感受到“为何而学”，使学习的目标更明确，也为“学知识”和“用知识”间架设了桥梁。

思维递进，注重知识迁移。曾任耶鲁大学校长 20 年之久的理查德·莱文曾说过：“真正的教育不传授任何知识和技能，却能令人胜任任何学科和职业，这才是真正的教育。”真正的教育，是批判性的独立思考、时时刻刻的自我觉知、终身学习的基础。本书在内容的叙述上，特别注重培养学生积极思考、主动探究的习惯。尽量避免以生硬的方式呈现知识，而是通过思维的层层递进，自然生成。充分利用学生前概念和已有经验，从生活经验、其他学科知识、本学科旧知识等方面进行迁移，既帮助学生自主构建知识的网络，同时也让学生的学习变得充满成就感，从而培养真正的兴趣。

边学边练，培养动手能力。本书中每个问题的解决，最终都会引导和帮助学生在 C++ 编程环境中实践验证。这种边学习、边思考、边操作的过程，可以让抽象的知识通过有意义的实践变得具体，使学生更加容易掌握新知识和技能。

自主体验，提升学习能力。本书倡导学生进行自主体验式学习，非常适合初学者自主学习，这是本书最大的亮点。随着互联网＋新技术的发展，探究学习模式越来越受重视，编程是一门实践性非常强的学科，这一特性非常适合学生进行自主探究学习。本书内容叙述的方式更具亲和力，学生在阅读的过程中，就像有一位循循善诱的长者，或是一个积极睿智的同龄人，在跟他们一起解决一个又一个有趣的问题，甚至忘记了学习的苦涩，感受到的是自己不断进步，变得越来越会学习。

选择灵活，适应读者需求。教材内容的递进以初学者的知识及思维水平为基准，力求循序渐进，且充分考虑其拓展性。读者可以自行选择学习、思考及实践的速度，若有更多需求，本教材还可提供与内容匹配的教学微视频以及更多实战训练的在线题库。本教材引导读者最终学会发现问题、主动寻求解决方案、探究学习新知识，并通过这个过程明确学习目的、了解自己的学习特点、尝试规划未来的学习。

给教师及培训者的建议

当学生愿意并逐渐学会自主学习时，教师"除了自身的正式职能以外，将越来越成为一位顾问，一位交换意见的参与者，一位帮助发现矛盾论点而不是拿出现成真理的人。他必须集中更多精力和时间，从事那些有效果和有创造性的活动，比如互相影响，讨论、激励、了解、鼓舞。"教师和培训者能够从反复讲授知识的劳动中解放出来，成为组织者、引领者、同行者，用实际行动来影响学生。建议在教学中鼓励学生积极思考、大胆尝试，不局限于教材中的思维方法，力求更多突破和创新。

给学生的建议

学生自主体验学习过程不仅仅是模仿式完成任务，要注意按照书中的指引积极深入地思考，否则虽然表面看起来完成了任务，但实际会减弱学习效果。建议读者在阅读本书的过程中要耐心细致，遇到问题多思考和大胆实践不同的方法，不局限于教材中的内容。经历这样的学习过程，形成带得走的能力。如果跟小伙伴一起学习，将更加利于交流，增进兴趣。

给家长的建议

目前有很多家庭也非常重视孩子的编程教育，对于没有编程基础的家长，无法判断孩子的学习进展，也找不到共同的话题进行交流。本书也非常适合亲子学习，家长陪伴孩子，或者一起学习，说一说解决的问题，谈一谈书中的人物，鼓励孩子勇敢前进，共享幸福时光。

读者对象

- 小学四年级以上 C++ 零基础的学生。
- 准备参加全国青少年信息学奥林匹克竞赛的学生。
- 准备零起点自学 C++ 编程的各阶段学生或社会人士。

致谢

在本书的编写和审阅期间，得到了江苏省荆晓虹网络名师工作室成员的大力支持和帮助。感谢他们为本书教学内容录制了高质量的教学视频，存放在名师工作室网络平台，并将所有习题添加到在线评测平台，以协助读者更好地使用本书，读者可以通过扫下面的二维码或者输入对应的网址寻求相应的帮助。

视频网址：https://ms.jse.edu.cn/index.php?r=studio/coursecenter/info&sid=37&id=5

在线评测网址：http://flyoj.cn/

非常感谢我的家人、朋友和同事，他们给我鼓励和支持，让我有信心，能专心投入创作。特别感谢儿子给我提供创作的灵感，让书的内容和形式更加有趣。最让我感动的是我可爱的学生们，在繁忙的学业中抽出宝贵时间关心和支持我的工作，他们给予我的精神食粮，我将在“学长寄语”中全部奉献出来，与读者共同分享。

本人凭借多年从事编程教学研究和编程教学经验发表一些粗浅的认识，谬误之处，恭请读者批评指正。

荆晓虹

2021 年 6 月

学长寄语

编程给我的最大收获就是一种面对困难克服挫折的精神，以及自己能够解决问题的自信。以至于我坚信，生活和学习中碰到的任何问题，没有什么是解决不了的。哪怕是一个完全未知的领域，通过自学掌握了其中的"法"，也是可以做到的。编程的本质是对生活的另一种诠释，另一种思考问题的方式，本书就是帮助开启这扇大门非常好的钥匙。从实际生活出发，帮助培养编程思维。

方焕（宾夕法尼亚大学计算机与信息科学系博士在读）

编程教育不是注满一桶水，而是点燃一把火。中学时期，科学系统地进行编程技能学习和思维锻炼，点燃了我的事业之火，让我在繁忙的编码工作中更加得心应手、游刃有余。本书重在鼓励和引导读者通过培养兴趣的方式，自主学习提升编程能力和锻炼思维，为未来的职业生涯规划打下扎实的基础，为成为现代化创新型人才奠定坚固的基石。我建议每一位学习 C++ 的读者都读一下这本书，这是一本编程爱好者书架上不可或缺的书。

尹飞云（华南理工大学信息工程专业毕业生，现为百度研发工程师）

从我个人和身边同学的经历来看，无论将来是否继续学习计算机相关专业，编程学习的经历都有利于形成计算思维，培养自主学习的能力，对个人发展和生活都有着积极的影响。对我而言，高中信息学竞赛学习过程中积累的知识和经验，以及形成的思维习惯，都给我现在的学习和研究带来了极大的帮助。荆老师有丰富的编程教学经验，经常在教学过程中反复推敲教学方式，对编程的教学有自己独到的见解。这本书体现了荆老师在多年教学过程中的思考，相信一定能给老师和同学提供有力的帮助。

吴梦迪（清华大学交叉信息研究院）

编程是 K12 教育当中最现代化的科目，拓宽知识面，培养动手能力这些益处是显而易见的，甚至在深化数学思维方面也有非常好的效果，这里不过多展开；更重要的是，编程学习带来了很多伴随一生的有益影响。

对我影响最深远的，当属思维能力的提升。初学起来有点抽象的"树""图"这样的数据结构，艰涩难啃的"分治""贪心""动态规划"这样的算法，一点点地渗透到了今后的学习工作和生活中。后来的学习中，任何知识体系我都喜欢把它梳理出一个树形结构，再辅以图的联系去更好地掌握，再利用"分治"思维，找出里面的重点模块去突破，往往有事半功倍的效果。现在的工作中，我也经常做任务分解，降低任务难度；同时常常提醒自己，不要过多局部"贪心"，要寻求全局最优解。

其次，编程中独具特色的 Bug 调试，也改善了我的细心和耐心习惯。学习编程以前，粗心大意是我的标签，而这些会在编程过程中被无限放大。编程的时候经常觉得自己的算法精妙绝伦,但就是得不到想要的结果,经常一天天地调试,不断地怀疑自己,最后发现原因仅仅是一个标点、一个符号的错误。久而久之,就学会了如何客观地寻找自己的错误,培养了阶段性校验和总结的习惯,这些习惯也让我一直受益至今。

在我看来,现代社会的发展越来越专业化,而对人才的要求却越来越复合,应对这个蓬勃发展的时代,自主学习显得尤为重要,自主学习能力也极有可能是我们绝大多数人最核心的竞争力,这一点从高考往后会越发凸显。

无论是生活、工作还是学习中,遇到新的问题,怎么分析问题、解构问题,如何利用自身资源解决问题,如何快速掌握相关的信息和技能成为我们经常面临的状况。而这些恰恰是编程学习区别于传统学科教育的地方之一,帮助我们更早地培养起自主学习能力。我刚刚开始编程学习的时候,花了一个月的暑假时间,把教材自学完,知道哪些知识已经理解了,哪些知识还不懂,就可以在之后的学习中化被动为主动,才可能从老师的教学中及与同学的探讨中加深理解。这样的自主学习习惯,一直被我保留了下来,帮助我更高效地学习和工作。

回想起来,是荆老师当年"善意的谎言"向我打开了编程世界的大门,一直很庆幸在求学的道路上能遇到荆老师这样一位良师益友。在我的认识里,荆老师一直在指导我们怎么更好地"学",而不是传统意义上如何更好地"教",荆老师一直在努力帮助我们挖掘出主动学习的能力,这样独特的现代化教育理念也渗透在全书的各个环节中。

首先,解决问题导向一直贯穿始终,本书往往从实际问题出发,分析问题,和读者一起探索解决问题的方法,进而归纳总结,希望读者形成自己的框架和体系,而不拘泥于算法和数据结构的灌输。

本书在引导过程中,注重思维的渐进培养,鼓励读者不断探索优化的方向,一个问题的解决引入新的问题,让读者既能获得解决问题的小成就感,又能激发读者继续学习的主动性,不断正反馈式学习。

全书是荆老师多年一线教学经验和深刻思考的集中体现,希望更多的读者能从中受益,一起享受编程学习的乐趣。

孙宙(清华大学机械工程专业毕业生,现为天灏资本分析师)

我是从初中就开始学习编程的,当时觉得没什么,就是课外找个事情干,参加比赛挑战自己也挺有意思的。大学读了电气工程,找工作却兜兜转转又回到了写代码这一行。中学期间学的东西对我来说最显而易见的好处就是让我的算法基础还算不错,找工作刷 LeetCode 能轻松不少。说不好是因为喜欢秩序感才去学的编程,还是学习程序设计这个过程让我的逻辑更清晰,总之我觉得没白学吧。

活到老学到老在每一个行业都是很重要的事情。我刚开始工作的时候是算法工程师,每天下班要读论文,定期和同事分享学习成果;后来发现自己更喜欢做工程,就去了前端组做了一年 UX dev,终于开了点窍;现在正在学习一些简单的后端,希望能往全栈的方向走一走。学习新知识对我来说本身就是很有趣的事情，所以也并不觉得辛苦，现在技术更新非常快，及时查漏补缺才能保持竞争力。

荆老师这本书读起来非常有趣，不是干巴巴地讲解，而是通过提问题的方式引发思考，很适合初学算法的同学，也很适合有一定算法基础的同学加深对一些细节的理解。书中对算法的解释还结合了生活中的例子，很适合大家把算法思想应用于生活，真正培养编程思维，终身受益。

张帆（清华大学电机系毕业生，现为微软亚太研发集团工程师）

初学编程，它之于我来说是一个全新的得心应手的工具，一个挥洒自身创造力的渠道。在学习编程的过程中，学习知识与实践运用是并行不悖的，学习到的算法或数据结构通过编程实现，立刻就能投入到解决实际问题之中，这对于初学的我是莫大的鼓舞，让我第一次真切地感受到了编程能够改变世界的巨大力量。

编程之于我品性的塑造也起到了尤为重要的作用。在初学编程的过程中，复杂的逻辑往往催生大量的Bug，在攻克各种各样的Bug的过程中，我逐渐养成了在编程前做充分思考的习惯，“think twice, code once”，完备的思考永远比编程实现更重要，这样的习惯也渗透到了我的其他学习方面乃至日常生活当中。

学习编程给我带来的另一大能力是自主学习能力。信息学奥林匹克竞赛知识体系的更新日新月异，算法在不断改进，算法的应用也在不断拓展，所以只有不断接触新的知识才能跟上这个领域的发展节奏，我的自主学习的能力也是在这样的环境下培养起来的。在高中阶段，我利用互联网上的学习资源，特别是其他选手的博客，再结合手头的纸质书籍解决了我大量的困惑。在大学阶段，学习编程而培养形成自主学习的能力更让我大为受用。在大学这样一个更加宽松的环境之中，课堂上学习到的知识更像一把打开新世界的钥匙，而真正进行探索还需要自主学习，如何将身边海量的资源进行吸纳和整合，取百家之长，将是一项重要的技能。

荆老师的这本书，思维训练与实践运用并重，以问题为导向，着眼于实际，将实践经验迁移到编程的教学中来，循循善诱，是打开编程世界的大门，夯实编程基础的不二之选。

杨浩宇（清华大学计算机科学与技术系本科在读）

因为学习编程，我走上了ACM的道路；因为学习编程，我了解了计算机科学的真正意义。学习编程，不仅能提升解决问题的能力，更能养成算法思维。相较于严谨机械的推导和数字计算，思考编程题时的灵光一现和学会新算法的喜悦让我乐在其中。

李至丹（上海交通大学ACM班本科在读）

我现在的科研方向是理论计算机。理论计算机的核心是算法设计，这也是我在信息学竞赛中学的最好的内容。我们应该如何描述一个算法呢，最初肯定使用像汉语、英语这样的自然语言。但是自然语言是很难避免歧义的，而且也很难被机器所识别，这时就需要一种没有歧义的语言，又称为形式语言，其中封装较好又有足够自由度的适合初学者的语言就是C++。

对于学习语言，大家可能第一反应就是背单词，背语法。但是学习C++是否也适用这种方法呢？显然不是。C++的单词、语法非常简单，不需要过多学习。我们需要学习的重点有两点，一点是运用计算思维来设计算法，否则很难把你想让计算机干的活清晰地描述出来；另一点是把脑海中的算法简单快捷地用形式语言写出来，这其中还有一个重要的部分是思考所写的东西是否可用更短或者更清晰的写法，是否能够减少无用的操作数来降低时间复杂度和空间复杂度，这样下次就能更快写出时空复杂度更优秀的算法，这也就是自我优化意识。

孙恩泽（上海交通大学计算机科学系本科在读）

在学习编程的过程中，感觉最受益的有两点。一是程序的严谨性给我带来了很强的系统性思维。在进行一项具体工作时，会为工作安排好整体流程，将它划分为若干有机联系又相对独立的若干小任务，计划好每一项小任务间如何衔接，这样能够比较有条理地完成工作。二是编程学习中的算法训练，让我会用数学工具来看待问题。我研究生期间的研究方向和本科导师研究方向并不相同，而正是看待问题时善用数学工具，能够在很多并不熟悉的领域中找到一些本质的内容。善用数学工具看待问题，能在很多理工科领域基础有所欠缺的情况下，快速建立起对知识的感官。

这本书深入浅出地介绍了C++的各种基础知识，可以让读者对程序的基础结构有所了解。在明白了分支、循环、数组、结构体、函数等知识后，也许能慢慢体验到我所说的处理任务时的系统性思维。这本书也介绍了一些基础算法，初步使用数学工具解决一些具体问题，能够让读者初步领会到在解决具体问题时数学的魅力。我认为通过这些学习，读者应该能产生一些和我相似的感受。

当然，我认为领会到编程中的这些魅力，还是离不开刻苦的努力，尤其是自主学习。编程不是一件容易的事情，而且它是针对具体问题的解决工具。世间问题无穷无尽，编程时需要利用的知识也无穷无尽，不是一段短暂的学习或是一本书就能完全覆盖的。在尝试解决新的问题时，必须通过自主学习，才能找到对应的解决方案。

周一念（清华大学软件学院硕士研究生在读）

非常荣幸能在荆老师的指导下从中学时期开始学习编程。荆老师深入浅出的授课方式以及科学合理的授课实践内容安排，为我之后计算机及其他相关学科的学习打下了坚实的基础。根据我个人的经验及观察，进入大学之后，学业以及科研上的成功与否很大程度上取决于一个人的自主学习能力，计算机科学尤为如此。浩如烟海的知识、文档以及不断涌现的新技术、新算法都不可能由老师面面俱到地教授。而荆老师的这本C++教材，则非常有助于培养中学学生在计算机科学方面的自主学习能力。本书的叙述方式新颖、生动，内容设置层层递进，注重学习和实践结合。这本书不仅能让学生收获编程知识，也能培养他们的编程兴趣和计算思维，是非常好的C++入门教材。

娄宇轩（新加坡国立大学统计学硕士研究生在读）

编程所能带给一个人的，绝不仅仅是如何写出程序的知识，更为重要的是在一行行代码、一道道题目中逐渐塑造而成的思维方式。编程中理论与实践并重，二者相辅相成，缺一不可。通过系统的编程训练，严谨而细致的思维方式逐渐得到培养。这并非是具体的方法，而是探索未知领域所必需的能力。即使今后不从事编程相关的工作，这样的能力同样是大有裨益的。

同时，在编程尚未大规模普及的现在，编程学习尤其强调自主学习的能力。不论是对新知识的学习，还是对程序的编写，在绝大多数情况下都是独立完成的。自主学习的能力在一个人的学习生涯中，有着越来越重要的地位，尤其在高中及以后的学习中。没有自主学习能力的人，几乎是寸步难行、无法进步的。

在自主学习的过程中，一本好的教材十分重要。荆老师长期担任信息竞赛的教练，积累了丰富的教学经验，对编程教育有着独到的见解。她的这本教材课程设置合理，课程内容深入浅出，采用生活中的场景，亲切有趣而不失严谨，非常适合作为编程的入门教材。

李衍君（中国科学院大学网络空间安全专业本科在读）

在高中时期，我参加过信息学竞赛并学习了编程。这段学习经历一方面让我了解了信息学和计算机学科，促使我选择了计算机作为之后进一步学习的方向。另一方面，对编程的学习帮助我加深了对于计算机的理解，为我大学的学习打下了基础。

此外，编程的学习和文化课不同，知识更新快，而且没有明确的知识范围要求，对于自学能力的要求更高。而自学能力在高中之后的学习、工作中尤其重要。因此，无论我们选择什么方向，学习编程都对我们未来的学习、工作有帮助。

尹凌峰（清华大学计算机科学与技术系本科在读）

高中时期的编程学习经历对我产生了深远而又积极的影响。首先，学习编程让我养成了耐心、细心的性格，培养了我的逻辑思维和抽象思维能力。很多人坐在计算机面前都会想去玩游戏，而学习编程能提高我的自律性和做事情的专注度。

同时，编程学习的经历对我整个高中的学习都有着有益的影响，这段经历让我打好了坚实的数理基础，锻炼了我独立思考和自主学习的能力。同时也大大加强了我的韧性和自信心，让我能更有勇气面对困难和挫折。

很多人对学习的理解还停留在老师教、学生学这样的模式上。实际上这种填鸭式的教学模式早已不能适应如今的时代。在这个科技发展、信息爆炸的时代，我们对知识的需求早已超过了老师能教给我们的范围，这便需要学生学会自主学习。歌德曾说过：“疑惑随着知识而增长。”而自主学习则是解决疑惑最有力的途径，尤其是进入了大学以后，这成为大学学习的必备技能。

荆老师的这本书深入浅出，循序渐进，不像一些教材那么枯燥无味。书中所设的一些情景也非常具有现实意义，在我们的生活中也会经常遇到这类的问题。在看书的过程中，会有一种不断获取知识的充盈感。

殷天逸(南京大学软件工程专业本科在读)

计算机编程在我们 80 后上学时还属于较新的学科,高中时荆老师为我打开了编程思维的大门。计算机学科与数学最为接近,都是高度严谨和追求逻辑。不同的是编程(尤其是编程中的算法)是设计一套逻辑,让计算机去执行而得到最终结果。这种思维方式对毕业后参加工作帮助特别大。比如你作为一个团队的成员,会发现整个团队为了一个目标是按照一定的逻辑来确定各自的分工以及项目的里程碑的。又或者你自己创业,那更需要从顶层去设计业务逻辑、团队管理、目标的分解等。

C++ 只是众多编程语言中的一种,但学习过程中获得的编程思维是通用的。跟着荆老师这本书,既能学会 C++ 这个工具,又能学到很多算法知识。但作为过来人更希望读者在本书的学习过程中能体会到编程思想所带来的思维模式的拓展,不管未来你是否从事计算机行业,都将让你受益一生。用一句话来说,就是要做设计者(编程),不要仅仅做执行者(计算机)。

袁翔(南京小木马科技有限公司 CEO)

目　录

第 1 章

计算机做算术题

1.1 初识 C++

问

丹丹是小学四年级的同学，上周数学老师开始讲解四则运算。丹丹听在学编程的阳阳说，计算机计算功能强大。他想自己出题，让计算机计算，看看计算机的准确率是不是真如阳阳说的那么高。

探

阳阳：这有什么难的，我马上写程序让计算机算一下 **151+217=?**……丹丹你看，我写好了，下面两个程序都可以计算这道题。

程序 1

```
#include<iostream>
using namespace std;
int main()
{
    cout<<151+217;
    return 0;
}
```

程序 2

```
#include<iostream>
using namespace std;
int main()
{
    int a,b,c;
    a=151;
    b=217;
    c=a+b;
    cout<<c;
    return 0;
}
```

丹丹：这个程序中有好多英文，还有一些数学里的符号呢。

阳阳：以上两段代码都是用 C++ 语言编写的程序，你读读看，能不能猜出其中语句的功能？

（亲爱的读者，你和丹丹一起读一读，猜一猜。）

丹丹：阳阳，我仔细研究了一下，猜测两段程序都是求 **151+217** 的值吧？其结果一样，都是 368。

阳阳：我在 C++ 环境里运行这两个程序，让计算机检测一下你猜得对不对。

丹丹：太棒了，显示的结果真的都是 **368**，而且我发现两个程序中有部分内容一模一样……

阳阳：嗯，这两个程序有相同的基本框架。这是 C++ 程序的基本构成，不仅是这两个程序的框架相同，几乎所有 C++ 程序的框架都基本相同。框架的第一行是头文件。头文件相当于一个仓库，里面放了很多功能函数和数据接口的声明，当你要用到某一函数时，你就可以从这个仓库中拿出来用。它的格式是 **#** 开头，后面跟 **include**，再接着是一对尖括号，尖括号中包含头文件的名称。**iostream** 是指标准的输入输出流，基本的输入输出操作包含在 **iostream** 中，也就是可以提供从输入设备读入数据和从输出设备写出数据的功能。老师告诉我们，头文件还可以使用 **bits/stdc++.h**。

框架第二行是命名空间。C++ 有自己的命名空间 **std**，定义了 C++ 标准程序库中的所有标识符，它的使用格式是 **using namespace std;**，这样可以用来处理程序中常见的同名冲突，我们就可以很方便地使用这些标识符了。

丹丹：**int main()** 这句是什么含义？

阳阳：框架第三行 **int main()** 包括下面的 **{}** 里的内容，称为主函数。函数是可以实现一定功能的程序段，调用函数后一般都会有一个返回值。主函数是程序中最主要的函数，每个程序都是通过调用主函数实现它的全部功能。**int** 是调用主函数后返回值的类型，也可以说成主函数的类型是整型。**main** 是主函数的名称，后面跟一对小括号和一对大括号。任何一个程序都必须包含一个（且只有一个）主函数，程序执行时都是从主函数开始执行的，它相当于程序的入口。主函数最后一行 **return 0**，意思是返回值为 0，表示程序结束。

丹丹：这么多讲究，我好像记不住。

阳阳：老师说不用刻意去记，你只要先有个了解，以后编的程序多了，自然就记住了。

丹丹：噢。仔细看看，这两个程序还有不少不相同的内容呢。比如程序 2 中有 **int a,b,c;**，程序 2 也多了一些代码。

阳阳：哈哈，对的。我再来给你讲讲它们的不同，主要表现在主函数 **main** 里的语句不一样。第一个程序只有一行，直接计算并输出计算结果。第二个程序由多行语句组成，它就像我们在草稿纸上的计算过程，把计算的数写下来，我们是写在草稿纸上计算，计算机是将数存储在变量 **a** 和 **b** 里，再进行计算。不同的问题，思路不同，方法不同，写出来的程序自然不同。即使同一个问题，方法也是有多种的，如果方法不同，写出来的程序也会不同。这正是大家在写程序中需要多多思考的问题。

学

C++ 程序的基本结构：

```
#include<iostream>←——头文件
using namespace std;←——命名空间
int main()
{
    ……                    } 主函数
    return 0;
}
```

函数：

是 C++ 程序中实现特定功能的程序段，一个程序通常通过调用一个或多个函数来解决某个问题。其中 **main** 称为主函数，是程序执行的起点，内部的语句就是解决问题的具体方法和步骤。C++ 程序除了主函数以外，还可以根据需要调用其他函数。

语句结束符：

程序每条语句都是以 **;** 结束。

丹丹：阳阳，这个 C++ 真的很厉害呢，我想试试在 C++ 里运行这个程序，你能帮助我吗？

阳阳：可以呀，你来试试。首先我们要下载 Dev-Cpp5.11 软件，建议你用这个网址下载：**https://pc.qq.com/detail/16/detail_163136.html**，选择普通下载，如图 1.1 所示。

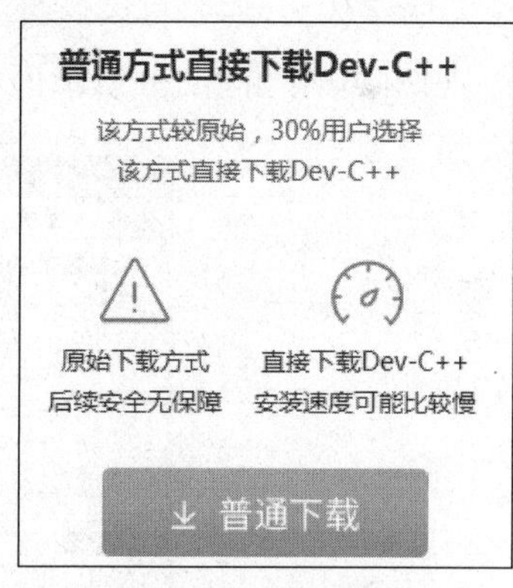

图 1.1 普通下载选项

下载后的软件如图 1.2 所示。

直接双击这个文件图标。

丹丹：我这就按照你说的操作，你看，双击后出现了如图 1.3 所示的信息。

阳阳：这是 C++ 开始进入安装程序了，这里一般选择 **English**，单击 **OK** 按钮。

丹丹：好的，那我自己试试，下面我选择单击 **I agree**，再单击 **Next** 按钮，可以吗？

Dev-Cpp_5.11_TDM-GCC_4.9.2_Setup

图 1.2 Dev-Cpp5.11 安装文件

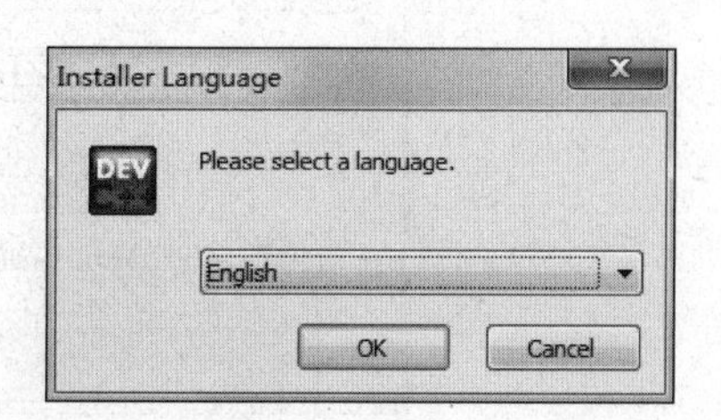

图 1.3 安装语言

阳阳：嗯，我们可以默认当前的安装路径，单击 **Install** 按钮。这步完成后，单击 **Finish** 按钮，就安装好了。

丹丹：这里还有提示信息呢，如图 1.4 所示。

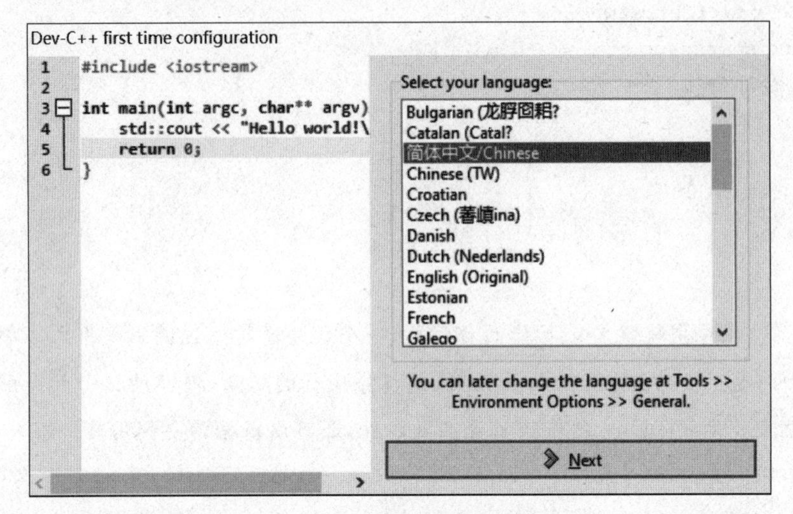

图 1.4　语言选择

阳阳：这是语言选择，我们可以选择**简体中文/Chinese**，然后连续单击两次 **Next** 按钮，最后单击 **OK** 按钮，这就进入 C++ 编写程序的界面了。如果你想调整界面，比如希望代码显示的字体大一些，可以通过菜单来进行设置。比如，你试试**工具**菜单下的**编译器选项**。

丹丹：你看如图 1.5 所示的信息，这个对话框中有改变字体大小的选项，我试试看。

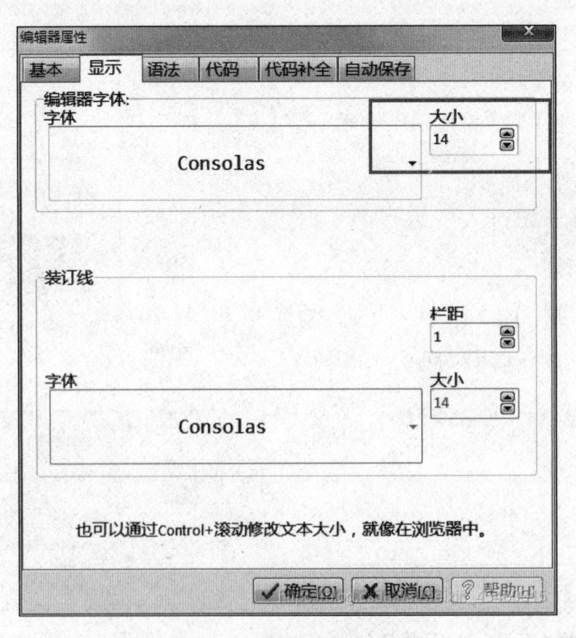

图 1.5　修改字体大小

阳阳：嗯，安装并设置好环境之后，你就可以开始编写程序啦。从输入程序代码到运行程序的所有过程都将在这个环境中完成。下面我们开始第一步：新建一个源代码，可以使用菜单命令，也可以使用快捷键 **Ctrl+N**，打开新建程序的窗口。第二步：书写代码。

丹丹：现在，我是把你写的程序从键盘输入进去吗？

阳阳：是的，细心一些，特别注意符号不要打错了。

丹丹：我先试试第一个程序……完成啦！下面该怎么办呢？

阳阳：第三步保存程序，快捷键是 **Ctrl+S**，给程序起个名字，注意程序保存的位置，方便下次找到它；第四步：编译运行程序，快捷键是 **F11**。

丹丹：你看，出现了一个新打开的窗口，屏幕上显示 **368**，如图 1.6 所示。是表示计算机把算出的结果告诉我们了吗？

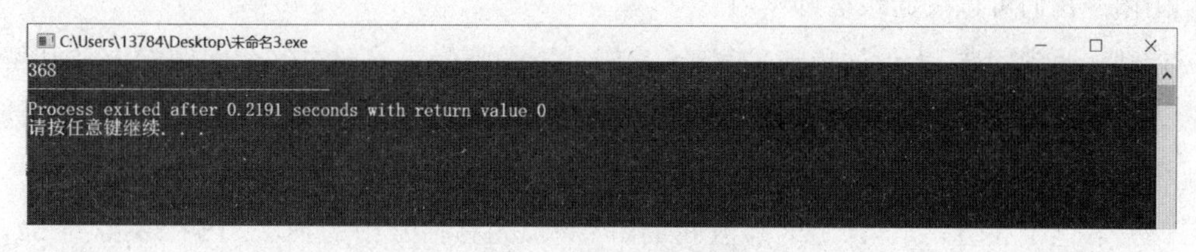

图 1.6　运行结果界面

阳阳：是的，如果程序没有错误，程序会打开输出窗口，告诉我们运行的结果为 368。

丹丹：哇，太棒了，我也能让计算机帮我计算啦！下面我自己来输入第二个程序。我试试电脑课上学习的编辑文本的技术，把程序 1 中不需要的语句删除，按照程序 2 的内容把程序补充完整。

阳阳：程序 2 中是先定义 3 个整型变量 **a**、**b**、**c** 以分号结束，变量要先定义后使用，丹丹，你暂且可以把变量看成是存数的容器。**a=189;** 表示把 **189** 放到容器 **a** 中，**b=325;** 表示把 **325** 放到容器 **b** 中，**c=a+b;** 表示把 **a** 和 **b** 相加的和放到容器 **c** 中，最后输出 **c** 的值，即为 **a+b** 的和。

丹丹：嗯嗯……输入完成，保存程序，编译运行程序，查看结果。真的出现 **368** 了，好开心噢。两种写法有所不同，我都要学会吗？

阳阳：老师告诉我们，尽量学会用多种方法编写程序，两种你都学会当然更好啦。

习

练习 1.1：编程求 189＋325 的值。

练习 1.2：编程求 138－96 的值。

练习 1.3：编程求 96 * 23 的值(注：* 是乘号)。

1.2 C++程序的调试与运行

问

通过上次的学习，丹丹已经学会了编写和运行简单的C++程序。他弄懂并能流畅地写出C++程序的基本框架及相关语句，于是他想再给计算机出一道稍微有些难度的题目，怎么编写程序让计算机计算 **295-(15+36)** 呢？

探

丹丹：阳阳，我不知道这个程序该怎么写？

阳阳：我们可以一起跟老师学习。

老师：遇到问题，无论简单还是复杂，我们首要任务是寻求解决这个问题的方法和解题步骤，解决某个问题的方法和步骤称为算法。比如计算 **295-(15+36)**，你们是怎么计算的呢？

丹丹：这个我会，数学课上老师教我们，第一步先算括号中的加法，**15+36** 得到 **51**，第二步再算外面的减法，**295-51** 得到 **244**。

老师：非常好，你刚才解决问题的方法是遵循四则运算的解题方法，解题步骤主要有两步。计算机解决这个问题也用一定的算法，它所用的算法是人告诉它的，你可以用C++语言把刚才你的计算过程写成程序告诉它，它就可以解决这个问题了。具体来说，我们可以这样描述算法步骤：

第一步：初始化，把算式中的数输入计算机。

第二步：计算括号里的 **15+36**，得到 **51**。

第三步：计算 **295-51**，得到 **244**。

第四步：让计算机输出最后结果。

丹丹：哦，原来是这样。

老师：算法的描述方法有自然语言、流程图、伪代码和计算机语言等，刚刚我们用的是自然语言描述法。在编写程序时，我们一般先用自然语言和流程图来梳理我们的想法，然后用计算机语言将想法转化为程序，最后通过在编程环境中运行程序让计算机帮助我们解决问题。

丹丹：老师，我明白了，计算机所做的都是我们教给它的，C++语言是计算机能够理解并执行的语言，我们用C++语言把我们的计算步骤表示出来，就可以让计算机代替我们执行程序，帮我们完成这些步骤。

学

算法：解决问题的方法和步骤，我们称之为算法。

算法的重要特征：

① 有穷性：算法必须能在执行有限个步骤之后终止；

② 确切性：算法的每一步骤必须有确切的定义；

③ 输入性：一个算法有0个或多个输入，也就是说可以没有输入；

④ 输出性：一个算法有一个或多个输出，也就是说必须要有输出；

⑤ 可行性：算法的每个步骤都可以在有限时间内完成。

描述算法的常用方式：自然语言、流程图、伪代码和计算机语言等。

丹丹：我可以仿照上次的程序，来试试把刚才的步骤写到程序里。先打开 **Dev-C++** 环境，写出 C++ 的基本框架……

老师：我来帮助你。第一步，估计一下计算过程中需要存储哪些相关数据，以此来定义需要的变量。变量需要先定义后使用，我们根据刚才的分析过程，需要定义5个整型变量，可以分别用 **a**,**b**,**c**,**d**,**e** 命名。注意语句中变量之间要用逗号隔开，以分号结束。接下来把 **295** 存放到 **a** 里面，把 **15** 存放到 **b** 中，把 **36** 存入 **c** 中，这个存放数值的过程也称为变量的初始化。第二步，计算括号里的15+36，即 **d=b+c**；表示把这步计算结果存放到变量 **d** 中，以分号结束。第三步：计算减法295−51，即 **e=a-d**，以分号结束。第四步：在屏幕上输出结果 **e**，语句是 **cout<<e**，以分号结束。

丹丹：程序完成。先选择保存路径，给程序取名，然后编译运行，最后查看结果。结果是244，耶，成功了。

【参考程序】

```
#include <iostream>
using namespace std;
int main()
{
    int a,b,c,d,e;
    a=295;
    b=15;
    c=36;
    d=b+c;
    e=a-d;
    cout<<e;
    return 0;
}
```

丹丹：编程真有趣，我再来设计一个算式，90−(3+5)*(11−6)这个算式比较复杂，看看计算机能不能算对……阳阳，你帮我看看，我刚刚编写了程序，可是程序出错了，如图 1.7 所示。我不知道怎么做，你能告诉我错在哪儿吗？

```
1  #inclde <iostream>
2  using namespace std;
3  int mian()
4  {
5      int a,b,c,d,e,f,g,h;
6      a=90;
7      b=3;
8      c=5;
9      d=11;
10     e=6;
11     f=b+c;
12     g=d-e;
13     h=a-f*g;
14     cout<<h;
15     return 0;
16 }
```

Compiler (3) | Resources | Compile Log | Debug | Find Results | Close

Line	Col	File	Message
	2	C:\Users\Administrator\Desktop\1.cpp	[Error] invalid preprocessing directive #inclde
		C:\Users\Administrator\Desktop\1.cpp	In function 'int mian()':
14	5	C:\Users\Administrator\Desktop\1.cpp	[Error] 'cout' was not declared in this scope

Line: 1 Col: 2 Sel: 0 Lines: 16 Length: 206 Insert Done parsing in 0.031 seconds

图 1.7 程序错误类型 1-1

阳阳：你看，程序编译运行后，在程序中出现了红色底纹的代码，这是系统给出的错误提示，计算机告诉你错误应该就在这个位置或附近位置，如图 1.8 所示。

图 1.8 程序错误类型 1-2

你再看屏幕下方，计算机会同时在程序的下方给出文字说明，如图 1.9 所示。

Compiler (3) | Resources | Compile Log | Debug | Find Results | Close

Line	Col	File	Message
	2	C:\Users\Administrator\Desktop\1.cpp	[Error] invalid preprocessing directive #inclde
		C:\Users\Administrator\Desktop\1.cpp	In function 'int mian()':
	5	C:\Users\Administrator\Desktop\1.cpp	[Error] 'cout' was not declared in this scope

图 1.9 程序错误类型 1-3

你要学着对照看，是什么原因导致了错误的发生呢？既然计算机给出了提示，肯定要从带红色底纹提示的这一行着手找，你先仔细看看这一行有没有问题。

丹丹：好像 **inclde** 不对劲，是不是写错了？啊呀，无意中漏写了一个字母 **u**。我把它改过来……我再运行试试，这次程序还是没有正常运行，而且程序中没有红色底纹错误提示。

阳阳：刚刚代码中的错误已经改对了，你看程序下方还有文字提示，说明程序仍然有错误，可问题出在哪里呢，仔细对照程序下方的文字提示寻找原因，注意找关键字词，如图 1.10

和图 1.11 所示。

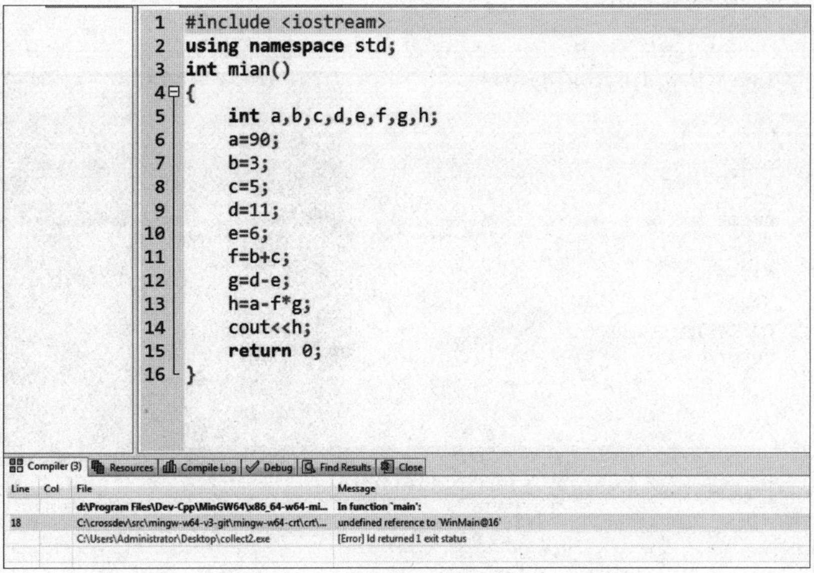

```
1  #include <iostream>
2  using namespace std;
3  int mian()
4  {
5      int a,b,c,d,e,f,g,h;
6      a=90;
7      b=3;
8      c=5;
9      d=11;
10     e=6;
11     f=b+c;
12     g=d-e;
13     h=a-f*g;
14     cout<<h;
15     return 0;
16 }
```

Compiler (3) | Resources | Compile Log | Debug | Find Results | Close

Line	Col	File	Message
		d:\Program Files\Dev-Cpp\MinGW64\x86_64-w64-mi...	In function `main':
18		C:\crossdev\src\mingw-w64-v3-git\mingw-w64-crt\crt\...	undefined reference to `WinMain@16'
		C:\Users\Administrator\Desktop\collect2.exe	[Error] ld returned 1 exit status

图 1.10　程序错误类型 1-4

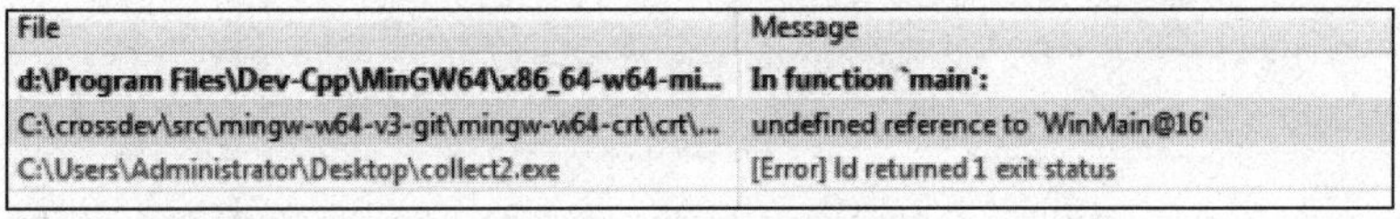

File	Message
d:\Program Files\Dev-Cpp\MinGW64\x86_64-w64-mi...	In function `main':
C:\crossdev\src\mingw-w64-v3-git\mingw-w64-crt\crt\...	undefined reference to `WinMain@16'
C:\Users\Administrator\Desktop\collect2.exe	[Error] ld returned 1 exit status

图 1.11　程序错误类型 1-5

丹丹：提示中 **main** 加了单引号，难道 **main** 有问题？啊！我写的是 **mian**，**a** 和 **i** 的顺序写反了，赶紧改正。

阳阳：继续编译运行，此时程序正常运行，计算机给出了输出结果，说明程序没有错误了，如图 1.12 所示。

阳阳：这是第一类常见错误：关键字写错，如 **include，namespace，main，cout** 等，我刚刚开始学习编程时，也常犯这样的错误。

丹丹：明白了。以后要更加细心了。

老师：丹丹，我再给你看一个程序。

丹丹：我编译运行后，发现系统提示错误在第 11 行，我先检查这一行是否存在书写错误……表面上看没有错误呀，程序下方的文字提示中，**f** 加了单引号，如图 1.13 和图 1.14 所示。难道是 **f** 的用法有问题吗？好像也没问题啊。

阳阳：你检查一下变量 **f** 是否已经定义？因为变量一定要先定义后使用。

丹丹：我明白了，**f** 还有 **g** 和 **h** 都没有定义，我把它们加上去。

老师：很好，变量出现问题要记得检查是否已经准确定义。你看，这样再编译运行，程

```
1  #include <iostream>
2  using namespace std;
3  int main()
4  {
5      int a,b,c,d,e,f,g,h;
6      a=90;
7      b=3;
8      c=5;
9      d=11;
10     e=6;
11     f=b+c;
12     g=d-e;
13     h=a-f*g;
14     cout<<h;
15     return 0;
16 }
```

```
C:\Users\Administrator\Desktop\1.exe
50
--------------------------------
Process exited after 0.3547 seconds with return value
请按任意键继续. . .
```

```
Compile Log | Debug | Find Results | Close
Compilation results...
--------
- Errors: 0
- Warnings: 0
- Output Filename: C:\Users\Administrator\Desktop\1.exe
- Output Size: 1.30214595794678 MiB
- Compilation Time: 1.65s

Sel: 0   Lines: 16   Length: 207   Insert   Done parsing in 0 seconds
```

图 1.12　程序正常运行

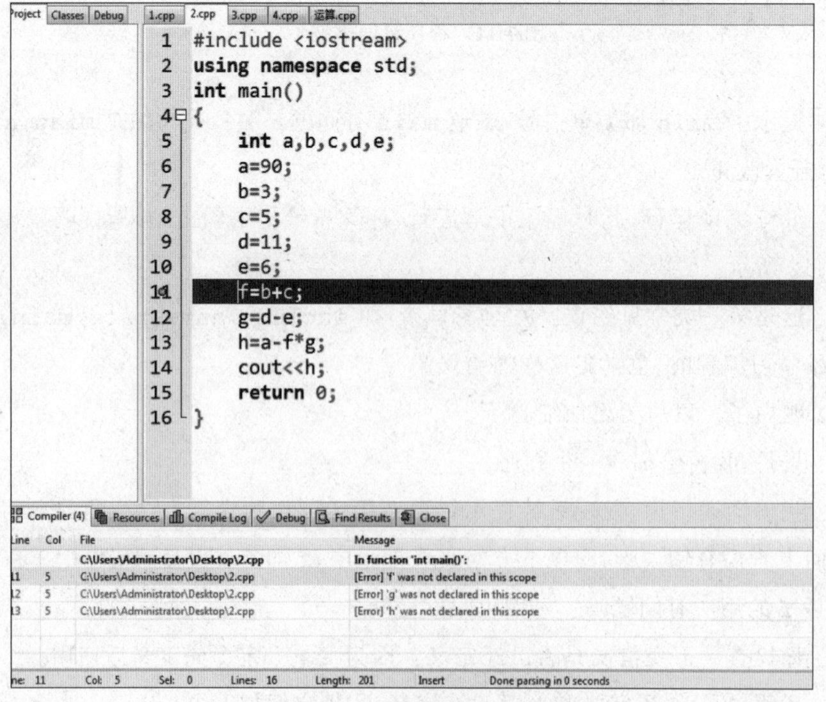

图 1.13　程序错误类型 2-1

Line	Col	File	Message
		C:\Users\Administrator\Desktop\2.cpp	In function 'int main()':
11	5	C:\Users\Administrator\Desktop\2.cpp	[Error] 'f' was not declared in this scope
12	5	C:\Users\Administrator\Desktop\2.cpp	[Error] 'g' was not declared in this scope
13	5	C:\Users\Administrator\Desktop\2.cpp	[Error] 'h' was not declared in this scope

图 1.14　程序错误类型 2-2

序就能正常输出结果,说明错误都改正过来了。这是第二类常见错误：变量没有定义。C++中,所有的变量都遵循“先定义后使用”的原则,没有定义,程序无法使用,运行当然会给出错误提示。

丹丹：程序找错还是得学好基础知识,要细致、细心。

阳阳：哈哈,算你悟到了。我再考考你,下面这个程序,编译运行后,系统提示错误出现在第 15 行,你仔细检查一下有没有错误？**return** 写得对吗？如果没有错误,再读程序下方的文字提示,如图 1.15 和图 1.16 所示。

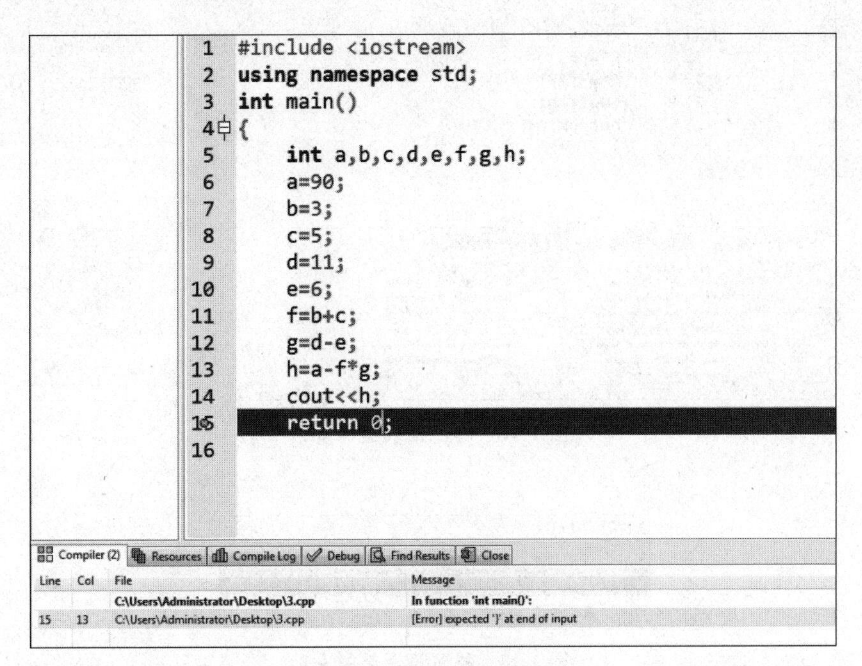

```
1  #include <iostream>
2  using namespace std;
3  int main()
4  {
5      int a,b,c,d,e,f,g,h;
6      a=90;
7      b=3;
8      c=5;
9      d=11;
10     e=6;
11     f=b+c;
12     g=d-e;
13     h=a-f*g;
14     cout<<h;
15     return 0;
16
```

Compiler (2) | Resources | Compile Log | Debug | Find Results | Close

Line	Col	File	Message
		C:\Users\Administrator\Desktop\3.cpp	In function 'int main()':
15	13	C:\Users\Administrator\Desktop\3.cpp	[Error] expected '}' at end of input

图 1.15　程序错误类型 3-1

Line	Col	File	Message
		C:\Users\Administrator\Desktop\3.cpp	In function 'int main()':
15	13	C:\Users\Administrator\Desktop\3.cpp	[Error] expected '}' at end of input

图 1.16　程序错误类型 3-2

丹丹：右大括号被加了单引号,是不是右大括号出了问题。嗯,代码中只写了左大括号,括号是成对的,右大括号被漏写了,导致了程序的错误。我添加上去,再来编译运行一下。

老师：这也是写程序时又一个比较容易犯的错误。第三类常见错误：左右括号不匹配。在 C++ 程序语句中，无论是{ }、[ ]，还是( )，一般都是成对出现的，如果左括号或右括号多了还是少了都可能导致错误。

丹丹：我知道了，需要细心再细心。

阳阳：再来看下一个程序。编译运行程序后，错误提示出现在第 5 行，如图 1.17 和图 1.18 所示，你观察这一行有什么错误呢？

```
1  #include <iostream>
2  using namespace std;
3  int main()
4  {
5      int a,b,c， d,e,f,g,h;
6      a=90;
7      b=3;
8      c=5;
9      d=11;
10     e=6;
11     f=b+c
12     g=d-e;
13     h=a-f*g；
14     cout<<h;
15     return 0;
16 }
```

Compiler (12) | Resources | Compile Log | Debug | Find Results | Close

Line	Col	File	Message
5	5	C:\Users\Administrator\Desktop\4.cpp	[Error] stray '\243' in program
5	5	C:\Users\Administrator\Desktop\4.cpp	[Error] stray '\254' in program
13	5	C:\Users\Administrator\Desktop\4.cpp	[Error] stray '\243' in program
13	5	C:\Users\Administrator\Desktop\4.cpp	[Error] stray '\273' in program
		C:\Users\Administrator\Desktop\4.cpp	**In function 'int main()':**
5	16	C:\Users\Administrator\Desktop\4.cpp	[Error] expected initializer before 'd'
8	2	C:\Users\Administrator\Desktop\4.cpp	[Error] 'c' was not declared in this scope

ine: 5 Col: 5 Sel: 0 Lines: 16 Length: 210 Insert Done parsing in 0.015 seconds

图 1.17 程序错误类型 4-1

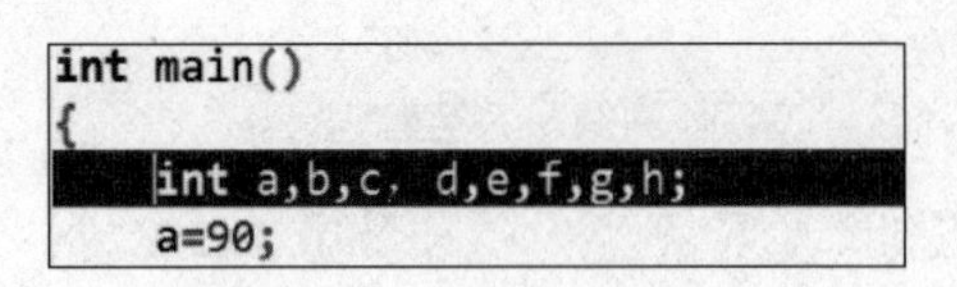

图 1.18 程序错误类型 4-2

丹丹：**int** 没有写错，变量定义也符合规范。感觉 **c** 和 **d** 之间的逗号和其他的逗号不一样，而且 **c** 和 **d** 的间距也比较大。

老师：你观察很细致，不一样就说明可能存在问题。为什么会出现不一样的情况呢？我们在输入符号时，要注意输入法的状态，比如是英文状态还是中文状态？是全角状态还是半角状态？如果输入法的状态不同，输入的符号就会有差别。这个特别的逗号其实是一个中文标点符号，是输入状态为中文状态导致的，显示在屏幕上就跟其他符号有区别。C++ 程序语句中要求标点符号是英文标点符号，这也是需要特别注意的地方，只要将其改成英文标点符号，第 5 行就正确了。

丹丹：好像还有错误，第 13 行出现错误了，如图 1.19 和图 1.20 所示。噢，是分号不一样，我来改一下。

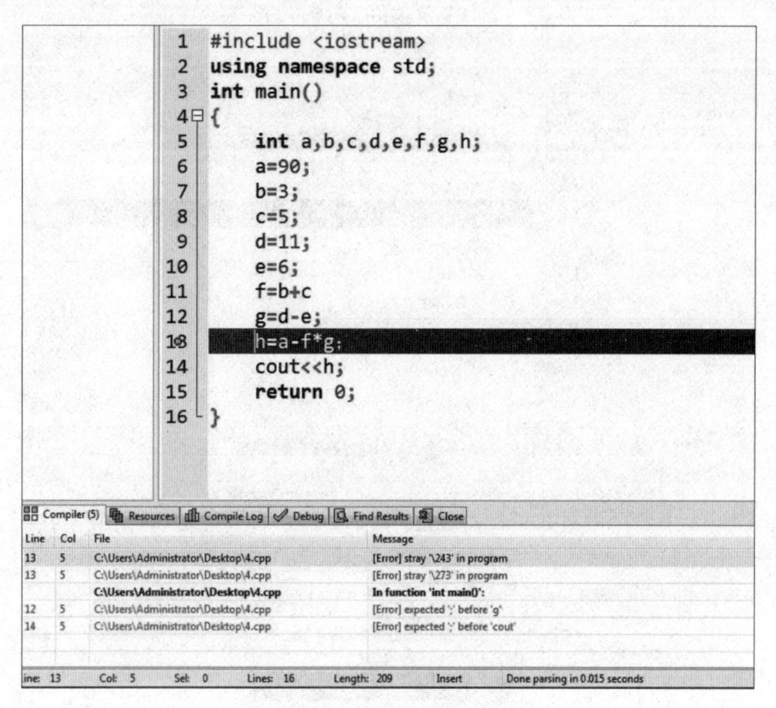

图 1.19　程序错误类型 4-3

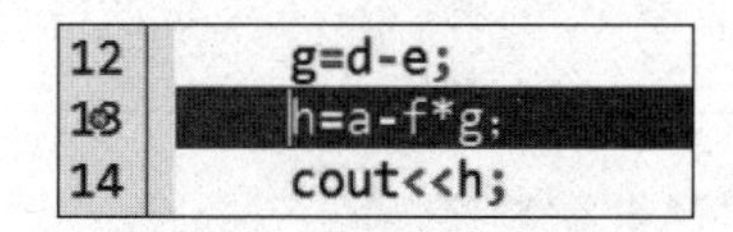

图 1.20　程序错误类型 4-4

阳阳：继续运行，如图 1.21 和图 1.22 所示，现在显示错误在 12 行。

丹丹：还有错误呢。变量都定义好了，符号也没错。问题究竟出在哪呢？

阳阳：不要急。还是先仔细看看文字提示。如图 1.23 所示，提示中有**;**(分号)和 **g**。想想它们两者有什么联系吗？

丹丹：**g** 是在最前面，而分号应该是在一行的最后面啊。可 12 行已经有分号了。

阳阳：这个时候我们要把视野扩大，有时候问题不一定就是出在这一行。既然分号是一行的最后，12 行又有分号了，而文字提示分号是和最前面的 **g** 联系的，想想是不是 11 行的分号有问题呢？

丹丹：果然，11 行没有分号。

老师：这就是第四类常见错误：标点符号错误，其主要表现在两个方面：一是缺少标点符号，程序会提示错误；二是英文标点符号写成中文标点符号，正确的标点符号应该是英文

```
1  #include <iostream>
2  using namespace std;
3  int main()
4  {
5      int a,b,c,d,e,f,g,h;
6      a=90;
7      b=3;
8      c=5;
9      d=11;
10     e=6;
11     f=b+c
12     g=d-e;
13     h=a-f*g;
14     cout<<h;
15     return 0;
16 }
```

Compiler (2) | Resources | Compile Log | Debug | Find Results | Close

Line	Col	File	Message
		C:\Users\Administrator\Desktop\4.cpp	In function 'int main()':
12	5	C:\Users\Administrator\Desktop\4.cpp	[Error] expected ';' before 'g'

图 1.21　程序错误类型 4-5

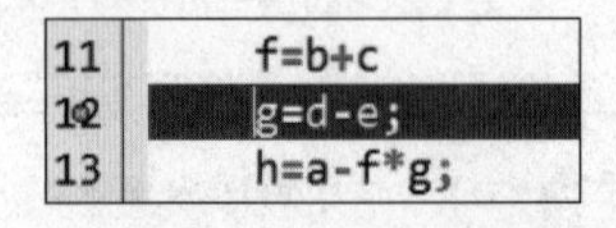

图 1.22　程序错误类型 4-6

Line	Col	File	Message
		C:\Users\Administrator\Desktop\4.cpp	In function 'int main()':
12	5	C:\Users\Administrator\Desktop\4.cpp	[Error] expected ';' before 'g'

图 1.23　程序类型错误 4-7

标点符号，因此在写代码时需要注意区分中英文标点符号。

【参考程序】

```
#include <iostream>
using namespace std;
int main()
{
    int a,b,c,d,e,f,g,h;
    a=90;
    b=3;
    c=5;
    d=11;
```

```
    e=6;
    f=b+c;
    g=d-e;
    h=a-f*g;
    cout<<h;
    return 0;
}
```

丹丹：编译运行程序时哪些情况会导致出错？有没有什么诀窍呢？

老师：C++ 编程中，出现错误是很正常的事情。程序中出现错误的原因很多，我们除了需要细心之外，还需要在平时的训练中多多积累经验，才能掌握纠错的方法和技巧。

悟

丹丹可以通过 C++ 让计算机做算术题了，他非常开心。妈妈教给他一个学习方法，每次学习了新知识，就用自己的方式记录下来，可以记录新掌握的知识，也可以记录当前不明白的问题，还可以把新学的知识和以前的知识画个图形联系起来。他打开笔记本，认真记录下自己收获的重要内容，以便下次学习可以参考。（亲爱的读者，你也可以把学习心得记录下来。）

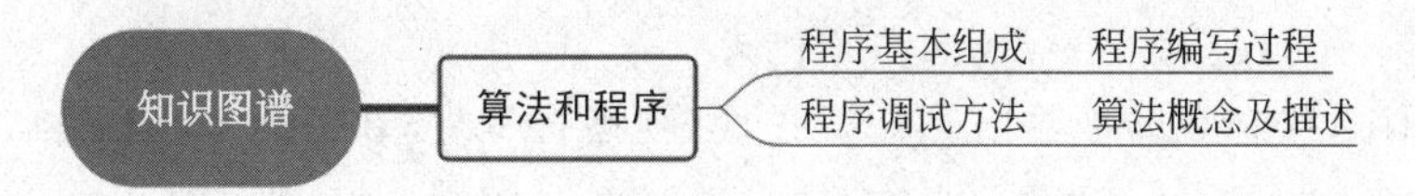

习

练习 1.4：【探】中四个出错程序的纠错。

练习 1.5：编程求 15＋125/25－6 的值。

练习 1.6：编程求 180/3－(3＋5＊7)的值(注：＊是乘号，/是除号)。

第 2 章

计算机出算术题

2.1 基本输出语句

问

能不能让计算机输出计算结果的同时，相应的算术题也能完整地显示在屏幕上呢？之前，丹丹编写过代码 cout<<151+217，程序运行后，可以在屏幕输出相应的计算结果，他想，应该也可以在代码中写 cout<<151+217=吧，也许可以输出 151+217=。丹丹按照前面的学习经验开始尝试，希望计算机能输出一个像 151+217=这样的算式。

探

丹丹：阳阳，我想在屏幕输出一个算式，刚刚运行程序，cout<<151+217=;这条语句出错了。你帮我看看好吗？要怎样才能写出正确输出的算式呢？

学

阳阳：首先你要学习 cout 是什么。cout 是 C++ 的输出语句，用来输出指定的内容。它有固定的书写格式和要求，如果格式错了，程序就无法正常运行了。我给你找一些 cout 的有关知识，你自己先学学看。

输出语句 cout 的一般格式：

```
cout<<项目 1<<项目 2<<…<<项目 n;
```

每一个项目表示指定输出的内容，cout 语句可以允许连续输出多个项目。

cout 语句的基本用法及功能：

(1) 如果项目是表达式，则输出表达式的值。表达式可以是算式，比如 1+1、a*2，也可以是简单的一个数值如 25 或一个变量如 a，a 为程序中定义的变量。

(2) 如果项目加上一对双引号，则按照原样输出双引号内的内容，注意不包含双引号。如语句为 cout<<“C++”;，则输出的就是 C++。

(3) 如果语句为 cout<<endl;，则表示换行。

丹丹：我来试试看。

（一起试试吧。）

【参考程序】

```
#include<iostream>
using namespace std;
int main()
{
    cout<<"151+217=";
    return 0;
}
```

阳阳：不错啊，对双引号的作用理解到位了。还有另外的写法，我们可以将算式拆开后分成多项输出。需要先分析算式由几部分构成，以你刚尝试的加法算式 **151+217=** 为例，其包含四部分，即被加数（也可称加数）151、加号、加数 217 和等于号。

丹丹：明白了，我来尝试把算式拆开后输出。

【参考程序】

```
#include<iostream>
using namespace std;
int main()
{
    cout<<151<<+<<217<<=;
    return 0;
}
```

丹丹：我明明已经将题目分成四部分进行输出了，为什么还出错了呢？

（你能帮他找到错误的原因吗？）

阳阳：别急，仔细看一下为什么不能输出？刚学过 **cout** 语句的两个功能，还记得吗？一个是输出表达式的运算结果，输出项是包含数字和运算符号的算式。二是把项目里的内容完整地原样输出，需要将输出项加上一对双引号，你想一想，现在我们把算式分成了四部分，每部分都相当于一个输出项，都要按照 **cout** 的语句格式正确表示才行，**151** 是一个数，相当于一个最简单的式子，这样表示是可以的，**+**、**=** 这些符号不是数字，那该怎么办？

丹丹：噢，要加双引号。

【参考程序】

```
#include<iostream>
using namespace std;
int main()
{
    cout<<151<<"+"<<217<<"=";
```

```
    return 0;
}
```

阳阳：对，这下明白了吧。其实还有一种写法可以试试，将每部分内容分别用一条 cout 语句输出，看一下效果会是怎样？

【参考程序】

```
#include<iostream>
using namespace std;
int main()
{
    cout<<151;
    cout<<"+";
    cout<<217;
    cout<<"=";
    return 0;
}
```

丹丹：现在我写加法题没有问题了，我也知道减法题怎么写，可是我不知道乘法和除法怎么表示，键盘上没有看到诶。

阳阳：网络上有许多 C++ 编程学习相关的资料，我们可以试试通过网络来搜索需要的信息。你看，我搜索到这张表，如表 2.1 所示。它详细介绍了 C++ 中的常见运算。丹丹，你有空的时候可以试试其他几种运算方式，然后通过运行程序让计算机帮助我们验证所学的内容是否正确。

学

表 2.1　运算符表

运算符	含义	说　明	例　子
+	加法	加法运算	5+1=6
-	减法	减法运算	13-5=8
*	乘法	乘法运算	5*4=20
/	除法	两个整数相除，取商的整数部分	5/2=2
%	模	两个整数相除取余数，模运算的结果取决于被除数的符号	8%3=2

丹丹：嗯，好的，虽然计算机可以出算术题了，但好像还不够智能，每道题目都是我们告诉它的，如果计算机能自动生成题目就好了。

阳阳：可以呀，我给你看一个可以产生 10 以内（不包括 10）的 5 道加法题目的程序，你先试一下，每次运行都可以随机产生不同的题目哦。

【参考程序】

```
#include<iostream>
#include<ctime>
#include<stdlib.h>
using namespace std;
int main()
{
    srand(time(0));
    cout<<rand()%10<<"+"<<rand()%10<<"="<<endl;
    cout<<rand()%10<<"+"<<rand()%10<<"="<<endl;
    cout<<rand()%10<<"+"<<rand()%10<<"="<<endl;
    cout<<rand()%10<<"+"<<rand()%10<<"="<<endl;
    cout<<rand()%10<<"+"<<rand()%10<<"="<<endl;
    return 0;
}
```

丹丹：这个程序中有些知识我还没有学过呢。

老师：大家知道 **main** 函数用来实现程序的整体功能，C++ 中还有很多具有各种功能的函数，我们通过相关的头文件就能直接调用以实现其功能，并不需要知道它们具体是如何实现的。比如 **srand(time(0));** 这个函数的功能就是让计算机做好产生随机数的准备，每次运行都会刷新一次。程序中还用到随机函数 **rand** 和时间函数 **time**，我们需要引用相应的头文件 **stdlib.h** 和 **ctime**，现在不需要你对这些知识有很深的认识，主要能掌握随机函数的使用方法和相关功能就可以了。

随机函数 **rand** 有规定的使用方法。如果你要产生 **0~99** 这 100 个整数中的一个随机整数，可以表达为：**rand()%100;** 如果要产生 **0~9** 之间的随机整数，可以表达为 **rand()%10;** 依次类推，假设一个整数为 n，**rand()%n** 表示的数据范围应是 0～n－1。那如果要产生 **1~100** 的随机整数呢，可以表示为 **rand()%100+1**。如果是 **10~100** 呢，表示为 **rand()%91+10**。如果是 15～45 呢，表示为 **rand()%31+15**。一句话概括，**rand()%n+a** 表示的数据范围是 a～n－1＋a，其中的 a 是随机产生的最小值，n－1＋a 是能产生的最大值，相应地，如果需要产生 a～b 的随机整数，则表达式应为 **rand()%(b-a+1)+a**。丹丹，你可以自己按照使用规则推导和演算，在计算机上多使用，进行归纳，不需要生硬地记忆。

习

练习 2.1：编写一个程序，随机生成 5 道 1～100 的加法题目。

练习 2.2：编写一个程序，随机生成 5 道 1～10 的乘法题目。

练习 2.3：编写一个程序，随机生成 5 道 15～56 的加法题目。

2.2 基本输入语句及顺序结构

问

丹丹已经会让计算机随机出算术题了。他希望可以跟计算机的交互更多一些，能不能把自己算的结果告诉计算机呢？

探

丹丹：老师，我想让计算机知道我计算的结果，应该怎么做呢？

老师：下面的程序可以用来解决这个问题，它可以让计算机随机出一道 10 以内的加法题，题目显示在屏幕上后，会等待你从键盘输入结果，你输入结果并按回车键（**Enter** 键）之后，程序继续运行直至结束。你先研究一下看看。

【参考程序】

```
#include<iostream>
#include<ctime>
#include<stdlib.h>
using namespace std;
int main()
{
    int a;
    srand(time(0));
    cout<<rand()%10<<"+"<<rand()%10<<"=";
    cin>>a;
    return 0;
}
```

丹丹：好的，我试试。先运行程序，如图 2.1 所示。计算机在屏幕上出了一道算式，然后……

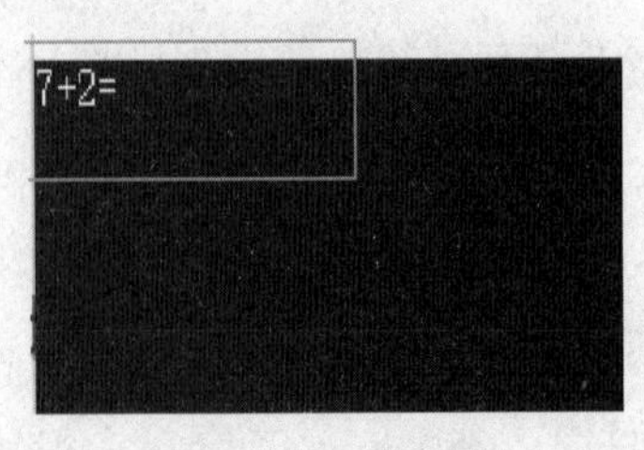

图 2.1 运行结果

老师：现在运行界面处于暂停等待状态，等待输入你计算的结果呢。

丹丹：我该怎么输入呢？

老师：你通过键盘输入计算的结果后按回车键，程序便继续运行，直至结束。

丹丹：可是，我怎么才能确定计算机已经收到我输入的结果呢？

老师：这个问题问得非常好，结果数据通过键盘输入给计算机后，是存储在计算机中某个地方的，语句 **cin>>a;**，这里 **a** 就是存放结果的存储空间名称，称为变量 **a**，可是把结果存储到变量 a 的这一过程，我们眼睛无法看见，你想一想，有没有语句可以让计算机输出相关信息到屏幕呀？

丹丹：cout 语句吗？

老师：可以的。你来学习 C++ 输入语句的相关新知识，主要是 cin 语句及变量的概念，然后自己尝试一下，体验计算机输入/输出数据的过程。

学

输入语句 cin

cin 的一般格式为：

cin>>变量 1>>变量 2>>…>>变量 n;

数据通过系统默认的设备(一般是键盘)读入赋给变量。

变量

概念：变量是内存中的一个“容器”，用来存储数据，变量的名称(变量名)用来标识不同的容器。

变量命名规则：C++ 规定变量名只能由字母、数字和下画线 3 种字符组成，且第一个字符必须为字母或下画线。**A_b**、**_a_b** 和 **A3** 都是符合命名规则的变量名。

变量的类型：C++ 中每个变量都有指定的类型，类型决定了变量存储空间大小、变量取值范围以及允许进行的运算。比如 **int** 为整数类型，占用内存为 4 个字节，可以存储的数据范围是−2147483648 到 2147483647。

变量的定义：变量类型 变量名；

例如：**int a;**表示定义变量 **a** 为整数类型。

变量赋值：用赋值语句赋值，如 **a=1;**

=称为赋值号，表示将其右边的值 1 赋给左边的变量 a。

用输入语句赋值，如 **cin>>a;**

丹丹：计算机是否收到了我输入的答案呢，我来修改程序试试看。

【参考程序】

```
#include<iostream>
#include<ctime>
#include<stdlib.h>
using namespace std;
int main()
{
    int a;
    srand(time(0));
    cout<<rand()%10<<"+"<<rand()%10<<"=";
```

```
    cin>>a;
    cout<<a<<endl;
    return 0;
}
```

阳阳：我看看，程序是否能正确运行。不错，程序运行后把你输入的答案再次显示到屏幕上了。

丹丹：太好了，可以跟计算机进行交流了，我再研究研究计算机的输入和输出方法。再运行程序，这次，我输入的结果是 18……老师，不对了，我输入 18，计算机却输出 1。

老师：你回忆一下刚才输入 18 时，是否不小心按了其他键？如果输入时，在 1 之后碰到了空格键，再输入 8，18 变成 1 8，就会出问题了，你再试试看。

丹丹：我试试。重新运行程序，输入 1 8，真的，计算机只显示了 1，输入 18，显示正常了。我再试试输入小数 1.8……程序显示又不对了。

老师：不要紧，学习编程就是要敢于实践，不要害怕出错，多尝试才能真正掌握编程的要领。经过 **cin** 语句及变量的学习和尝试，你会发现跟计算机对话时一定要注意细节。**cin** 语句把空格字符和回车换行符作为分隔的符号，不会存储到变量中。而且 **cin** 语句会忽略多余的输入数据，在组织输入数据时，要仔细分析 **cin** 语句中的变量类型，按照相应的格式输入，否则容易出错。丹丹，你试试解决这个问题：计算机随机输出三道 10 以内的加法题，每输出一道题，输入一次结果。

丹丹写了下面的程序段，你猜猜看，程序运行后会输出什么呢？

```
int a;
srand(time(0));
cout<<rand()%10<<"+"<<rand()%10<<"=";
cin>>a;
cout<<rand()%10<<"+"<<rand()%10<<"=";
cin>>a;
cout<<rand()%10<<"+"<<rand()%10<<"=";
cin>>a;
cout<<a<<" "<<a<<" "<<a;
```

丹丹：我明明输入了三个题目的答案，它们并不相同，但最后计算机显示了三个一样的数值，并且都是最后输入的那个答案。

老师：你仔细思考一下，三道题的答案都用变量 **a** 存储，但是变量 **a** 里面只能存放一个数，后放入的数就会把前面的数覆盖掉，所以最后输出的 **a** 的值是你最后输入的一个答案，运行结果就变成了输出三个一样的数值。

丹丹：噢，我马上修改程序，这次我定义三个变量，每条 **cin** 语句对应一个变量，试一试。

（大家也一起试试）

```
#include<iostream>
#include<ctime>
#include<stdlib.h>
using namespace std;
int main()
{
    int a,b,c;
    srand(time(0));
    cout<<rand()%10<<"+"<<rand()%10<<"=";
    cin>>a;
    cout<<rand()%10<<"+"<<rand()%10<<"=";
    cin>>b;
    cout<<rand()%10<<"+"<<rand()%10<<"=";
    cin>>c;
    cout<<a<<" "<<b<<" "<<c;
    return 0;
}
```

丹丹：这下对了，真不错。计算机仅仅输出数值别人是看不太明白的，要是输入结果之后计算机能够显示得更清楚就好了。比如：计算机出题 **9+9=**，我输入答案 19，计算机能够显示**你的答案：19，计算机的答案：18**，这样就可以更方便地知道自己计算的答案是否和计算机算得一样准确了。他进行仔细思考之后写了这样一段代码。

```
#include<iostream>
#include<ctime>
#include<stdlib.h>
using namespace std;
int main()
{
    int c;
    srand(time(0));
    cout<<rand()%10<<"+"<<rand()%10<<"=";
    cin>>c;
    cout<<"你的答案:"<<c<<endl;
    cout<<"计算机的答案:"<<rand()%10+rand()%10<<endl;
    return 0;
}
```

丹丹：老师，这个程序为什么错了？

（你也帮他找找问题吧。）

老师：你回忆一下 **rand** 函数的用法，因为 **rand** 函数可以随机产生不同的数值，所以前面的 **rand** 函数产生的数值和后面的 **rand** 函数产生的数值不一定会相同。我们可以定义两个变量，把算式中 **rand** 函数产生的数值存储到变量中，只要不重新给变量赋值，存在变量中的值就不会变化,也就可以继续使用变量中的值来进行运算,你试试看。

丹丹：我来把问题重新梳理一遍。

【问题描述】

计算机随机出一道加法运算题目,等待自己输入运算结果,将自己算出的答案输入到电脑后,屏幕上同时出现输入的答案和计算机算出的答案。

【输入格式】

一个数字,表示自己算出的答案

【输出格式】

三行,一行表示题目,一行表示自己计算的答案,一行表示计算机算出的答案

【输入输出样例】

```
9+8=18
你的答案：18
计算机的答案：17
```

(注：带下画线的 18 是程序运行后由键盘输入的数据)。

【参考程序】

```
#include<iostream>
#include<ctime>
#include<stdlib.h>
using namespace std;
int main()
{
    int a,b,c;
    srand(time(0));
    a=rand()%10;
    b=rand()%10;
    cout<<a<<"+"<<b<<"=";
    cin>>c;
    cout<<"你的答案:"<<c<<endl;
    cout<<"计算机的答案:"<<a+b<<endl;
    return 0;
}
```

丹丹：老师,我做出来了。我定义了 **a,b,c** 三个变量,将第一个 **rand** 函数产生的随机数赋给 **a**,另一个随机数赋给 **b**,输出时从变量 **a** 和 **b** 中取值,输入结果存储到变量 **c**,之后再输出 **c** 的值,因为随机数已经保存到变量中,变量没有重新赋值,就不会变化。

老师：很好,刚刚是一道题目,再尝试以这样的方式输出三道题目。

丹丹：好的。

【参考程序】

```
#include<iostream>
#include<ctime>
#include<stdlib.h>
using namespace std;
int main()
{
    int a,b,c;
    srand(time(0));
    a=rand()%10;
    b=rand()%10;
    cout<<a<<"+"<<b<<"=";
    cin>>c;
    cout<<"你的答案:"<<c<<endl;
    cout<<"计算机的答案:"<<a+b<<endl;

    int d,e,f;
    srand(time(0));
    d=rand()%10;
    e=rand()%10;
    cout<<d<<"+"<<e<<"=";
    cin>>f;
    cout<<"你的答案:"<<f<<endl;
    cout<<"计算机的答案:"<<d+e<<endl;

    int g,h,j;
    srand(time(0));
    g=rand()%10;
    h=rand()%10;
    cout<<g<<"+"<<h<<"=";
    cin>>j;
    cout<<"你的答案:"<<j<<endl;
    cout<<"计算机的答案:"<<g+h<<endl;
    return 0;
}
```

老师：程序运行成功，很好。但你想一想，每输出一道题目都定义了 3 个变量，是否可以少定义一些变量呢？

丹丹：嗯……需要怎么改进呢？

老师：我这里有一段写好的代码(如下面程序)，你试试吧。

【参考程序】

```
#include<iostream>
#include<ctime>
#include<stdlib.h>
```

```
using namespace std;
int main()
{
    int a,b,c;
    srand(time(0));
    a=rand()%10;
    b=rand()%10;
    cout<<a<<"+"<<b<<"=";
    cin>>c;
    cout<<"你的答案:"<<c<<endl;
    cout<<"计算机的答案:"<<a+b<<endl;

    a=rand()%10;
    b=rand()%10;
    cout<<a<<"+"<<b<<"=";
    cin>>c;
    cout<<"你的答案:"<<c<<endl;
    cout<<"计算机的答案:"<<a+b<<endl;

    a=rand()%10;
    b=rand()%10;
    cout<<a<<"+"<<b<<"=";
    cin>>c;
    cout<<"你的答案:"<<c<<endl;
    cout<<"计算机的答案:"<<a+b<<endl;
    return 0;
}
```

丹丹：运行结果和刚才一样，你只定义了 3 个变量，变量可以重复使用吗？

老师：变量是用来存放数据的，就像一只碗，可以盛饭，也可以装水，变量值也是可以变化的。按照程序的执行过程，通过 **rand** 函数随机产生的数值，赋值给变量 **a** 和 **b**，一道题输出后，下面重新产生随机数赋给 **a** 和 **b**，这时变量值就更新为当前新的值了。因为上一题完成后才处理下一题，所以变量的重复使用并不会产生冲突，可以实现同样的功能。

丹丹：这样可以节约好几个变量。

老师：对，变量是程序使用的资源，编程序也要注意节约哦。从刚才的代码对比中，应该能了解程序可能不止一种写法，因此需要多思考，多角度考虑，不断尝试，提升自己的水平，切不可因为写出代码运行成功就沾沾自喜，停滞不前了。

丹丹：嗯嗯，谢谢老师。

老师：丹丹，你看我们写的程序代码越来越长，写法也不完全一样，有许多小朋友看了你写的代码，也想学习你的算法，希望你可以把自己的思路分享给他们。

丹丹：直接给他们看代码吗？

老师：代码不够直观形象，可以用另一种方式描述算法。你们可以探究下面的知识。

流程图

流程图是算法的一种图形化表示方法，用流程图描述算法更加形象、直观，更容易理解。目前常用的流程图是由一系列流程图符号组成的，如表 2.2 所示。

表 2.2　流程图符号功能

符　　号	符号名称	功能说明
	起止框	表示算法的开始和结束
	处理框	表示执行一个步骤
	判断框	表示要根据条件选择执行路线
	输入输出框	表示需要用户输入或由计算机自动输出的信息
	流程线	指示流程的方向

如图 2.2 所示的就是顺序结构的部分流程图，程序按照箭头所指方向自上而下依次执行。

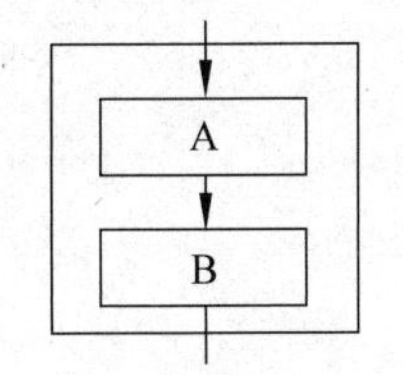

图 2.2　顺序结构流程图

丹丹：阳阳，我们一起画流程图吧。

阳阳：好的。先用两个圆角矩形表示程序的开始和结束，再定义变量 **a,b,c**，这里用到的是处理框，用矩形表示。下面是输出表达式 **a+b=**，是输入输出框，用平行四边形表示。再输入 **c**，输出 **c** 的值，输出 **a+b** 的值，都是输入输出框，如图 2.3 所示。

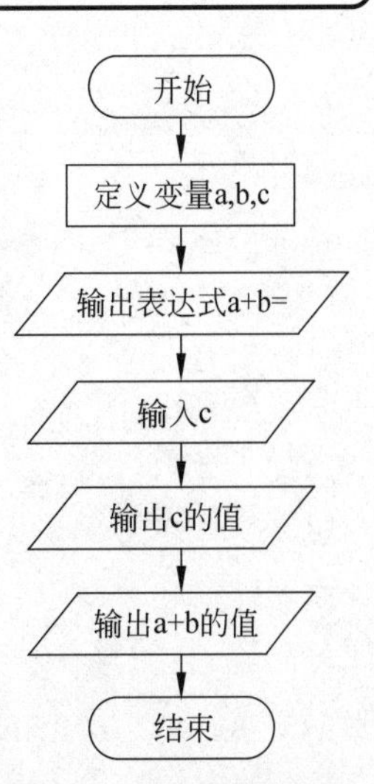

图 2.3　阳阳画的流程图

老师：画得不错。你们观察这个流程图，它的流程线自上而下，像一条单行道，这样的程序结构是最简单的，称为顺序结构。它的执行顺序是按照流程线的指向自上而下，依次执行。根据流程图，我们能够了解解决问题的过程和具体步骤，如果想要编写程序让计算机执行，只需要将相应框图“翻译”表达成计算机语言就可以了。因此，对于复杂的问题，我们可以先用流程图描述算法帮助我们理清思路，写程序代码时就会更流畅些。

悟

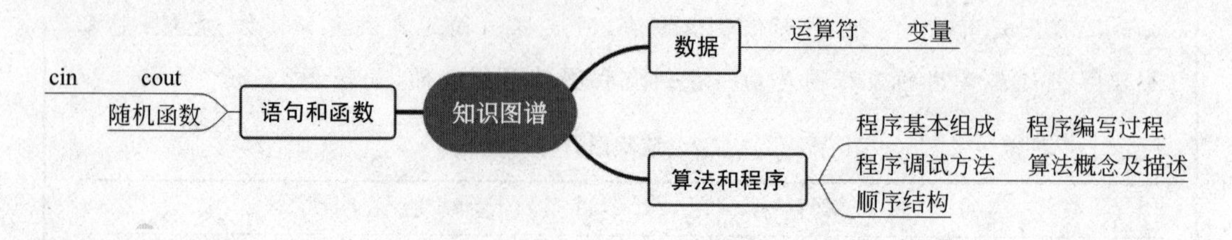

习

练习 2.4：编写一个程序，随机生成 5 道 1～100 的加法题目。每输出一道题目，输入结果，之后再显示自己的结果和计算机的计算结果。

练习 2.5：编写一个程序，随机生成 3 道 1～10 的如(a+b)*c 形式的题目，每输出一道题目，输入结果，之后再显示自己的结果和计算机的计算结果。注：*是乘号。

练习 2.6：画出如下程序的流程图：随机生成一道 1～10 的如(a+b)*c 形式的题目，输入结果，之后再显示自己的结果和计算机的计算结果。注：*是乘号。

第 3 章

计算机考你算术题

3.1　选择结构

问

计算机出题是否可以更聪明呢？丹丹想让计算机自动判断小朋友计算的结果是否正确。如果正确，就在屏幕上显示 GOOD。

探

老师：丹丹，你有这样的想法非常好，不过，实现这个功能你需要补充一些新知识。我知道你画过流程图，你先把自己的想法尝试用流程图描述出来吧。我给你提供几个图形，下面的图形中，可能是你需要用到的框图。（请你也尝试一下吧。）

丹丹：我需要圆角矩形，圆角矩形表示算法的开始和结束，还需要平行四边形，平行四边形表示需要用户输入和计算机自动输出的信息。

阳阳：我觉得可能还需要矩形，因为计算的过程需要用矩形表示。

老师：我们还需要计算机判断正确与否，这用什么图形来表示呢？

丹丹：老师，还有一个菱形没有用到，菱形是不是用来表示计算机判断正确与否？

老师：对的，菱形是用来表示判断与选择的。

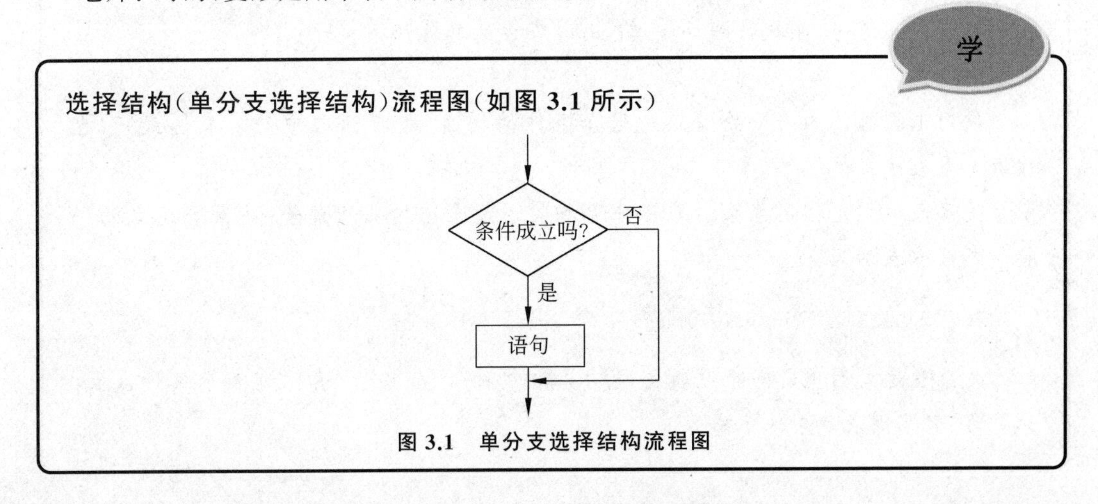

图 3.1　单分支选择结构流程图

功能：先判断条件，如果条件成立，则执行下方的语句，否则直接转到语句下方，执行其他语句。

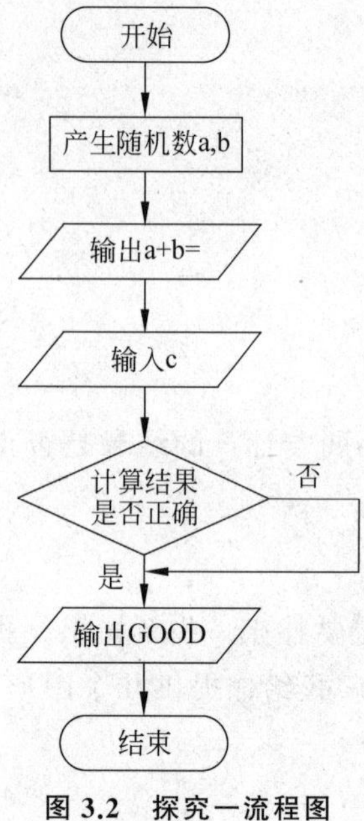

图 3.2 探究一流程图

老师：当我们需要判断条件再选择执行相应语句时，程序中就用到了选择结构，选择结构的流程图用菱形框表示，下面你们可以尝试用流程图把这个问题的解决过程描述出来。

丹丹：在原来基础上加一个菱形判断就好了，我这就来画，如图 3.2 所示。

阳阳：不对不对，你这个图是错误的。判断随机数 a+b 是否等于 c，如果等于 c，就输出 GOOD；如果不等于 c，箭头不应该指向 GOOD，而是应该指向输出 GOOD 语句的下方。（请读者自己将流程图修改正确。）

老师：丹丹同学需要仔细认真思考，流程图如果不正确，相应的程序也会出错。我给你们一些学习资料，你们试着根据流程图编写程序。

学

if 语句格式一

```
if(表达式) 语句;
```

例如 `if (c ==a+ b) cout<<"GOOD";`表示如果 c 等于 a+b，就输出 GOOD。

功能：当条件成立即表达式为真时，执行“语句”，否则执行 if 语句下方的语句。

上例中，如果 c 等于 a+b，就执行语句 `cout<<"GOOD";`如果 c 不等于 a+b 呢？就不执行这条语句，而执行程序中 if 语句下方的其他语句。

关系表达式

应用选择结构的一个关键点是选择条件的描述，即 if 语句中的“(表达式)”，也称为关系表达式。

关系表达式是指用关系运算符将两个表达式连接起来的式子，关系表达式的一般形式可以表示为：

表达式　关系运算符　表达式

关系表达式的值是一个逻辑值，即“真”或“假”。如果为“真”，则表示条件成立；如果为“假”，则表示条件不成立。

关系运算符(如表 3.1 所示)

表 3.1　关系运算符

等于	不等于	大于	小于	大于或等于	小于或等于
==	!=	>	<	>=	<=

关系运算符优先级别(如表 3.2 所示)

表 3.2　关系运算符优先级别

>	<	>=	<=	高
==		!=		低

丹丹：选择结构有点复杂，我试试看能不能把代码写出来。

【参考程序】

```
#include<bits/stdc++.h>
using namespace std;
int main()
{
    int a,b,c;
    srand(time(0));
    a=rand()%10;
    b=rand()%10;
    cout<<a<<"+"<<b<<"=";
    cin>>c;
    if (c ==a+b)  cout <<"GOOD"<<endl;
    return 0;
}
```

老师：非常棒。这个程序用到了 **if** 语句，其中 **c==a+b** 就是一个关系表达式，用关系运算符**==**连接。如果 **a+b** 的计算结果等于变量 **c** 的值，关系表达式的运算结果就为真，表示条件成立，就执行 **if** 中的语句 **cout <<"GOOD"<<endl;** 如果 **a+b** 的计算结果不等于变量 **c** 的值，则程序跳转到 **if** 语句的下方，执行 **return 0;**。

丹丹：有了 **if** 语句，计算机就像我们一样学会判断了。嗯，我还想改进一下程序的功能。现在计算机能自动判断小朋友计算的结果是否正确，如果正确，就在屏幕上显示 **GOOD**。如果算错了，能否显示正确答案呢？

老师：这个想法非常棒，我给你们部分程序，你们尝试把程序补充完整。

程序：

```
#include<bits/stdc++.h>
```

```
using namespace std;
int main()
{
    int a,b,c;
    srand(time(0));
    a=rand()%10;
    b=rand()%10;
    cout<<a<<"+"<<b<<"=";
    cin>>c;
    if ( _______ )      cout <<_______<<endl;
    else cout <<_______ <<endl;
    return 0;
}
```

丹丹：我知道，我知道，**if** 后的 **()** 里面写 **c==a+b**，**cout** 后面写 **GOOD**，这最后一个空，我不太清楚。

阳阳：老师，**else** 是什么意思呢？

老师：**else** 表示“否则”的意思，也就是条件不成立时程序应该转向的位置。如果 **c==a+b** 这个表达式成立，则输出 **GOOD**，否则就输出正确的答案。正确的答案就是 **a+b**。

【参考程序】

```
#include<bits/stdc++.h>
using namespace std;
int main()
{
    int a,b,c;
    srand(time(0));
    a=rand()%10;
    b=rand()%10;
    cout<<a<<"+"<<b<<"=";
    cin>>c;
    if (c ==a+b) cout <<"GOOD"<<endl;
    else cout <<a+b <<endl;
    return 0;
}
```

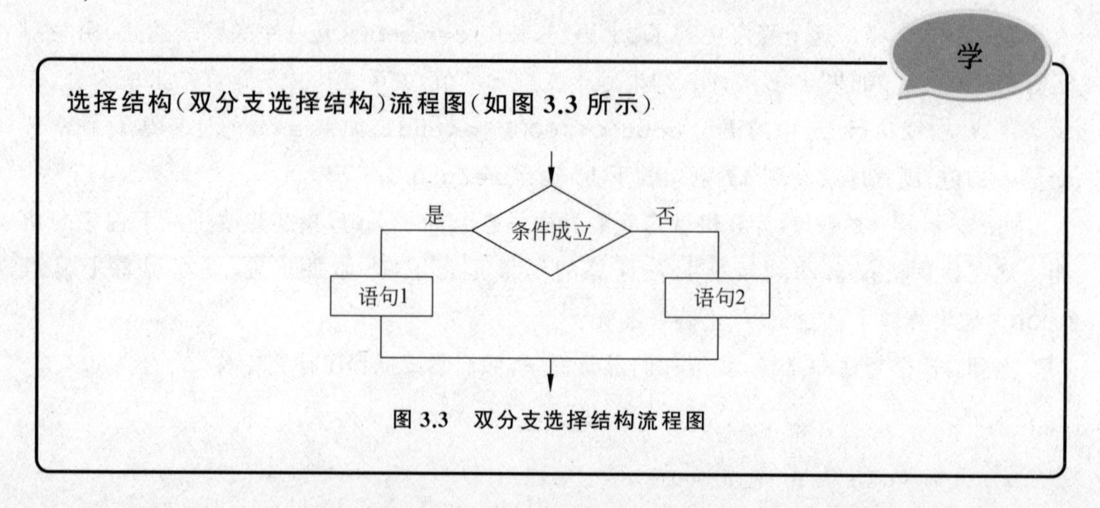

图 3.3 双分支选择结构流程图

if 语句格式二

```
if(表达式)
    语句 1;
else
    语句 2;
```

功能：当条件成立即表达式为真时，执行“语句 1”，否则执行“语句 2”。

习

练习 3.1：吃货。

【问题描述】

小茗同学是个吃货，对全国各地的早餐了如指掌，如武汉热干面、桂林米粉、广东肠粉、云南过桥米线、西安凉皮等。重庆的小面和酸辣粉在全国也是享誉盛名。小面配上各种辅料，就有了豌豆面、牛肉面、回肠面……现在牛肉面的市场价格为 16 元。小茗有 x 元，请编写程序判断小茗是否能吃上一碗牛肉面呢？如果可以则输出 Yes，不可以则输出 No。

【输入格式】

仅一行，输入 x（x 是整数，1≤x≤1000）。

【输出格式】

仅一行，输出 Yes 或 No。

【输入样例】

```
18
```

【输出样例】

```
Yes
```

练习 3.2：购物。

【问题描述】

某商场优惠活动规定，购物 100 元之内（不包括 100）不打折，超过 100 元打 9 折。

【输入格式】

仅一行，输入 a，表示购物的总价。

【输出格式】

仅一行，输出实际支付费用（double 型数据）。

【输入样例】

```
101
```

【输出样例】

```
90.9
```

练习 3.3：乘车。

【问题描述】

乘坐出租车时，计费规则如下：

(1) 起步价 10 元，3 千米以内(含 3 千米)不另外计费。超出 3 千米后的部分按每千米 2 元计费。

(2) 结账时，需加收 1 元燃油附加费。

【输入格式】

仅一行，一个整数，表示你乘坐的路程。

【输出格式】

仅一行，表示应该给出租车司机的钱。

【输入样例】

```
11
```

【输出样例】

```
27
```

3.2 选择结构的嵌套

问

丹丹觉得在上一个问题中，可以给小朋友多一次计算的机会，就是当他算对了，屏幕显示 **GOOD**，如果第一次算错了，屏幕并不显示正确结果，而是鼓励小朋友，显示 **ERROR TRY**，允许小朋友再计算一次结果，如果第二次也算错了，再显示正确答案。

探

丹丹：老师，这个问题我认为计算机应该需要进行两次判断，当判断第一次计算的结果不正确时，再判断第二次的结果正确与否。

老师：嗯，可以根据问题先画出流程图，在显示错误信息 **ERROR TRY** 后，再接收一次输入的结果，如果正确，就输出 **GOOD**，否则输出正确的答案。

丹丹：这是我画的流程图(你会画吗?)，如图 3.4 所示。

老师：接下来你们可以尝试根据流程图写代码了。

丹丹：老师，我知道语句应该是 `if(c==a+b) cout<<"GOOD";else cout<<a+ b<`

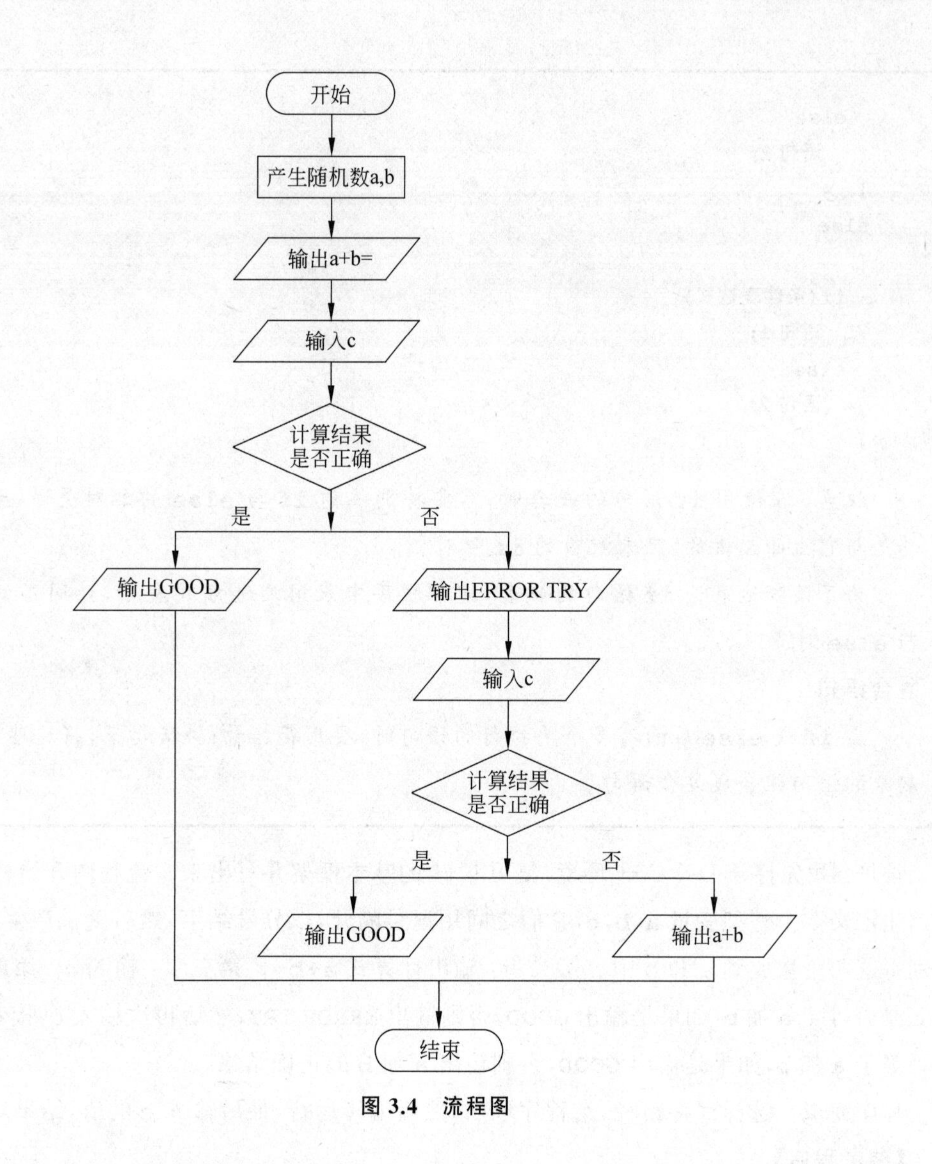

图 3.4　流程图

<endl;,但是这个语句放在哪个位置呢?

老师:你们研究一下 **if** 语句的嵌套格式,学会后,你们就会写这个程序了。

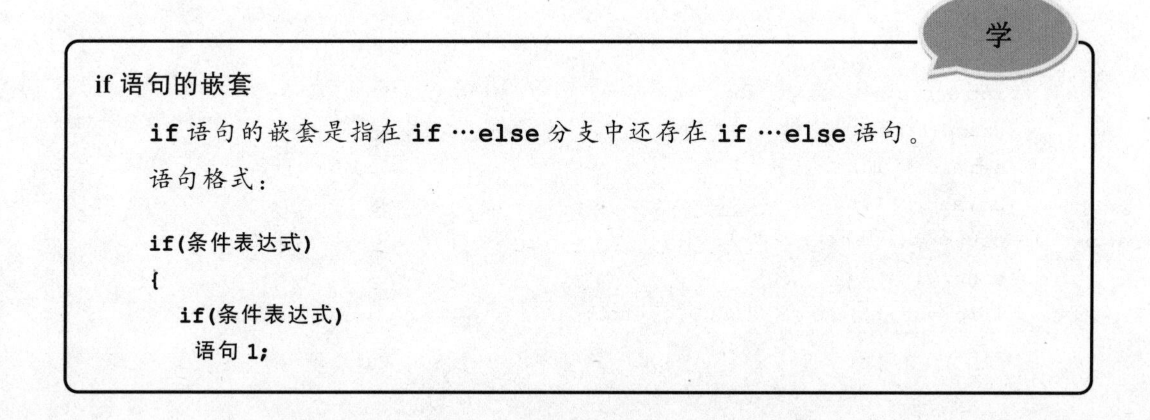

if 语句的嵌套

if 语句的嵌套是指在 **if** …**else** 分支中还存在 **if** …**else** 语句。

语句格式:

```
if(条件表达式)
{
  if(条件表达式)
   语句 1;
```

```
    else
      语句2;
  }
  else
  {
    if(条件表达式)
      语句1;
    else
      语句2;
  }
```

注意：在使用 **if** 语句的嵌套时，需要特别注意 **if** 与 **else** 的配对关系，**else** 总是与它上面最近的、且未配对的 **if** 配对。

为了清晰地表达 **if** 语句的嵌套，通常程序中采用缩进方式表示，让同层的 **if** 与 **else** 对齐。

复合语句

当 **if** 或 **else** 后面有多个要执行的语句时，要用花括号{ }括起来，将这些被括起来的语句组合成复合语句。

丹丹：我先打开 Dev-C++ 环境，复习 C++ 的基本框架并写出来。流程图开始，第一步：初始化定义3个整型变量 **a**,**b**,**c**，它们之间用逗号隔开，以分号结束，然后随机产生两个数，分别将这两个数放到 **a** 和 **b** 中。第二步：输出计算式 **a+b=**。第三步：输入 **c**。第四步：判断 **c** 是否等于 **a** 加 **b**，如果是输出 **GOOD**，否则输出 **ERROR TRY**，然后再次输入 **c**，接着判断 **c** 是否等于 **a** 加 **b**，如果是输出 **GOOD**，否则输出 **a** 加 **b** 的正确结果。

程序完成。选择保存路径，给程序取名，然后编译运行，最后输入 **c** 的值，结果对啦。

【参考程序】

```
#include<bits/stdc++.h>
using namespace std;
int main()
{
    int a,b,c;
    srand(time(0));
    a=rand()%10;
    b=rand()%10;
    cout<<a<<"+"<<b<<"=";
    cin>>c;
    if(c==(a+b)) cout<<"GOOD"<<endl;
    else
    {
```

```
        cout<<"ERROR,TRY"<<endl;
        cin>>c;
        if(c==(a+b)) cout<<"GOOD"<<endl;
        else cout<<a+b<<endl;
    }
    return 0;
}
```

丹丹：数学老师听说我会让计算机出题，让我设计程序考考一、二年级小朋友的算术运算能力，要求程序功能是：计算机出题，小朋友从键盘输入计算答案。如果一年级的小朋友做对了，屏幕显示 **Very good!**，错了则显示 **Sorry** 并告诉他正确答案；如果二年级小朋友做对了，屏幕显示 **GOOD**，如果错了，则显示 **ERROR,TRY!**，还会允许他再计算一次结果，如果第二次算对了，屏幕显示 **Right**，如果还是错了，再显示正确答案。

阳阳：这个问题相比我们之前写的程序更复杂哦，首先要先判断是不是一年级，然后再针对一年级和二年级分别处理时，就可以用前面的方法了。

老师：阳阳分析的非常好，下面老师用伪代码描述算法，帮助你们分析问题，伪代码也是较常用的描述算法的方式，它比流程图更接近程序。

```
if(年级==1并且答案==(a+b)) 输出"Very good!";
else if(年级==1并且答案!=(a+b)) 输出"sorry "<<a+b <<endl;
    else{       //这里隐含的意思是年级为二年级
        if(答案==(a+b)) 输出"GOOD";
        else
        {
          输出"ERROR,TRY"<<endl;
          再次输入 c;
          if (答案==a+b)  输出"Right" <<endl;
          else 输出 a+b<<endl;
        }
    }
```

这是根据我们刚才所学的 **if** 语句的嵌套格式来写的伪代码，两位同学你们观察一下，尝试把伪代码修改为 C++ 程序。下面给你们一些学习资料，你们来试试吧。

学

逻辑变量

即逻辑类型的变量，用类型标识符 **bool** 来定义，它的值只有 **true**（真）或 **false**（假）两种。逻辑变量又称为布尔变量。

C++ 编译系统在处理逻辑型数据时，将 **false** 处理为 0，将 **true** 处理为 1，因此，逻辑型数据可以与数值型数据进行算术运算。

如果将一个非零的整数赋给逻辑型变量，则按“真”处理。

逻辑运算符(如表 3.3 所示)

表 3.3 逻辑运算符

逻 辑 与	逻 辑 或	逻 辑 非
&&	||	!

逻辑运算表达式

用逻辑运算符将关系表达式或逻辑量连接起来的有意义的式子称为逻辑表达式,逻辑表达式的一般形式可以表示为:

表达式 逻辑运算符 表达式

逻辑表达式的运算结果是一个逻辑类型的值,可以用布尔类型(`bool`)变量存储。整型数据可以出现在逻辑表达式中,在进行逻辑运算时,根据整型数据的值是 0 或非 0,把它作为逻辑值"假"或"真",然后参加逻辑运算。

逻辑运算示例

(1) 逻辑非

约定:A、B 为两个条件,值为 0 表示条件不成立,值为 1 表示条件成立。

真值表如表 3.4 所示,经过逻辑非运算,其结果与原来相反。

表 3.4 逻辑非真值表

A	!A
0	1
1	0

(2) 逻辑与

真值表如表 3.5 所示,若参加运算的某个条件不成立,其结果为不成立,只有当参加运算的条件都成立,其结果才成立。

表 3.5 逻辑与真值表

A	B	A&&B
0	0	0
0	1	0
1	0	0
1	1	1

(3) 逻辑或

真值表如表 3.6 所示,若参加运算的某个条件成立,其结果就成立,只有当参加运算的所有条件都不成立,其结果才不成立。

表 3.6 逻辑或真值表

A	B	A||B
0	0	0
0	1	1
1	0	1
1	1	1

逻辑运算优先级别(如表 3.7 所示)

表 3.7 逻辑运算优先级别

!	高	↑
&&	低	
||		

逻辑运算符中的 && 和 || 低于关系运算符,! 高于算术运算符。

丹丹:阳阳,我发现可以用逻辑运算将一些条件合并到一起。比如说一年级的小朋友回答正确就输出 **GOOD**,就可以用逻辑与连起来,如果只需要满足一个条件,就用逻辑或连起来。

老师:两位同学非常棒,接下来就开始动手操作吧,根据学习资料和你们的伪代码来解决这道题目吧。

【参考程序】

```
#include<bits/stdc++.h>
using namespace std;
int main()
{
    int a,b,c,nj;
    srand(time(0));
    a=rand()%10;
    b=rand()%10;
    cout<<a<<"+"<<b<<"="<<endl;
    cout<<"nj:";
    cin>>nj>>c;
    if(nj==1&&c==(a+b)) cout<<"Very good!";
    else if(nj ==1&& c!=(a+b)) cout <<"sorry "<<a+b <<endl;
        else{
          if(c==(a+b)) cout<<"GOOD";
          else
          {
             cout<<"ERROR,TRY"<<endl;
```

```
            cin>>c;
            if (c==(a+b))  cout <<"Right" <<endl;
            else cout<<a+b<<endl;
        }
    }
    return 0;
}
```

老师：解决这个问题的程序还有其他的写法，你们研究下面这个程序，通过比较两个程序的不同之处，深入理解分支结构和 **if** 语句的用法。

【参考程序】

```
#include<bits/stdc++.h>
using namespace std;
int main()
{
    int a,b,c,nj;
    srand(time(0));
    a=rand()%10;
    b=rand()%10;
    cout<<a<<"+"<<b<<"="<<endl;
    cout<<"nj:";
    cin>>nj>>c;
    if(nj==1)
        if (c==(a+b)) cout<<"Very good!";
        else cout <<"sorry "<<a+b <<endl;
    else{
          if(c==(a+b)) cout<<"GOOD";
          else
          {
            cout<<"ERROR,TRY"<<endl;
            cin>>c;
            if (c==(a+b))  cout <<"Right" <<endl;
            else cout<<a+b<<endl;
          }
    }
    return 0;
}
```

习

练习 3.4：判断成绩是否及格。

【题目描述】

给出小茗同学的语文和数学成绩，判断他是否有一门课不及格(成绩小于 60 分)。

【输入格式】

一行，包含两个在0到100之间的整数，分别是该生的语文成绩和数学成绩。

【输出格式】

一行，若该生恰好有一门课不及格，输出1；有两门课不及格输出2；两门都及格输出0。

【输入样例】

```
56 75
```

【输出样例】

```
1
```

练习3.5：骑车与走路。

【题目描述】

小茗同学终于考上了大学，大学校园非常大，没有自行车，上课办事很不方便。但实际上，并非去办任何事情都是骑车快，因为骑车总要找车、开锁、停车、锁车等，这要耽误一些时间。假设找到自行车，开锁并骑上自行车的时间为27秒；停车、锁车的时间为23秒；步行每秒行走1.2米，骑车每秒行走3.0米。请判断走不同的距离去办事，是骑车快还是走路快。(需要使用double型，表示小数)

【输入格式】

一行，包含一个整数，表示一次办事要行走的距离，单位为米。

【输出格式】

一行，如果骑车快，输出一行"Bike"；如果走路快，输出一行"Walk"；如果一样快，输出一行"All"。

【输入样例】

```
100
```

【输出样例】

```
All
```

练习3.6：社会实践活动。

【题目描述】

在社会实践活动中有三项任务分别是：种树、采茶、送水。依据小组人数及男生、女生人数决定小组的接受任务，人数小于10人的小组负责送水(输出water)，人数大于或等于10人且男生多于女生的小组负责种树(输出tree)，人数大于或等于10人且男生不多于女生的小组负责采茶(输出tea)。输入小组男生人数、女生人数，输出小组接受的任务。

【输入格式】

一行两个空格隔开的数，表示小组中男生和女生的人数(男生在前，女生在后)。

【输出格式】

一行,输出对应的任务。

【输入样例】

```
5 6
```

【输出样例】

```
tea
```

3.3 选择结构的其他表达

问

丹丹想制作一个最简单的小学生计算器,能够计算加、减、乘、除四种运算,该怎么实现呢?

【问题描述】

一个最简单的计算器,支持+、-、*、/四种运算。仅需考虑输入输出为整数的情况,数据和运算结果不会超过 int 表示的范围。

输入只有一行,共有三个参数,其中第 1、2 个参数为整数,第 3 个参数为操作符(+、-、*、/),操作符为字符型。

输出只有一行,一个整数,为运算结果。

注意:

(1) 如果出现除数为 0 的情况,则输出:**Divided by zero!**

(2) 如果出现无效的操作符(即不为+、-、*、/之一),则输出:**Invalid operator!**

【输入样例】

```
34 56 +
```

【输出样例】

```
34+56=80
```

探

老师:这个问题中有一个重要的数据,就是输入的操作符,需要用到字符类型变量存储,你们先研究和学习下面的资料,会对解决这个问题有帮助。

学

字符类型

字符类型是 C++ 中的一种基本数据类型。字符型常量是用一对单引号''括起来的一个字符,字符变量是存放单个字符的变量。

字符变量的定义与赋值

char 标识符 1,标识符 2,…,标识符 n;

例如：char c1,c2,ch='#';表示定义了3个字符类型的变量c1、c2、ch,变量ch赋值为#。

c1='a';表示变量c1赋值为a。

c2='9';表示变量c2赋值为9。

字符比较大小

字符类型的数据有大小之分,可以像数值一样进行关系运算。

丹丹：我明白了,输入的运算符可以用字符型的变量存储,我再来分析程序需要实现的功能,把思路用流程图表示出来,如图3.5所示。(你也试试看。)

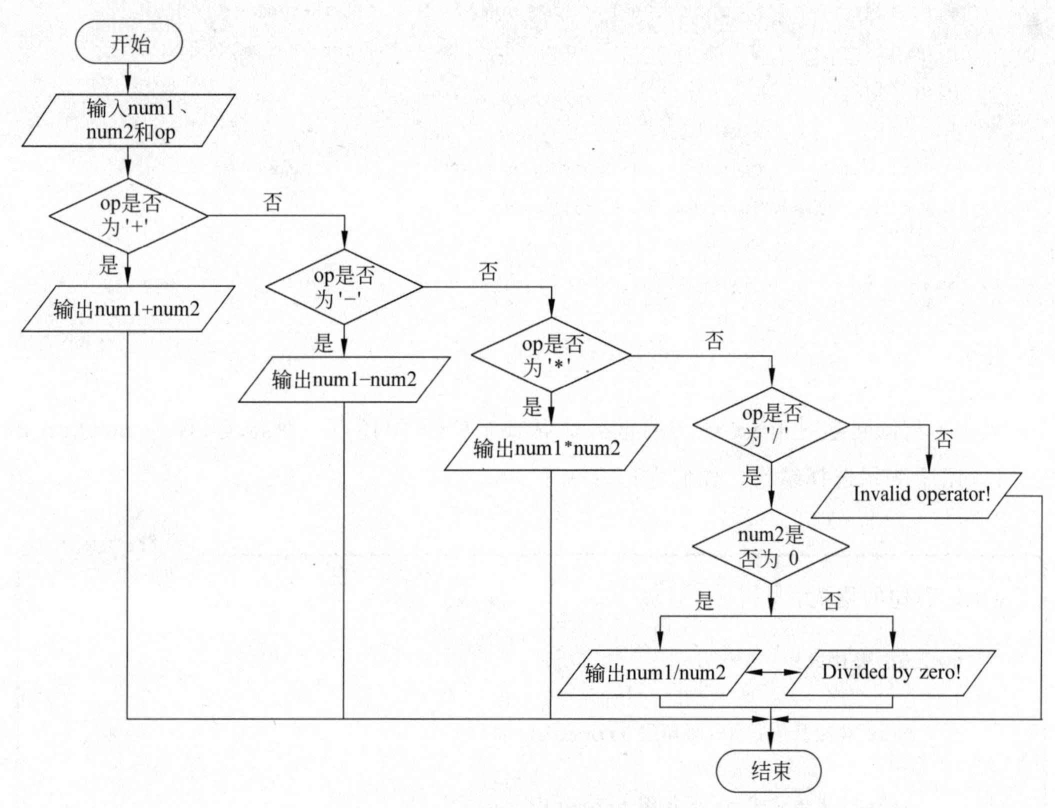

图3.5　简单计算器的流程图

图里这么多菱形框,都是选择结构,用学过的if语句好像能够实现我的想法呢。

阳阳：根据流程图,可以假设 **num1**、**num2** 分别存放两个参加运算的整数,**op** 存放操作符+、-、*、/。如果 **op** 是+号,则实现加法操作,否则判断 **op** 是不是-号,如果是,则实现减法操作，否则接着判断 **op** 是不是 * 号，如果是，则实现乘法操作，否则判断 **op** 是不是 **/** 号，如果是，则接着判断 **num2** 是不是 0，如果 **num2** 不是 0，就实现除法操作，否则输出 **Divided by zero!**，如果 **op** 不是 **/** 号，则输出 **Invalid operator!**。

老师：阳阳分析得非常好，你们试着写程序吧。

【参考程序】

```
#include<iostream>
using namespace std;
int main()
{
    int num1,num2;
    char op;
    cin>>num1>>num2>>op;
    if(op=='+') cout<<num1<<op<<num2<<"="<<num1+num2<<endl;
    else if(op=='-') cout<<num1<<op<<num2<<"="<<num1-num2<<endl;
    else if(op=='*') cout<<num1<<op<<num2<<"="<<num1*num2<<endl;
    else if(op=='/')
    {
        if(num2!=0) cout<<num1<<op<<num2<<"="<<num1/num2<<endl;
        else cout<<"Divided by zero!"<<endl;
    }
    else cout<<"Invalid operator!"<<endl;
    return 0;
}
```

老师：两位同学对于 **if** 语句的掌握非常棒！C++ 中还有一种语句，称为 **switch** 语句，可以用于表示选择结构。你们先探究一下。

学

switch 语句的格式：

```
switch(表达式)
{
    case 常量表达式 1: 语句组 1;break;
    …
    case 常量表达式 n: 语句组 n;break;
    default: 语句组 n+1;
}
```

switch 语句的功能：

首先计算表达式的值，然后将 **case** 后面的常量表达式值逐一与之匹配，当某一

个 **case** 分支中的常量表达式值与之匹配成功时，则执行该分支后面的语句组，直到遇到 **break** 语句或 **switch** 语句的右括号}为止。如果 **switch** 语句中包含 **default**，**default** 表示表达式与各分支常量表达式的值都不匹配，执行其后面的语句组，通常将 **default** 放在最后。注意，常量表达式的值互不相同。

老师：当选择的分支比较多时，可以用 **switch** 语句实现选择结构，使程序更简洁。**switch()** 括号中的表达式就是判断条件，比如 **op** 的值是哪个操作符，然后大括号表示多分支选项具体内容，如果 **op** 是+，则选择分支之一 **case'+':**，执行其后语句输出 **num1+num2**。注意每个分支的最后都有个 **break** 语句，意味着结束多分支结构，继续执行后面的其他语句。当 **op** 不是以上四种操作符时，可以用 **default** 分支来表示。你们试试看。

【参考程序】

```
#include<iostream>
using namespace std;
int main()
{
    int num1,num2;
    char op;
    cin>>num1>>num2>>op;
    switch(op)
    {
        case '+':cout<<num1<<op<<num2<<"="<<num1+num2<<endl;break;
        case '-':cout<<num1<<op<<num2<<"="<<num1-num2<<endl;break;
        case '*':cout<<num1<<op<<num2<<"="<<num1*num2<<endl;break;
        case '/':
            if(num2!=0) cout<<num1<<op<<num2<<"="<<num1/num2<<endl;
            else cout<<"Divided by zero!"<<endl;break;
        default:cout<<"Invalid operator!";
    }
    return 0;
}
```

悟

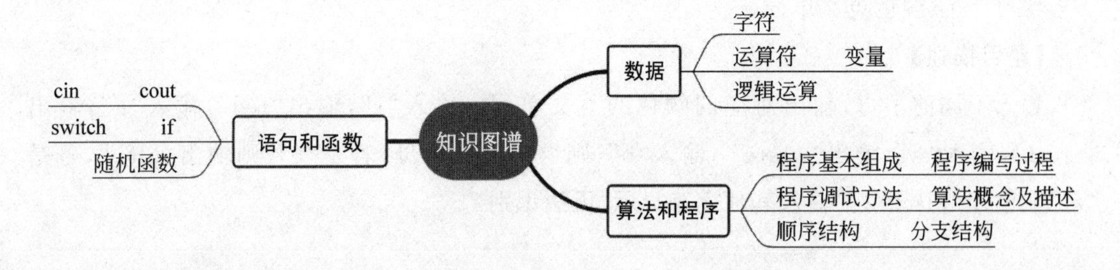

习

练习 3.7：成绩等级。

【题目描述】

现在成绩等级分为 A、B、C、D，编写一个程序，输入成绩等级，就会显示相应的评语，A 是“很棒”，B 是“做得好”，C 是“您通过了”，D 是“继续加油”。如果输入其他字符，则显示“无效的成绩”。

【输入格式】

一行，输入成绩等级，用四个字母表示不同的成绩等级。

【输出格式】

一行，输出对应的评语。

【输入样例】

```
C
```

【输出样例】

```
您通过了
```

练习 3.8：星期几。

【题目描述】

输入 1 到 7 之间的数字，对应星期几。比如输入 1，则输出“星期一”，输入 7，则输出“星期天”。

【输入格式】

一行，输入 1 到 7 之间的数字。

【输出格式】

一行，输出数字对应的星期几。

【输入样例】

```
7
```

【输出样例】

```
星期日
```

练习 3.9：颜色英文单词。

【题目描述】

输入不同的字母，输出对应的颜色的英文单词。输入“r”，输出“red”；输入“g”，输出“green”；输入“w”，输出“white” ；输入“b”，则继续输入字母，若是“e”，则输出“blue”，若是“k”，则输出“black”；。输入其他字符显示“无法识别”。

【输入格式】

一行或两行,输入小写字母。

【输出格式】

一行,输出相应颜色的英文单词。

【输入样例】

```
b
e
```

【输出样例】

```
blue
```

第 4 章

计算机打印图形(一)

4.1　输出丰富信息

问

丹丹冒出了一个奇思妙想。能不能让小朋友更喜欢用他写的程序去练习加减法呢?他想:如果屏幕上显示的提示信息更有趣一些,他们应该会更喜欢使用。比如,当小朋友算对了,屏幕上就显示“笑脸”,算错了则显示“哭脸”。

探

丹丹:阳阳,我想在屏幕上打印出“笑脸”符号。

阳阳:我好像从来没有输出过“笑脸”符号。

丹丹:我来研究一下输出语句……我可以想办法拼出“笑脸”和“哭脸”。(你也可以试试哦。)

【参考代码】

```
#include<bits/stdc++.h>
using namespace std;
int main()
{
    int a,b,c;
    srand(time(0));
    a=rand()%11;
    b=rand()%11;
    cout<<a<<"+"<<b<<"=";
    cin>>c;
    if(c==(a+b))
    {
        cout<<"==========="<<endl;
        cout<<"=         ="<<endl;
        cout<<"=  0   0  ="<<endl;
        cout<<"=    u    ="<<endl;
        cout<<"=         ="<<endl;
        cout<<"==========="<<endl;
```

```
    }
    else
    {
        cout<<"==========="<<endl;
        cout<<"=         ="<<endl;
        cout<<"=  0    0 ="<<endl;
        cout<<"=    n    ="<<endl;
        cout<<"=         ="<<endl;
        cout<<"==========="<<endl;
    }
    return 0;
}
```

阳阳：嗯，虽然图形不是太好看，不过，还是蛮有趣的。丹丹，你这个程序中有好多重复的代码啊，比如 **cout** 语句就特别多，我们能不能把它优化一下，让程序简短一些呢。

老师：你们俩爱动脑筋，积极实践，非常棒。我们来分析一下丹丹的程序，if 语句的两个分支中，有重复的代码，如果我们能去除重复代码，程序就会简洁很多。你们先找找其中不同的部分。

丹丹：我发现了，两个分支中第四行的 **cout** 语句有所不同，而且只有一个符号不一样，就是笑脸用 **u**，哭脸用 **n**。

老师：非常好，以前你们学习过变量的知识，变量的值是可以根据我们的需要给定的，我们想办法先把 **u** 或 **n** 存储到变量中，就可以合并处理两个分支了。

阳阳：我明白了。**cout** 语句的项目可以是变量，变量的值在打印之前先根据条件进行赋值，打印时输出变量就可以了。

老师：变量可以存放不同类型的数值，这里我们要存入变量的是一个符号，你们想一想应该使用什么数据类型进行存储？

丹丹：是字符类型。其实 **if** 和 **else** 后面的 **cout** 语句中只有笑脸和哭脸的那个地方是不一样，其他都是一样的，完全可以不编写重复的代码。

阳阳：是的，我们可以先根据不同情况，把相应的字符 **u** 或 **n** 存储到变量里，最后在输出笑脸或哭脸时，输出对应字符变量的值就可以了。

丹丹：没错，我们来试试修改一下程序吧。

【参考代码】

```
#include<bits/stdc++.h>
using namespace std;
int main()
{
    int a,b,c;
    char s;
```

```
    srand(time(0));
    a=rand()%11;
    b=rand()%11;
    cout<<a<<"+"<<b<<"=";
    cin>>c;
    if(c==(a+b))
        s='u';
    else
        s='n';
    cout<<"==========="<<endl;
    cout<<"=           ="<<endl;
    cout<<"=  0    0   ="<<endl;
    cout<<"=    "<<s<<"    ="<<endl;
    cout<<"=           ="<<endl;
    cout<<"==========="<<endl;
    return 0;
}
```

丹丹：这样代码短一些了。但是程序中还有相同代码，你看第一个输出语句和第六个输出语句是一样的，第二个和第五个是一样的，第三个单独一条，那这些输出语句可不可以仿照刚才那样改写啊？

阳阳：可是刚才老师只给了我们关于单个字符变量的定义，而其他输出语句明显有一长串字符，老师，这种连在一起的多个字符也可以用变量存储吗？

老师：是的，字符类型变量用于存储单个字符。用来存储多个字符的变量，称为字符串类型变量。

学

字符串变量

存放一串包含若干字符的变量，称之为字符串变量。

字符串变量的值是用一对双引号括起来的字符序列，如**"Hello World! "**和**"a"**等。如果双引号内什么都没有，称之为空字符串，与双引号里面有一个空格的字符串是不一样的。

字符串变量的定义与赋值

string 字符串变量 1,字符串变量 2,…;

例如：**string s1="abcde";**表示定义了字符串变量 **s1**，并赋值为 **abcde**。

丹丹：我们来试试用字符串修改程序。

【参考程序】

```
#include<bits/stdc++.h>
using namespace std;
int main()
{
    int a,b,c;
    char s;
    string s1="=============",s2="=           =",s3="=  0   0 =";
    srand(time(0));
    a=rand()%11;
    b=rand()%11;
    cout<<a<<"+"<<b<<"=";
    cin>>c;
    if(c==(a+b))
        s='u';
    else
        s='n';
    cout<<s1<<endl;
    cout<<s2<<endl;
    cout<<s3<<endl;
    cout<<"=     "<<s<<"     ="<<endl;
    cout<<s2<<endl;
    cout<<s1<<endl;
    return 0;
}
```

老师：非常棒。字符类型与字符串类型是两种不同的数据类型。下面呢，我有个程序想让你们运行，注意观察运行结果，进一步体会字符变量的输入与输出方法以及相关属性。

【参考程序】

```
#include<bits/stdc++.h>
using namespace std;
int main()
{
   char c1,c2,c3;
   c1 = 48;
   c2 = 65;
   c3 = 97;
   cout<<c1<<" "<<c2<<" "<<c3<<" ";
   cout<<int(c1)<<" "<<int(c2)<<" "<<int(c3)<<endl;
   return 0;
}
```

输出结果是：**0 A a 48 65 97**

丹丹：奇怪，为什么有的是数字，有的是字符呢。

老师：你们参考下面的资料，再研究研究。

ASCII 码

字符类型的数据在内存中实际存储的是其 **ASCII** 码(美国信息标准交换码)值。每个字符都有唯一对应的 **ASCII** 码值，如表 4.1 所示。例如，字符 **'0'** 的 **ASCII** 码值为 48，字符 **'A'** 的 **ASCII** 码值为 65，字符 **'a'** 的 **ASCII** 码值为 97。根据需要，我们可以输出字符形式，也可以输出整数形式，甚至还可以进行算术运算。

表 4.1　ASCII 编码表(片段)

码值	字符	码值	字符	码值	字符	码值	字符	码值	字符
48	0	63	?	78	N	93	]	108	1
49	1	64	@	79	O	94	^	109	m
50	2	65	A	80	P	95	_	110	n
51	3	66	B	81	Q	96	'	111	o
52	4	67	C	82	R	97	a	112	p
53	5	68	D	83	S	98	b	113	q
54	6	69	E	84	T	99	c	114	r
55	7	70	F	85	U	100	d	115	s
56	8	71	6	86	V	101	e	116	t
57	9	72	H	87	W	102	f	117	u
58	:	73	I	88	X	103	g	118	v
59	;	74	J	89	Y	104	h	119	w
60	<	75	K	90	Z	105	i	120	x
61	=	76	L	91	[	106	j	121	y
62	>	77	M	92	\	107	k	122	z

语句 **`cout<<int(c1);`** 可以将字符变量 **c1** 对应字符的 **ASCII** 码值输出到屏幕，其中 **int** 是将对象转化为整型数据的函数。

老师：为了检验你们的学习情况，下面我给你们读一个程序，你们能不能不用计算机运行，直接告诉我运行结果？

【参考程序】

```
#include<bits/stdc++.h>
using namespace std;
int main()
{
```

```
    char c1,c2,c3;
    c1 ='a';
    c2 ='Z';
    c1 =c1 -32;
    c2 =c2 +32;
    c3 ='0'+9;
    cout<<int(c1)<<" "<<int(c2)<<" "<<int(c3)<<" "<<endl;
    return 0;
}
```

丹丹：变量 **c1** 的是值是字符 **a**,它的 **ASCII** 码值是 97,所以 **int(c1)** 的结果是 65。变量 **c3** 的值是字符 **'0'** 加上 9,字符 **'0'** 的 **ASCII** 码值是 48,所以 **int(c3)** 的结果是 57。字符 **'Z'** 的 **ASCII** 码值,我忘记了,阳阳,你知道吗?

阳阳：我知道,每个字符的 **ASCII** 码值有一定的规律。比如字母的 **ASCII** 码是连续的,后面字母的 **ASCII** 码值比前面大 1,字母 **B** 比 **A** 的 **ASCII** 码值大一,字母 **C** 比 **B** 的 **ASCII** 码值大一,小写字母也一样。通过字符 **'A'** 的 **ASCII** 码值是 65,按照字母表顺序,一共有 26 个大写字母,从而可以算出字符 **'Z'** 的 **ASCII** 码值是 90,变量 **c2** 的值是字符 **'Z'** 加上 32,它所以 **int(c2)** 的输出结果是 122。

丹丹：我来运行一下……果然是对的,屏幕显示 **65 122 57**。

老师：由于大写字母与对应的小写字母之间的 **ASCII** 值相差 32,所以通过 **ASCII** 码值的相关运算还可以实现大小写字母的转化。

习

练习 4.1：输出如图所示的图形。

```
****
 ****
  ****
   ****
  ****
 ****
****
```

练习 4.2：大小写字母转换。

【题目描述】

编写一个程序,实现大小写字母的转换。如果输入的是大写字母,则转换为小写字母;如果是小写字母,则转换为大写字母;如果都不是,则输出“不是大小写字母”。例如输入 A,则输出 a;输入 b,则输出 B(提示：输入字母使用 cin 语句,大小写字母的判断及转换考虑通过 ASCII 值的方式,大写字母的 ASCII 值是 65～90,小写字母的 ASCII 值是 97～122)。

【输入格式】

一行，输入小写字母或大写字母。

【输出格式】

一行，输出对应的大写字母或小写字母。

【输入样例】

```
d
```

【输出样例】

```
D
```

练习 4.3：恺撒密码。

【题目描述】

在密码学中，恺撒密码是一种最简单且最广为人知的加密技术。它是一种替换加密技术，明文中的所有字母都在字母表上向后(或向前)按照一个固定数目进行偏移后被替换成密文。例如，当偏移量是 3 时，所有的字母 A 将被替换成 D，B 变成 E，以此类推。这个加密方法是以恺撒的名字命名的，当年恺撒曾用此方法与其将军们进行联系。

原字母：A B C D E F G H I J K L M N O P Q R S T U V W X Y Z

加密之后：D E F G H I J K L M N O P Q R S T U V W X Y Z A B C

【输入格式】

一行，输入大写字母。

【输出格式】

一行，输出加密后的大写字母。

【输入样例】

```
X
```

【输出样例】

```
A
```

4.2 for 语句

问

丹丹的数学老师为了训练大家的计算能力，给丹丹布置了一个任务，要求他编写一个一次可以出 5 道加法题目的程序。丹丹把上次的程序复制了五遍，实现了这个功能，但他发现这个程序又长又“啰唆”。该如何优化呢？

探

丹丹：老师,有什么好的办法可以减少程序中重复的语句吗?

老师：C++ 语言中有循环语句,可以方便地控制计算机重复执行指定的代码,我先给你们看一看其中一种循环语句的格式和功能,你们先试着自己研究。

学

for 语句的格式

```
(1) for(循环变量初始化;条件表达式;增量表达式)
        语句;

(2) for(循环变量初始化;条件表达式;增量表达式)
    {
        语句 1;
        语句 2;
        ...
    }
```

for 语句的说明

循环变量初始化：给循环变量赋初值。

条件表达式：条件表达式用来约束循环变量的变化范围,循环变量将从初值开始变化,当循环变量超出规定范围时,这个循环就会结束。

增量表达式：规定循环变量从初值开始每次增加的值,从初值起到循环结束止,循环变量取了多少次有效值,**for** 下面的“语句”就会被重复执行多少次。

老师：你们阅读下面的程序,结合学习的内容想一想运行结果应该是什么?

【参考程序】

```
#include<bits/stdc++.h>
using namespace std;
int main()
{
    for(int i=1;i<=5;i++)
      cout<<"*";
    return 0;
}
```

丹丹：**i++**是什么意思?

阳阳：这是赋值语句的一种写法,等价于 **i=i+1**。

丹丹：**i** 应该是循环变量,初始值为 1,循环条件是 **i<=5**,增量表达式是 **i++**,我猜语句 **cout<<"*";**会被重复执行 5 次。

老师：很好！你分析得很对,当循环变量 **i** 等于 1 时,条件成立,输出一个 * 号,紧接着

i 变为 2,再输出一个 * 号,再接着 **i** 变为 3……这里的增量表达式写成 **i++**,表示循环变量的增量为 1,即变量 **i** 每次增加 1,直到 **i** 变成 6,循环条件 **i<=5** 不成立,就结束循环,执行下面的语句 **return 0;**。

丹丹:如果我把变量 **i** 的初值设置为 2,循环条件写为 **i<=6**,是不是也可以输出 5 个 * 呢?

老师:是的,按照语句的功能,同样也可以输出 5 个 *。我们还可以同时改变循环变量的初值和增量,比如增量改为 2,增量表达式为 **i=i+2**,如果希望输出 5 个 *,那其他代码应该如何进行相应改动,才能实现同样的功能呢?现在你们可以试一试。

【参考程序】

```
#include<bits/stdc++.h>
using namespace std;
int main()
{
    for(int i=2;i<=10;i=i+2)
        cout<<"*";
    return 0;
}
```

丹丹:阳阳,程序编写好了,我先给你讲讲。循环变量 **i** 初值为 2,当 i 等于 2 时,条件 **i<=10** 成立,输出第 1 个 * 号,接着执行 **i=i+2**,**i** 的值变成 4,条件 **i<=10** 仍然成立,则输出第 2 个 * 号,**i** 变为 6,以此类推……当 **i=10** 时,条件 **i<=10** 成立,则输出第 5 个 * 号,当 **i** 继续变为 12 时,条件 **i<=10** 不成立,for 循环结束,一共输出了 5 个 * 号。

我来运行程序看看对不对……

老师:循环语句用于实现循环结构。现在,你们已经使用过顺序结构、选择结构和循环结构解决问题,这三种结构称为程序的三大基本结构。你们再了解一下循环结构流程图的描述方式,试着写一个打印 26 个小写字母的程序。

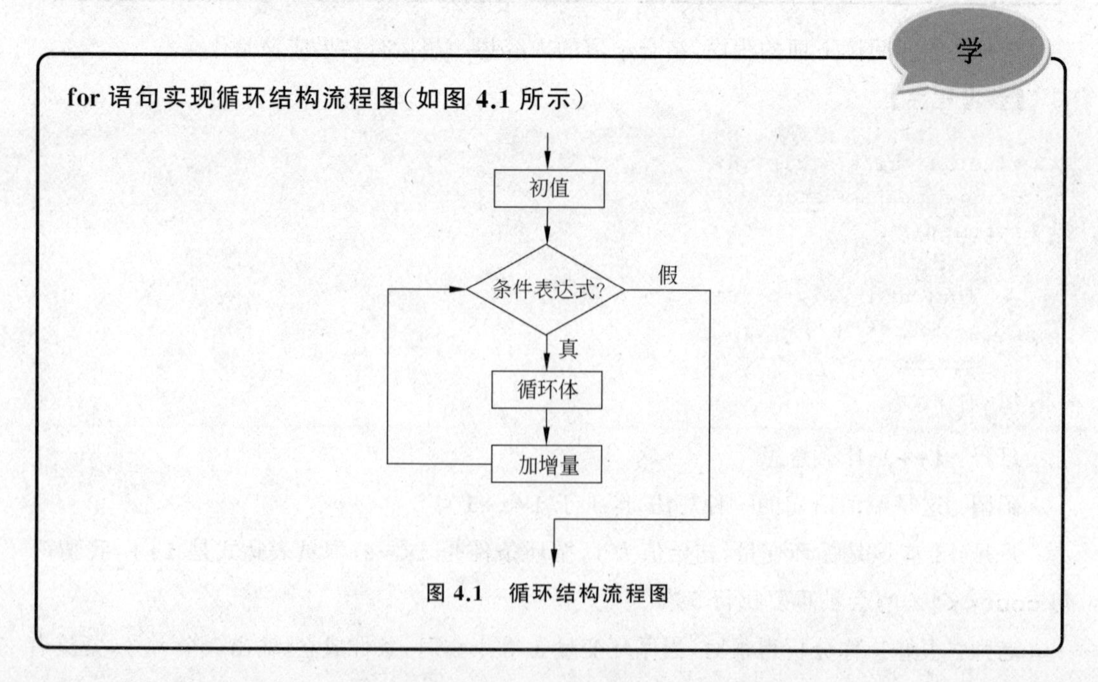

图 4.1 循环结构流程图

执行过程

(1) 循环变量赋初值。

(2) 根据循环变量的值判断条件表达式是否成立,如果成立,执行下一步;如果不成立,则结束循环,跳转到第(4)步之后执行下面的语句。

(3) 执行循环体内语句。

(4) 循环变量加增量,转到第(2)步。

丹丹:老师,这个循环语句我会写,应该是 **for(i=1;i<=26;i++)**,但是这个输出怎么写,怎么控制每次输出对应的小写字母呢?

老师:我们学习字符变量的时候,还学习了 **ASCII** 码,字符的 **ASCII** 码值是可以进行运算的。根据英文字母的 **ASCII** 码规律,**'a'+1** 就等于字母 **a** 的下一个字母 **b**,**cout<<char('a'+1)** 可以输出字母 **b**,**char** 是将数值按照 **ASCII** 码转换为对应字符的函数。

丹丹:我想一想,当变量 **i** 等于 1,应该输出字符 **a**,当 **i** 等于 2,应该输出字符 **b**,当 **i** 等于 3,应该输出字符 **c**,那么输出 **b** 与输出 **a** 时的循环变量 **i** 的值相差 1,输出 **c** 与 **a** 相差 2……我想到了,当 **i** 等于 1,输出 **'a'+0**,当 **i** 等于 2,输出 **'a'+1**,当 **i** 等于 3,输出 **'a'+2**。所以输出语句可以写成 **cout<<char('a'+i-1)**。

老师:赞,接下来你们写写看。

【参考代码】

```
#include<bits/stdc++.h>
using namespace std;
int main()
{
    for(int i=1;i<=26;i++)
        cout<<char('a'+i-1);
    return 0;
}
```

丹丹:学习了循环结构和循环语句,以前编写的程序如果有重复的代码,也都可以用 **for** 语句更简洁地表示啦。我可以很方便地让计算机一次出 5 道题目了。

【参考代码】

```
#include<bits/stdc++.h>
using namespace std;
int main()
{
    int i,a,b,c;
    srand(time(0));
    for(i=1;i<=5;i++)
```

```
    {
        a=rand()%11;
        b=rand()%11;
        cout<<a<<"+"<<b<<"=";
        cin>>c;
        if(c==(a+b)) cout<<"^u^"<<endl;
        else
        {
            cout<<"^n^,TRY"<<endl;
            cin>>c;
            if(c==(a+b)) cout<<"^u^"<<endl;
            else cout<<a+b<<endl;
        }
    }
    return 0;
}
```

老师：你们已经学会了 **for** 语句，一起来看一个程序。你们拿出纸和笔，人工模拟电脑执行程序的过程，写出程序的运行结果。

【测试程序 1】

```
#include<bits/stdc++.h>
using namespace std;
int main()
{
  for(int i=1;i<=5;i++)
      cout<<i;
  return 0;
}
```

丹丹：当 **i=1** 时，条件成立，输出 1，当 **i=2** 时，条件成立，输出 2……一直到当 **i=5** 时，条件成立，输出 5，最后 **i=6**，条件不成立，循环结束。最后输出结果是 **12345**。

老师：丹丹非常棒，已经能够很好地理解 **for** 循环的运行过程了。下面再来两道测试题。

【测试程序 2】

```
#include<bits/stdc++.h>
using namespace std;
int main()
{
  int s=0;
  for(int i=1;i<=5;i++)
     s=s+1;
```

```
  cout<<s;
  return 0;
}
```

【测试程序 3】

```
#include<bits/stdc++.h>
using namespace std;
int main()
{
  int s=0;
  for(int i=1;i<=5;i++)
      s=s+i;
  cout<<s;
  return 0;
}
```

丹丹：我来讲测试程序 2。当 **i=1** 时，条件 **i<=5** 成立，执行 **s=s+1;** 此时 **s** 等于 0，加 1 后 **s** 值为 1，当 **i=2** 时，条件成立，此时执行 **s=s+1;** 后 **s** 等于 1 加 1 为 2，变量 **i** 从 1 到 5 的变化过程中，**s** 每次都加 1，因此它执行了 5 遍，当 **i=6** 时，条件不成立，循环结束，输出 **s** 的值为 5。

阳阳：测试程序 3，我来讲。**for** 循环的执行过程和测试程序 2 是一样的，但是变量 **i** 从 1 到 5 的变化过程中，**s** 每次加的都是 **i** 的值，因此重复执行 **s=s+i;** 相当于将 **1+2+3+4+5** 的和赋值给 **s**，当 **i=6** 时，条件不成立，循环结束，输出 **s** 的值为 15。

老师：不错。要特别注意，当循环变量出现在循环体中时，每次重复运行的过程中循环变量的取值是根据增量在变化的。利用这个性质，可以帮助我们计算一些特殊式子的值。比如，上面的程序 3，实际上可以帮助我们计算 **1+2+…+n** 的值，类似地，如果我们找出表达式中的每一项和循环变量间的规律，就可以用循环语句简洁地实现计算过程。

丹丹：我来计算 1 到 100 之间的自然数之和，应该把程序 3 稍微改一下就好了。

【参考程序】

```
#include<bits/stdc++.h>
using namespace std;
int main()
{
  int s=0;
  for(int i=1;i<=100;i++)
      s=s+i;
  cout<<s;
  return 0;
}
```

阳阳：那如果计算 1 到 100 之间的奇数之和呢？

丹丹：嗯，我想一想，每次加上的数是奇数，1、3、5……，那循环变量的增量就不能是 1 了，增量可以取 2。

阳阳：哈哈，其实增量取 1 也可以的噢，我告诉你……

丹丹：阳阳，你先别说，我自己想想办法。如果增量是 1，从 1 到 100 就会有 100 次，会打印出 100 个数，但奇数一共有 50 个，我把循环变量的值与打印出的奇数写出来看看，是否有规律。**i** 等于 1 时，输出 1，**i** 等于 2 时，输出 3，**i** 等于 3 时，输出 5。输出的值跟 **i** 有关系，正好是 **i** 的 2 倍减去 1。**i** 等于 50 时，50 乘以 2 减 1 正好是 99，是最后一个奇数。太好了，我会写程序了。

【参考程序】

```
#include<bits/stdc++.h>
using namespace std;
int main()
{
  int s=0;
  for(int i=1;i<=50;i++)
      s=s+2*i-1;
  cout<<s;
  return 0;
}
```

阳阳：我看到一个可以求圆周率π的公式**π/4=1-1/3+1/5-1/7+**…，这个式子也很有规律呢，但是有点麻烦，我们一起来试试看，计算机能不能算出 π 的值。

丹丹：这个式子要计算多少项呢？

阳阳：应该是项数越多结果就越精确，我们先计算前 100000 项，看看如何。

丹丹：如果公式里每一项都是相加，我可以试试，但这里有的加、有的减，怎么办呢？第一项加，第二项减，第三项加，第四项……很有规律呢。

阳阳：我们可以在循环体中用分支结构分别计算加的项和减的项。当循环变量为奇数时，就选择加上该项；如果是偶数，就选择减去该项。

丹丹：这个主意不错。每一项的分母为奇数，可以用我们之前找到的规律产生奇数。

老师：我给你们看一个程序，尝试理解并运行它。

【参考程序】

```
#include<bits/stdc++.h>
using namespace std;
int main()
{
    float s=0;
    for(int i=1;i<=100000;i++)
    {
```

```
        if(i%2!=0)
        s=s+1.0/(2*i-1);
        else
        s=s-1.0/(2*i-1);
    }
    cout<<4*s<<endl;
    return 0;
}
```

老师：程序中的 **float** 是 C++ 中用来存储实数的数据类型之一，也称为单精度浮点数。由于我们计算的结果是一个需要精确表示的小数，因此可以将结果定义为 **float**。循环变量 **i** 等于 1，**1.0/(2*i-1)** 表示第一项为 1。**i** 等于 2 时，**1.0/(2*i-1)** 表示第二项为 **1/3**……

（想一想为什么是 1.0 而不是 1，测试一下 1/3 和 1.0/3 结果有什么不同。）

这个公式的计算还有其他方法，你们不要满足于求出结果，而是要进行更多的思考，想办法用不同的方法解决它，然后通过比较选出更优的方法。

丹丹阳阳：好的，谢谢老师。（你也想一想是否还有其他方法呢？）

悟

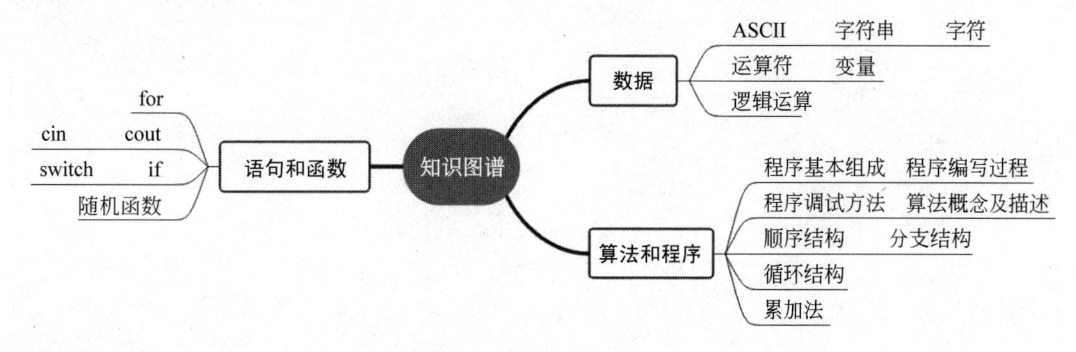

习

练习 4.4：计算机随机出 10 道 1～100 的加法题，每道题输出之后，输入自己计算的结果，再输出自己计算的结果和计算机计算的结果(使用 for 语句)。

练习 4.5：输出 1～100 中尾数是 7 或是 7 的倍数的数。

练习 4.6：统计数字出现的次数。

【题目描述】

依次输入 5 个正整数，每个数都是大于或等于 1 且小于或等于 10。统计其中 1、5 和 10 出现的次数。

【输入格式】

五个整数(大于或等于 1 且小于或等于 10，用空格隔开)。

【输出格式】

三个数字(用空格隔开)。

【输入样例】

```
1 5 8 10 5
```

【输出样例】

```
1 2 1
```

第 5 章

计算机打印图形(二)

5.1 循环结构

问

最近,丹丹看到这样一个图案,他想写一个程序把这个图案打印出来。

```
*****
*****
*****
*****
*****
```

他根据以前学习的顺序结构知识,刷刷刷完成了代码的书写。其中打印输出语句他是这样写的:

```
cout<<"*****"<<endl;
cout<<"*****"<<endl;
cout<<"*****"<<endl;
cout<<"*****"<<endl;
cout<<"*****"<<endl;
```

阳阳告诉他运行结果没有问题,但是出现了重复代码,应该还能用更简洁的代码写出来。丹丹要怎样才能优化程序呢?

探

阳阳:你这个程序中 5 条输出语句是相同的,相当于同一条语句被重复了 5 次。

丹丹:我们学习过的 **for** 语句可以让计算机重复执行多次,我来试试。

【参考程序 1】

```
#include<bits/stdc++.h>
using namespace std;
int main()
{
    int i;
    for(i=1;i<=5;i++)
```

```
    cout<<"*****"<<endl;
    return 0;
}
```

阳阳：**for** 语句改成 **for(i=2;i<=6;i++)** 也可以，只要循环条件的终止值与初始值中间相差 4 次增量就可以。比如，还可以写成 **for(i=1;i<=9;i+=2)**，把终止值改为 9，增量改为 2，即增量每次加 2。

丹丹：是的，只要保证循环次数不变，可以有多种写法。我再来试试。

（你也可以试试。）

【参考程序 2】

```
#include<bits/stdc++.h>
using namespace std;
int main()
{
    int i;
    for(i=2;i<=6;i++)
    {
        cout<<"*****";
        cout<<endl;
    }
    return 0;
}
```

【参考程序 3】

```
#include<bits/stdc++.h>
using namespace std;
int main()
{
    int i;
    for(i=1;i<=9;i+=2)
    {
        cout<<"*****";
        cout<<endl;
    }
    return 0;
}
```

老师：当需要计算机重复执行相关语句时，就可以用循环结构来实现代码。有了循环结构和相应的语句后，计算机就非常擅长做重复的事情了。在实际应用中，如果需要重复执行的次数是固定的、已知的，则一般使用 **for** 语句实现。我想把图案中的 * 全换成 **1**，代码怎么修改呢？

丹丹：只要把程序中的*****换成 **11111** 就可以了。

老师：那如果是下面这种数字构成的图案呢？

```
11111
22222
33333
44444
55555
```

丹丹：有点难……

老师：这个图案是有规律的。第一行数字是 1，第二行数字是 2，第三行数字是 3，第四行数字是 4，第五行数字是 5，我们可以发现什么？

丹丹：我发现打印的数字跟行数是对应的。

老师：在程序的循环语句 **for(i=1;i<=5;i++)** 中，是什么在控制打印第几行呢？

丹丹：是循环变量 **i**。

老师：也就是说每行上打印的数字是跟循环变量的值有关。当 **i** 等于 1 时，打印的是 1，当 **i** 等于 2 时，打印的是 2，以此类推，**for** 语句输出的内容应该也跟循环变量 **i** 的值有关。

丹丹：我知道了。**cout** 后面输出 5 个 **i**。我来试试。谢谢老师。

【参考代码】

```
#include<bits/stdc++.h>
using namespace std;
int main()
{
    int i;
    for(i=1;i<=5;i++)
        cout<<i<<i<<i<<i<<i<<endl;
}
```

习

练习 5.1：在屏幕上打印下面的图形。

```
11111
55555
99999
```

练习 5.2：在屏幕上打印下面的图形。

```
1 2 3 4 5
2 3 4 5 6
3 4 5 6 7
4 5 6 7 8
5 6 7 8 9
```

练习 5.3：在屏幕上打印下面的图形。

```
1 2 3 4 5
2 4 6 8 10
3 6 9 12 15
4 8 12 16 20
5 10 15 20 25
```

5.2 嵌套循环

问

这天，丹丹想：有了前面 **for** 语句循环的知识，打印出 5 行*****可以实现了。要是打印 5 行的**********呢，写成 **cout<<"**********"**，每行就变成 10 个 * 。如果每行的 * 个数更多呢，比如 30 个，我就要自己细心地输入一串 30 个 * ，这些 * 也是在重复打印，能否用程序更方便地控制每一行输出 * 的个数呢？

探

丹丹：我先编个程序实现每行输出 10 个“ * ”，共 5 行的方阵。

【参考程序 1】

```
#include<bits/stdc++.h>
using namespace std;
int main()
{
    int i;
    for(i=1;i<=5;i++)
    {
        cout<<"**********";
        cout<<endl;
    }
    return 0;
}
```

阳阳：**cout<<"**********";**这条语句也可以用 **for** 语句实现。

丹丹：可以每次打印一个 * ，用循环控制重复 10 次，就能打印 10 个 * 。

```
for(i=1;i<=10;i++)
    cout<<"*";
```

但是，这个语句放在程序里，就会出现 **for** 语句里再写上 **for** 语句，有点复杂……

阳阳：我来试试。

```
for(i=1;i<=5;i++)
    {
        for(i=1;i<=10;i++)
          cout<<"*";
    }
```

老师：循环体里再次循环，就构成了嵌套循环，你们写的程序形成了两层嵌套循环。虽然看起来有些复杂，但语句的功能没有变化，你们要弄清楚每个循环所控制的循环体是哪些语句。里层的 **for** 语句是外层 **for** 语句的循环体，外层 **for** 语句的循环变量每变化一次，里面的循环都会执行一遍，必须用不同的变量来控制两层循环的执行。

【参考程序 2】

```
#include<bits/stdc++.h>
using namespace std;
int main()
{
    int i,j;
    for(i=1;i<=5;i++)
    {
        for(j=1;j<=10;j++)
            cout<<"*";
    }
    cout<<endl;
    return 0;
}
```

丹丹：我来读读程序，先模拟一下计算机的运行过程。当 **i** 取初值 1 时，满足循环条件，开始执行里面的循环，循环变量 **j** 从 1 变到 10，打印出 10 个 *，然后回到外层循环，**i** 继续加 1 变成 2，仍然满足循环条件，再次执行内层循环，第二次输出 10 个 *，以此类推，**i** 变成 5 时，第 5 次输出 10 个 *。我来运行一下……啊！所有的 * 全部显示在一行上了，一共 50 个。这是怎么回事呢？

阳阳：我看看，换行语句在最后只执行了一次，应该是每一行输出结束后都要换行。

丹丹：哦，我来调整换行语句。应该加在每行 10 个 * 打印完成之后，里面的 **for** 语句是打印一行，应该是在里层的 **for** 语句之后增加 **cout<<endl;**，程序运行成功了。

【参考代码】

```
#include<bits/stdc++.h>
using namespace std;
int main()
{
    int i,j;
    for(i=1;i<=5;i++)
```

```
    {
      for(j=1;j<=10;j++)
          cout<<"*";
      cout<<endl;
    }
    return 0;
}
```

阳阳：我在网上搜索到了一些关于嵌套循环的知识，我们一起来研究一下。

学

嵌套循环

在一个循环语句的循环体里出现另一个循环语句，这样的程序结构称为嵌套循环。

嵌套循环的语句格式

```
for(…)
{…
  for(…)
  {…
  }
  …
}
```

两个循环嵌套时，内层循环的全部语句都必须是外层循环的循环体，循环总次数由内、外循环次数共同决定。

丹丹：我发现，两层循环打印图形时，外层循环变量用来控制行数，里层那个 **for** 语句控制每行的 * 个数。我们可以试试打印其他图案。

阳阳：我们来打印一个 **n** 行的平行四边形试试。

```
**********
 **********
  **********
```

丹丹：每行 * 的位置不一样，每次往右移动一格，这怎么办？

阳阳：**cout** 语句可以输出空格，需要处理的难点在于，每行打印的空格数是不一样的，第一行 1 个空格，第二行 2 个空格，第三行 3 个空格……

丹丹：这个我知道，可以用一个 **for** 循环来控制输出空格，比如输出 3 个空格。

```
for(j=1;j<=3;j++)
    cout<<" ";
```

阳阳：每行输出的空格数是变化的，我发现了，空格的个数跟行数有关。如果 i 控制行数，可以这么写：

```
for(j=1;j<=i;j++)
    cout<<" ";
```

我们在循环的内层需要编写两个 **for** 语句，一个控制打印空格，另一个控制打印 *。

【参考代码】

```
#include<bits/stdc++.h>
using namespace std;
int main()
{
    int i,j,n;
    cin>>n;
    for(i=1;i<=n;i++)
    {
      for(j=1;j<=i;j++)
          cout<<" ";
      for(j=1;j<=10;j++)
          cout<<"*";
        cout<<endl;
    }
    return 0;
}
```

丹丹：为什么里层两个循环可以用同一个循环变量 **j** 控制呢？

老师：因为里层的两个循环不是嵌套，是上下并列的，上面的循环执行完毕后才会执行下面的循环，所以用同一个变量并不影响正确性，用较少的变量解决问题还可以节约计算机内存资源呢。你们试试打印下面这个 **n** 行的直角三角形。

```
*****
 ****
  ***
   **
    *
```

(你也一起来尝试吧。)

丹丹：这个图形每行前面留的空格和刚才的平行四边形一样，可以用刚才的方法解决。但是每行 * 的个数不同，我来找找规律。第一行 5 个，第二行 4 个，第三行 3 个……行数增加一个，* 个数就减少一个。

阳阳：行数增加 1，* 个数就减少一个，那么我们让控制行数的变量 **i** 每次循环就减去 1，从大到小变化，这样行数变化规律就和 * 个数一致了，变量 **i** 只要能控制总次数为 **n** 行就行啦。

丹丹：对呀，我试试。

```
#include<bits/stdc++.h>
using namespace std;
int main()
{
    int i,j,n;
    cin>>n;
    for(i=n;i>=1;i--)
    {
        for(j=1;j<=i;j++)
            cout<<" ";
        for(j=1;j<=i;j++)
            cout<<"*";
        cout<<endl;
    }
    return 0;
}
```

丹丹：怎么打印出这样的图形？如图 5.1 所示。

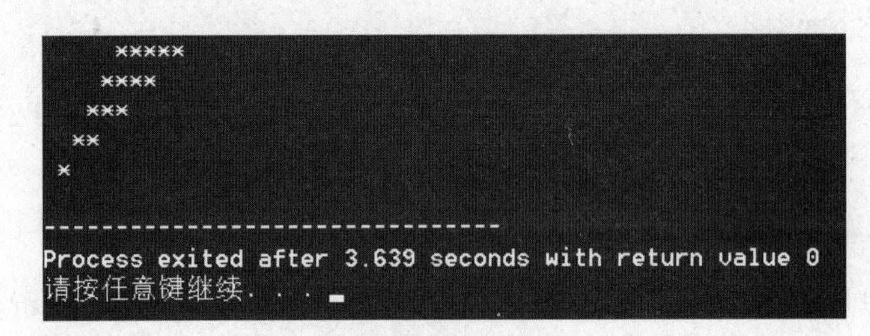

图 5.1 输出结果

*个数的变化规律是对的，可是空格的输出是有问题的。每行前的空格是越来越多，实际上应该是越来越少，怎么办呢？

老师：循环变量从大到小变化，空格的个数是从小到大变化，我们可以构造一个与行数相关的表达式，实现行数变小时，表达式的值却变大，你们知道是什么运算吗？

丹丹：我知道啦，用一个数减去行数变量，这样，行数变小，差就会变大。打印第一行时，循环变量 **i** 为 5，输出 1 个空格，**i** 为 4，输出 2 个空格，我发现两个数字加起来等于 6，那么空格的个数可以用 6 减去 **i**。如果打印 **n** 行的话，那么空格的个数可以用 **n+1-i** 表示。

老师：真棒。其实解决这个问题的程序不止一种写法，如果循环变量是从小到大变化，我们也可以在打印每行的*时，构造一个与行数相关的表达式，实现行数变大时，表达式的值却变小，你们可以用多种方法尝试。

(请你也尝试用多种方法输出这个图形。)

【参考程序 1】

```
#include<bits/stdc++.h>
using namespace std;
int main()
{
    int i,j,n;
    cin>>n;
    for(i=n;i>=1;i--)
    {
      for(j=1;j<=n+1-i;j++)
          cout<<" ";
      for(j=1;j<=i;j++)
          cout<<"*";
      cout<<endl;
    }
    return 0;
}
```

【参考程序 2】

```
#include<bits/stdc++.h>
using namespace std;
int main()
{
    int i,j,n;
    cin>>n;
    for(i=1;i<=n;i++)
    {
      for(j=1;j<=i;j++)
          cout<<" ";
      for(j=1;j<=n+1-i;j++)
          cout<<"*";
      cout<<endl;
    }
    return 0;
}
```

阳阳：我来编写一个程序，你能模拟运行，说出打印的是什么图形吗？

【参考程序】

```
#include<bits/stdc++.h>
using namespace std;
int main()
{
    int i,j,n;
```

```
    cin>>n;
    for(i=1;i<=n;i++)
    {
        for(j=1;j<=n-i;j++)
          cout<<" ";
        for(j=1;j<=2*i-1;j++)
          cout<<"*";
        cout<<endl;
    }
    return 0;
}
```

(你也可以模拟运行程序,看看程序输出的图形是什么样的。)

丹丹:我来仔细推导一下,空格数和行号之间的关系是 **n-i**,空格越来越少;*的个数与行号之间的关系是 **2*i-1**,每行*个数是 **1**、**3**、**5**……,我在草稿纸上画一下,原来是等腰三角形。编程太有趣啦,我想自己再设计打印一些图形试试。

(你也可以试试。)

老师:上面的程序我们还可以用其他的语句实现,你们研究一下下面的程序:

```
#include<bits/stdc++.h>
using namespace std;
int main()
{
    int i,j,n;
    cin>>n;
    for(i=1;i<=n;i++)
    {
        for(j=1;j<=n-i;j++)
            printf(" ");
        for(j=1;j<=2*i-1;j++)
            printf("*");
        printf("\n");
    }
    return 0;
}
```

学

printf

是 C++ 里的格式化输出函数,主要功能是向标准输出设备按规定格式输出信息。**printf** 函数定义于头文件 **<stdio.h>**或**<bits/stdc++.h>**。

> **函数调用格式**
>
> `printf("<格式化字符串>", <参量表>)`
>
> 可以输出字母、数字、空格等内容。
>
> `printf(" ");`参数“格式化字符串”缺省,输出一个空格。
>
> `printf("\n");`表示输出换行符。

阳阳：我在网络上搜索了一些 **printf** 的用法，并在计算机上实践了，感觉有些了解这个输出函数了。下面是我尝试编写的程序，如图 5.2 所示。丹丹，你也可以自己再试试。

```
1  #include <stdio.h>
2  int main() {
3      printf("%2d%s\n",931,"123");          //输出的字段长度大于最小宽度，不会截断输出
4      printf("*%10d%10s*\n",931,"123");          //默认右对齐，左边补空格
5      printf("*%*d*\n", 2, 931);       //等价于 printf("*%2d*\n",931)
6      double RENT = 3852.99;
7      printf("*%4.2f*\n", RENT);
8      printf("*%3.1f*\n", RENT);
9      printf("*%10.3f*\n", RENT);
10     return 0;
11 }
```

```
C:\Users\APPLE\Desktop\未命名1.exe
931123
*       931       123*
*931*
*3852.99*
*3853.0*
*  3852.990*

--------------------------------
Process exited after 3.961 seconds with return value 0
请按任意键继续. . .
```

图 5.2　printf 的用法

老师：很好，学习编程的一个重要手段就是多实践，并在实践中思考，逐渐积累相关的知识。解决问题时，我们先从问题出发，设计算法和程序，并积极用多种方法实践验证，进行比较，这样才能更灵活地掌握和应用知识。在当前的学习阶段，你们还要经常分析程序，人工模拟程序的运行过程，这样能够加深对程序知识和计算思维的认知，以便更好地利用计算机编程帮助我们解决问题。

悟

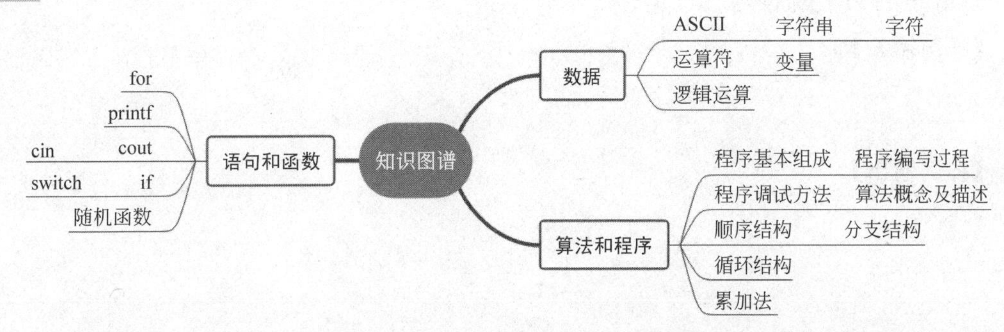

习

练习 5.4：倒置等腰三角形。

【题目描述】

打印倒置的等腰三角形。输入整数 n，输出 n 行由“ * ”组成的倒置等腰三角形。

【输入格式】

一行一个整数 n。

【输出格式】

n 行由“ * ”组成的倒置等腰三角形。

【样例输入】

```
4
```

【样例输出】

```
*******
 *****
  ***
   *
```

练习 5.5：数字金字塔。

【题目描述】

尝试打印数字金字塔，输入行数 m，请输出满足如下规律的图形(同一行数字之间留 3 个空格)。

```
      1
    2   2
  3   3   3
4   4   4   4
    ……
```

【输入格式】

输入行数 m。

【输出格式】

输出 m 行数字图形。

【样例输入】

```
3
```

【样例输出】

```
    1
  2   2
3   3   3
```

练习 5.6：九九乘法表。

【题目描述】

尝试打印出一个九九乘法表。

【样例输出】

```
1×1=1
1×2=2	2×2=4
1×3=3	2×3=6	3×3=9
1×4=4	2×4=8	3×4=12	4×4=16
1×5=5	2×5=10	3×5=15	4×5=20	5×5=25
1×6=6	2×6=12	3×6=18	4×6=24	5×6=30	6×6=36
1×7=7	2×7=14	3×7=21	4×7=28	5×7=35	6×7=42	7×7=49
1×8=8	2×8=16	3×8=24	4×8=32	5×8=40	6×8=48	7×8=56	8×8=64
1×9=9	2×9=18	3×9=27	4×9=36	5×9=45	6×9=54	7×9=63	8×9=72	9×9=81
```

第 6 章

计算机算得快

6.1 用循环语句解决问题

问

丹丹自从学习了循环结构，就可以方便地编写程序让计算机做很多次重复的操作，比如让计算机做算术题目。他想知道：计算机究竟可以算多快？于是他想编写一个程序，测试 1 秒内计算机可以进行多少次运算。

探

阳阳：计算机运算速度非常快，我们测试一次运算的时间很困难，但是可以通过很多次运算的时间计算出它每秒运算多少次，比如 **t** 次运算需要 **n** 秒，t 除以 **n** 就可以得到每秒运算的次数了。

丹丹：那我们让计算机运算的次数多一些，比如 1 000 000 000 次，可以吗？

阳阳：好的，先试试吧。反正用循环表示很方便，**t** 表示循环次数 1 000 000 000，但是计算机运算的时间怎么解决呢？

老师：我给你们一个程序研究一下，它可以输出计算机每秒钟运算的次数。

【参考代码】

```
#include<bits/stdc++.h>
using namespace std;
const int t=1000000000;
int main()
{
    int d;
    for(int i=1;i<t;i++)
      d=1+2;
    printf("%.f\n",(double)t/(double)((double)clock()/CLOCKS_PER_SEC));
    return 0;
}
```

丹丹：我先运行一下试试，运行结果如图 6.1 所示。

计算机算得真快！程序里面有些内容我不明白，为什么有很多个 **double**？

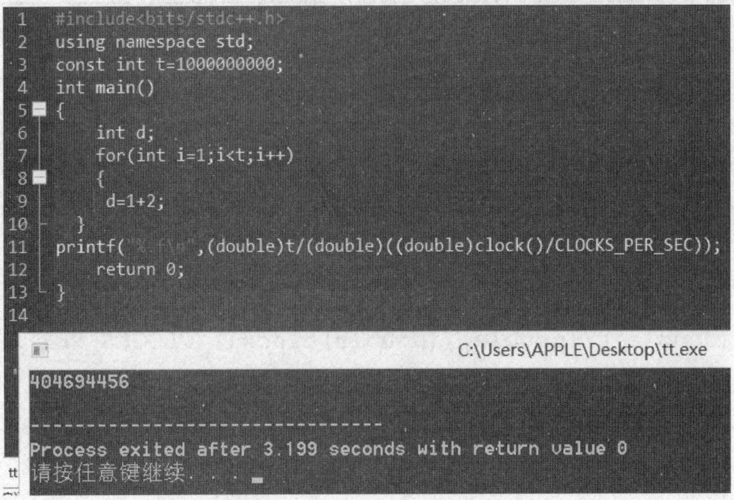

```
1  #include<bits/stdc++.h>
2  using namespace std;
3  const int t=1000000000;
4  int main()
5  {
6      int d;
7      for(int i=1;i<t;i++)
8      {
9       d=1+2;
10     }
11 printf("%.f\n",(double)t/(double)((double)clock()/CLOCKS_PER_SEC));
12     return 0;
13 }
14
```

```
C:\Users\APPLE\Desktop\tt.exe
404694456

--------------------------------
Process exited after 3.199 seconds with return value 0
请按任意键继续. . .
```

图 6.1　计算每秒运算的次数

老师：在 C++ 运算式中，最好能按照运算符的性质，将运算数设置为相应的类型，并将它们的数据类型进行统一。比如/运算是进行除法，一般将运算数设置为 **double** 类型，程序中出现的 **double** 可以将随后的数值强制转化为 **double** 型。关于 C++ 中的数据类型及用法，你们可以参考更多资料，并多实践，掌握正确的用法。由于计算机的运行速度有差异，上面的程序也会有不同的运行结果。

学

数据类型表（如表 6.1 所示）

表 6.1　数据类型表

数 据 类 型	类型标识符	所占字节数	取 值 范 围
整型	int	4	−2147483648～2147483647
长整型	long long	8	-2^{63}～$2^{63}-1$
单精度浮点数	float	4	−3.4E+38～3.4E+38
双精度浮点数	double	8	−1.79E+308～1.79E308
字符型	char	1	−128～127
布尔型	bool	1	0 或 1
其他：短整型、无符号短整型、无符号模型、无符号长整型、高精度浮点型			

数据类型转换

如果赋值运算符两边的数据类型不同，系统会自动进行类型转换。为了保证运算结果的正确性，一般采取强制类型转换的方法，使运算数据的类型统一并与运算符的要求一致。

强制类型转换的一般形式为：

(类型名)(表达式)

或者

(类型名)变量

例如，**(double)t/(double)((double)clock()/CLOCKS_PER_SEC)** 就是将各项运算数及运算结果强制转换为双精度浮点数 **double** 类型。

丹丹：感觉挺复杂的。

老师：C++ 里这些规则不需要你强行记忆，在使用时如果不清楚，自己可以多查相关资料，并在计算机上进行试验，就能够记住并熟练应用了。

丹丹：好的。程序里的 **const** 也没有学过。

阳阳：这个我用过，程序执行过程中相对固定的值，比如我们测试的这个程序，循环次数 **t** 值相对固定，我们可以将 **t** 的值设置为常量，将其放置于主函数外，写成 **const int t=1000000000**，这样 **t** 的值在程序中就不可以再变化了，像是被保护起来一样。

学

常量

常量是在程序运行过程中，其值保持不变的量。

格式

<类型说明符> const <常量名>

或

const <类型说明符> <常量名>

示例如图 6.2 所示。

```
#include <bits/stdc++.h>
using namespace std;
const int t=1000000000;
int main()
```

图 6.2 常量的定义

丹丹：学习过这些知识，我对程序中的语句功能就更清楚了。**t** 是我们让计算机运算的总次数，我猜这条语句 **(double)t/(double)((double)clock()/CLOCKS_PER_**

SEC))是计算每秒运算的次数,可是**((double)clock()/CLOCKS_PER_SEC))**是什么?

阳阳:我们上网搜索一下吧。

学

1. **clock()**是 C++ 中的计时函数,函数返回从"开启这个程序进程"到"程序中调用 **clock()** 函数"时之间的 CPU 时钟计时单元(**clock tick**)数,是指该程序从启动到函数调用占用 CPU 的总时间一种表示方法。使用该函数需要添加头文件:

```
#include< ctime >
```

或

```
#include<bits/stdc++.h>
```

2. **CLOCKS_PER_SEC** 表示一秒钟内 CPU 运行的时钟周期数(时钟计时单元)。将程序运行占用 CPU 总时间除以这个值,就可以得到以秒数表示的时间数。即程序运行时间等于 **clock()/CLOCKS_PER_SEC**(单位秒)。

3. **t** 是计算总次数,**t/(clock()/CLOCKS_PER_SEC)** 可以得到每秒运算的次数。

丹丹:这个程序只让计算机算加法,我来改一下程序,让它计算更复杂的式子,看看怎么样,如图 6.3 所示。

【参考代码】

```
#include<bits/stdc++.h>
using namespace std;
const int t=1000000000;
int main()
{
    int a=3,b=7,c=12,d;
    for(int i=1;i<t;i++)
    {
        d=a*b+c;
    }
    printf("%.f\n",(double)t/(double)((double)clock()/CLOCKS_PER_SEC));
    return 0;
}
```

增加了乘法之后,速度比原来慢了一些了。

老师:是的,计算机运算速度跟你使用的运算符有关系,你们还可以试试其他运算,更好地了解相关知识。另外,程序中还有一处你们需要注意一下,C++ 的/运算数的数据类型

```
1  #include<bits/stdc++.h>
2  using namespace std;
3  const int t=1000000000;
4  int main()
5  {
6      int a=3,b=7,c=12,d;
7      for(int i=1;i<t;i++)
8      {
9       d=a*b+c;
10     }
11 printf("%.f\n",(double)t/(double)((double)clock()/CLOCKS_PER_SEC));
12     return 0;
13 }
```

```
C:\Users\APPLE\Desktop\tt.exe
346620451

--------------------------------
Process exited after 3.544 seconds with return value 0
请按任意键继续. . .
```

图 6.3　复杂式子的运行结果

设置为 **double** 类型，运算结果也为 **double** 类型，计算更精确。**%.f\n** 是将计算结果保留整数部分输出，如果改为 **%.2f\n** 则可以保留两位小数输出。

丹丹：我再试试，如图 6.4 所示。

```
1  #include<bits/stdc++.h>
2  using namespace std;
3  const int t=1000000000;
4  int main()
5  {
6      int a=3,b=7,c=12,d;
7      for(int i=1;i<t;i++)
8      {
9       d=a*b+c;
10     }
11 printf("%.2f\n",(double)t/(double)((double)clock()/CLOCKS_PER_SEC));
12     return 0;
13 }
```

```
C:\Users\APPLE\Desktop\tt.exe
347826086.96

--------------------------------
Process exited after 3.549 seconds with return value 0
请按任意键继续. . .
```

图 6.4　保留两位小数后的运行结果

计算机算得又快又精确！阳阳，我们数学课上在讲质数问题，老师说一个数是否为质数可以根据质数的概念进行判断，我算得太慢了。我们来编写程序让计算机算吧，它肯定很快就能算好。

阳阳：我先复习一下质数的概念：数学中质数又称素数，指在大于 1 的自然数中，除了 1 和自身外，不能被其他自然数整除的数(能够整除的数称为它的因子，质数只有 1 和自身两个因子)。

丹丹：你看，我在草稿纸上计算19是否为质数时，写了17条，才得出19是素数的结论，而且写的时候要小心，很容易遗漏掉某个除数。

```
19/2=9…1
19/8=2…3
19/7=2…5
19/3=6…1
……
```

阳阳：你列举可能因子的顺序是乱序的，当数值大一点时，很容易漏掉数或者重复列举，我们按照一定的次序列举因子，能解决这个问题，而且还能减少次数呢。你试试看。

丹丹：我重新按照你说的试一试，我按照从小到大的顺序列举因子。

```
19/2=9…1
19/3=6…1
19/4=4…3
19/5=3…4
……
19/18=1…1
```

我明白了，如果不是质数的话，从小到大列举因子可以更快做出判断。比如39这个数，试到3时就能发现它不是质数了。但是对于较大的数，比如19711，我尝试是否存在因子，次数就太多了。

我们来编个程序，让计算机来判断给定正整数 **n**(保证在正整数范围内)是否为质数，如果是，则输出 **Yes**，否则输出 **No**。

阳阳：有序地尝试因子也比较容易用程序实现，我们可以让除数从2开始依次按顺序尝试，直到除数为 **n-1** 为止，一旦出现能够整除，就说明 **n** 不是质数；如果直到除数超过 **n-1**，都没有能够整除，那么 **n** 一定是质数。不断尝试的过程是相似的，可以看作重复的过程，我们应该可以用循环结构来实现重复过程。

丹丹：我试试。第一步搭建程序基本框架，第二步定义变量 **n**，并输入 **n** 的值，第三步进行循环，除数 **i** 从2开始，到 **n-1** 循环结束，因此 **i** 的初始值是2，条件为 **i<=n-1**。如果 **n** 对 **i** 可以整除，则输出 **No**，否则输出 **Yes**。

【参考程序】

```
#include<iostream>
using namespace std;
int main()
{
    int n;
    cin>>n;
    for(int i=2;i<=n-1;i++)
        if(n%i==0) cout<<"No";
```

```
    else cout<<"Yes";
    return 0;
}
```

丹丹：阳阳，我输入 6 时，为什么运行结果是 **NoNoYesYes**？

阳阳：这是为什么呢？你看，每一次循环，**i** 的值都在改变，并且每一次都输出结果了，其实只要输出最终结果就可以了。当出现能整除的时候，就可以得出 **n** 不是质数的结论了，如果此时需要程序输出结果并退出循环，可以在 **cout<<"No"**后面加上 **break** 语句，这样便结束 **for** 循环了。

【参考程序】

```
#include<iostream>
using namespace std;
int main()
{
    int n;
    cin>>n;
    for(int i=2;i<=n-1;i++)
        if(n%i==0)
        {
            cout<<"No";
            break;
        }
        else cout<<"Yes";
    return 0;
}
```

学

break 语句格式：

```
break;
```

语句功能：

结束当前正在执行的循环（**for**、**while**、**do-while**）或多路分支（**switch**）程序结构，转而执行这些结构后面的语句。

一般和 **if** 语句配合使用，可以实现当条件满足时直接跳出循环，即强行结束循环。要注意 **break** 只结束其所在层的循环。

老师：关于 **break** 语句，我再举个例子。

例如，下面的代码在执行 **break** 之后，继续执行 **a+=1;** 处的语句，而不是跳出所有的循环：

```
for ( ; ; )
{ …
  for ( ; ; )
  {…
    if (i==1)
        break;
    …
  }
  a+=1;      //break 跳至此处,a+=1 等价于 a=a+1//
  …
}
```

丹丹：老师，我明白了。我修改一下程序……奇怪，我改完后输入 6，输出 **No**，但是输入 9 时，输出的却是 **YesNo**？

阳阳：我们一起问下老师吧。

老师：两位同学可以把判断素数的程序写到这一步已经非常棒了。你们在模拟运行程序会发现一个问题，当刚开始列举的数不是因子时，根据程序就会输出 **Yes**。实际上，输出结果的语句应该出现在最后，也就是当能够下结论时，再输出。至于中间列举因子的过程，可以通过定义一个状态变量 **flag** 记录是否存在因子的情况。我们设置 **flag** 的初始状态值为 1，当出现整除现象时将 **flag** 状态值设为 0。试探因子的过程结束后，我们再通过 **flag** 状态值为 1 或 0 来判断是否为质数，如果为 1，对应为质数，输出 **Yes**，否则输出 **No**，这样可以保证只输出一个最终判断的结果。这里 **flag** 的用法也称为“打标记”，以后大家也会常用到这种方法。

【参考程序】

```
#include<iostream>
using namespace std;
int main()
{
    int n,flag=1;
    cin>>n;
    for(int i=2;i<=n-1;i++)
        if(n%i==0)
        {
            flag=0;
            break;
        }
    if(flag==1) cout<<"Yes";
    else cout<<"No";
    return 0;
}
```

习

练习 6.1：猴子吃桃问题。

【题目描述】

猴子第一天摘下若干个桃子，当即吃了一半，还不过瘾，又多吃了一个。第二天早上又将剩下的桃子吃掉一半，又多吃一个。以后每天早上都吃了前一天剩下的一半零一个。到第 n 天早上想再吃时，见只剩下一个桃子了。求第一天共摘多少桃子。

【输入格式】

整数 n，$1 \leqslant n \leqslant 20$。

【输出格式】

一个整数，表示第一天摘的桃子数。

【输入样例】

```
10
```

【输出样例】

```
1534
```

练习 6.2：密码问题。

【题目描述】

输入密码进行登录，密码为 888，总共有 5 次机会。如果输入的不是 888，则输出“密码错误”，且提示还有几次机会，要求继续输入。如果输入了 888，则输出“登录成功”。如果输入 5 次还没成功，则输出“请 30 分钟后再试”。

【输入输出格式】

输入密码，按回车，输出相应的提示信息。

【输入输出样例】

```
8
密码错误还有 4 次机会
88
密码错误还有 3 次机会
888
登录成功
```

练习 6.3：完数。

【题目描述】

一个数如果恰好等于它的所有真因数之和，这个数就称为“完数”。例如：6 的真因数有 1、2、3；因为 1+2+3 等于 6，所以 6 是“完数”。编写程序判断输入的数是不是完数，如果是，则输入 YES，否则输出 NO。

【输入格式】

n，$1<n\leqslant 10000$。

【输出格式】

如果 n 是完数，则输出 YES，否则输出 NO。

【输入样例】

```
6
```

【输出样例】

```
YES
```

6.2　认识穷举法

问

丹丹学会了解决"计算机判断给定正整数 **n**(保证在正整数范围内)是否为质数"的问题，老师要求他画出程序对应的流程图，如图 6.5 所示。老师告诉他，循环结构除了 **for** 语

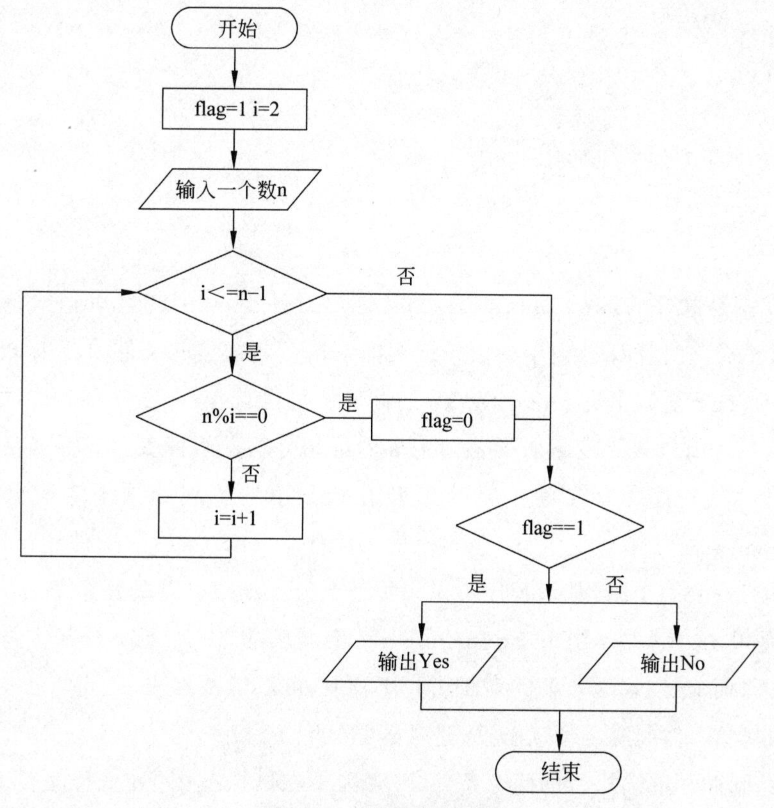

图 6.5　判断素数流程图

句实现外,还可以用其他循环语句实现。他和阳阳准备研究一下。

探

老师:你们仔细观察流程图,表示循环结构的菱形框是什么?它主要起什么作用?

丹丹:我发现菱形框里是一个判断条件,循环结构主要由条件控制执行。

老师:不错,除了 **for** 语句可以实现重复过程之外,还有直接用条件控制循环执行的条件循环 **while** 语句。你们先看下面的程序,读到 **while** 语句时,可以理解为"当条件成立时",看看用 **while** 语句替代 **for** 语句实现循环结构的差异。

【参考程序】

```
#include<iostream>
using namespace std;
int main()
{
    int n,flag=1,i=2;
    cin>>n;
    while(i<=n-1)
    {
        if(n%i==0)
        {
            flag=0;
            break;
        }
        i++;
    }
    if(flag==1) cout<<"Yes";
    else cout<<"No";
    return 0;
}
```

丹丹:我猜是这样的,**while(i<=n-1)** 表示当条件 **i<=n-1** 成立时,执行下面 **{}** 循环体中的语句,不成立时就跳过 **{}** 中的语句继续向下执行。这里的条件跟原来 **for** 语句里的条件是一样的;**for** 语句里有 **i++**,**while** 的循环体里也有 **i++**;**for** 语句中循环变量有初值,**while** 语句之前也有给变量 **i** 赋初值为 2 的语句。感觉两种表达差不多哎。

老师:刚才的程序你理解得不错。其实用 **for** 语句实现的循环结构也可以改写为 **while**,但 **while** 控制循环更灵活,比如上面的程序中 **while** 后的条件还可以用其他的,你们想一想,当一个因子出现时,程序中是采用什么方法结束循环的呢?

阳阳:是用 **if(n%i==0)** 和 **break;** 语句跳出循环的,因为 **for** 语句本身没法进行这个条件的判断,而 **while** 语句条件判断功能比较强,可以试试修改一下。

老师:非常好,你们继续动动脑筋,进一步尝试吧。

丹丹:控制循环继续执行的两个条件,一是因子在试探范围之内,条件表达式是 **i<=n-1**,二是当前没有找到因子,条件表达式是 **n%i!=0**,这两个条件有一个不满足就终止循

环。**while** 语句功能是条件成立就执行循环，阳阳，这两个条件都要满足，那两个条件都满足怎么表示呢？

阳阳：你自己复习一下前面的逻辑表达式试试。

丹丹：你看，我改好了。只要把 **while** 语句的内容改成这样，就好了吧？

```
while((i<=n-1)&&(n%i!=0))
{
    i++;
}
```

（你觉得丹丹做得对吗？）

阳阳：我们检查一下，其他地方是否还需要修改，特别是 **flag** 标记是否正确。

丹丹：我运行了程序，是错误的，如图 6.6 所示。

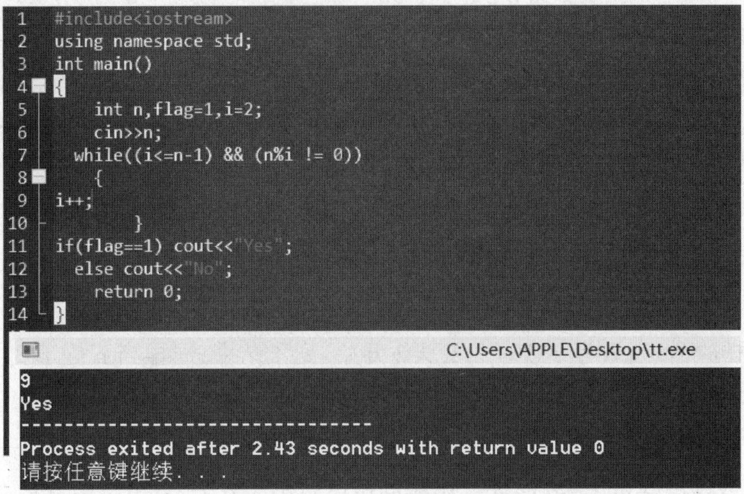

```
1   #include<iostream>
2   using namespace std;
3   int main()
4   {
5       int n,flag=1,i=2;
6       cin>>n;
7     while((i<=n-1) && (n%i != 0))
8       {
9   i++;
10          }
11  if(flag==1) cout<<"Yes";
12    else cout<<"No";
13      return 0;
14  }
```

```
C:\Users\APPLE\Desktop\tt.exe
9
Yes
--------------------------------
Process exited after 2.43 seconds with return value 0
请按任意键继续. . .
```

图 6.6　while 语句运行结果

老师：你们尝试用小规模数据模拟程序运行过程，跟踪变量的变化情况，看看什么情况下出了问题。

阳阳：我们试了两个数，一个是质数 7，还有一个是合数 9，发现输出的都是 **Yes**，一定是 **flag** 出了问题。

丹丹：嗯，**while** 循环里没有对 **flag** 赋值，所以结束循环时，**flag** 都没变。

老师：你们观察得很仔细，原来的程序是用 **flag** 标记来判断是否为质数，但改用 **while** 后，由于循环结束的条件发生了变化，我们要分析最终哪些变化跟我们的结论有关，也就是循环究竟是哪个条件导致结束的。

阳阳：我明白了。

【参考程序】

```
#include<iostream>
```

```
using namespace std;
int main()
{
    int n,i=2;
    cin>>n;
    while((i<=n-1) && (n%i !=0))
    {
        i++;
    }
    if(i==n) cout<<"Yes";
    else cout<<"No";
    return 0;
}
```

（请你想一想，为什么要做这样的修改呢？）

老师：如果循环结束时 **i** 等于 **n**，说明 **n% i != 0** 一直成立，通过这个条件我们就可以判断 **n** 是质数。这个程序还可以进一步优化，我们一起来分析。就以 16、25 为例，当 **n** 等于 **16** 时，**i** 的值是从 2 一直变化到 15，因子数有 2、4、8，同样当 **n** 等于 25 时，**i** 的值是从 2 一直变化到 24，因子数有 5，你们有没有发现什么规律？

阳阳：16 的因子只需要试探到 4 就可以了，因为 4 乘以 4 等于 16，积为 16 的两个乘数有一个大于 4，另一个一定小于 4，如果 4 以内都没有因子，肯定也不存在大于 4 的因子，同样当 **i** 等于 5 时，就可以判断出 25 不是素数。

丹丹：这样的话，当 **n** 等于 16 时，**i** 从 2 开始，到 4 结束；同样当 **n** 等于 25 时，**i** 从 2 开始，到 5 结束。

老师：非常好！4 是 16 的算术平方根，5 是 25 的算术平方根。当 **i** 从 2 开始，尝试到 **n** 的算术平方根就可以结束了，这样循环次数会相应减少。在 C++ 程序中有个函数是专门来计算平方根的，就是 **sqrt()** 函数。用这个函数，需要添加一个头文件 **math.h**。

【参考代码】

```
#include<iostream>
#include<math.h>
using namespace std;
int main()
{
    int n,i=2;
    cin>>n;
    while((i<=sqrt(n)+1) && (n%i !=0))
    {
        i++;
    }
    if(i>sqrt(n)+1) cout<<"Yes";
    else cout<<"No";
```

```
    return 0;
}
```

在判断 **n** 是否为素数这个问题的过程中，解决思路是，在可能的求解范围内，逐一验证是否存在 **n** 的因子（问题的解），直到全部情况验证完毕。这种在一定范围内一一列举所有可能的解的方法就是穷举法，这也是用程序解决问题的常用基本算法之一。

学

while 语句

语句格式：

```
while(表达式)
{
  语句 1;
  语句 2;
  ……
}
```

流程图如图 6.7 所示。

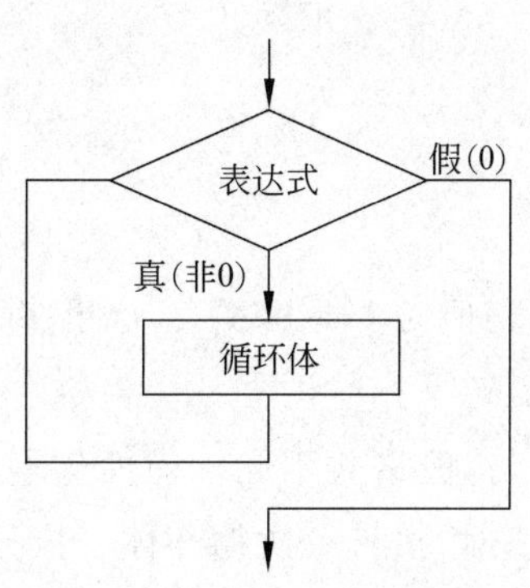

图 6.7　while 语句的流程图

sqrt 函数

sqrt 函数是 C++ 的库函数，使用时需要首先添加一个名为 **math.h** 的头文件。它的功能是计算一个非负实数的平方根，**sqrt** 只支持 **double** 和 **float** 类型，因此使用时大多需要要强制类型转化。

例如：

```
c=(int) sqrt((double)a * a+b * b);
```

穷举法（穷举算法）

穷举法的基本思想是根据问题的已知条件确定所求解的大致范围，并在此范围内对所有可能的解逐一验证，直到全部情况验证完毕。若某个情况验证符合题目的全部条件，则为本问题的一个解；若全部情况验证后都不符合题目的全部条件，则本题无解。

阳阳：丹丹，我刚才上网查找了 **while** 语句的资料，还有另外的语句格式，我们一起来看看这个程序，看看与我们写的程序有什么不同。

【参考程序】

```
#include<iostream>
#include<math.h>
using namespace std;
int main()
{
    int n,i=1;
    cin>>n;
    do
    {
      i++;
    } while((i<=sqrt(n)+1) && (n%i !=0));
    if(i>sqrt(n)+1) cout<<"Yes";
    else cout<<"No";
    return 0;
}
```

丹丹：我发现变量 **i** 在这里初值为 1，原来为 2，这里多了 **do** 语句，**while** 放在循环体后面了。它们是不同的 **while** 语句吗？

老师：它们都是条件循环语句，但格式不同。前面你们学习的是 **while** 语句，它先判断表达式是否为真，当表达式为真时，执行一次循环体。执行完后，**while** 语句又回到开始处，接着计算和判断表达式的真假，决定是否再次执行循环体。这个程序中用的是 **do-while** 语句，它先执行一次循环体，然后判断表达式是否成立，如果成立，则返回继续执行循环体，直到表达式不成立，才退出循环。

学

do-while 语句格式：

```
do
{
  语句 1;
  语句 2;
  ......
}
while(条件表达式);
```

流程图如图 6.8 所示。

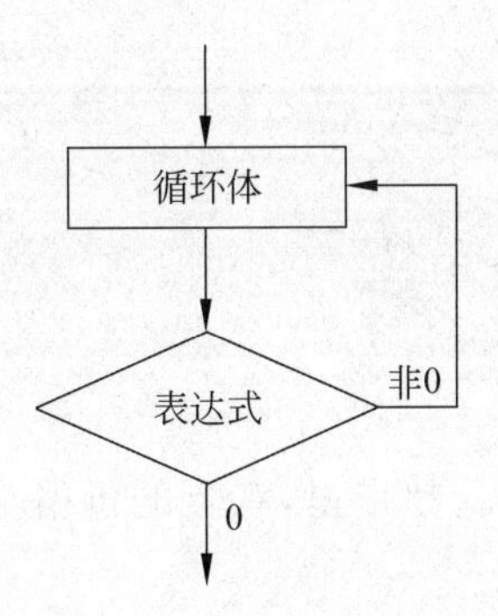

图 6.8 do-while 语句的流程图

do-while 语句与 while 语句的区别

while 语句先判断表达式，再执行循环体，而 **do-while** 语句先执行循环体，再判断表达式，会至少执行一次循环体。

丹丹：我明白为什么 **i** 等于 1 啦！如果初值为 2，那 **i** 进入循环体就变成 3，在判断因子时，3 就是第一个尝试的数了，因此穷举的范围就不对了。

习

练习 6.4：宰相的麦子。

【题目描述】

相传古印度宰相达依尔，是国际象棋的发明者。有一次，国王因为他的贡献要奖励他，问他想要什么。达依尔说："陛下，请您按棋盘的格子赏赐我一点小麦吧，第一小格赏我 1 粒，第二小格赏我 2 粒，第三小格赏我 4 粒，……，后面一格的麦子都比前一格赏的麦子增加一倍，只要把棋盘上全部 64 个小格按这样的方法得到的麦子都赏赐给我，我就心满意足了。"国王听了宰相这个"小小"的要求，马上同意了。

结果在给宰相麦子时，国王发现他要付出的比自己想象的要多得多，于是进行了计算，结果令他大惊失色。国王的计算结果是多少粒麦子呢，18446744073709551615 颗麦粒，如果一颗麦粒 0.1 克重，则总重 1844674407370955.1615 千克，就是全世界的粮食都拿来，也不可能放满 64 个格子。

现在假设粮食总量只有三十万千克，问最多能堆满几个格子？

【输入格式】

无。

【输出格式】

三十万千克麦子最多能堆满的格子数。

【输入样例】

```
无
```

【输出样例】

```
31
```

练习 6.5：逛超市。

【题目描述】

闲来无事，小明准备去逛超市。超市里，鸡蛋的价格是每斤 6 元，鱼肉的价格是每斤 5 元。二者都可以补充蛋白质。

现在小明有 100 元，请你为养生狂人小明列举出所有满足条件的购买组合（鸡蛋的数量和鱼肉的数量必须为整数且大于或等于 1，且刚好花完 100 块钱）。

【输入格式】

无。

【输出格式】

满足条件的购买组合（每行一个，鸡蛋的数量在前，鱼肉的数量在后，空格隔开）

【输入样例】

```
无
```

【输出样例】

```
5 14
10 8
15 2
```

练习 6.6：质数问题。

【题目描述】

只能被 1 和自身整除的数称为质数。求 1～1000（包括 1000）有多少个质数。

【输入格式】

无。

【输出格式】

1000 以内质数个数。

【输入样例】

```
无
```

【输出样例】

```
168
```

6.3　运用三种结构解决问题

问

丹丹查找到一些古代有趣的数学问题，当时人们没有计算机，很难计算结果，他现在编写程序，计算机算得既快又准，他越来越喜欢编程啦。

爱因斯坦出了一道数学题：在你面前有一条长长的阶梯，若你每步跨 2 阶，则最后剩余一阶；若你每步跨 3 阶，最后剩余 2 阶；若你每跨 5 阶，最后剩下 4 阶；若你每步跨 6 阶，最后剩余 5 阶；只有当你每步跨 7 阶时，最后正好走完，一阶不剩。请问：这条阶梯最少有多少阶？

怎么编程解决这个问题呢？

探

丹丹：我可以用数学知识来解决这道题目，假设台阶数为 **i**，当 **i** 同时满足 **i** 除以 2 余 1、**i** 除以 3 余 2、**i** 除以 5 余 4、**i** 除以 6 余 5、**i** 除以 7 余 0 这几个条件的时候，**i** 就是我们要的解。

阳阳：确实如此，这个条件用 C++ 语言表示我知道是

```
if(i%2==1&&i%3==2&&i%5==4&&i%6==5&&i%7==0)
    cout<<i<<endl;
```

丹丹：由于台阶数是未知的，所以我们可以用穷举算法，一个数一个数地尝试，直到找到满足条件的数为止。

老师：大家已经了解到，程序有三种基本结构，你们这个程序中有哪几种呢？

阳阳：我们需要分支结构进行判断，找出符合条件的解，并且穷举的过程是不断重复的，因此需要循环结构。

丹丹：我觉得顺序结构是最基本的，几乎每个程序都会用到。

老师：很好。一般来说，解决一个问题都需要综合运用三种基本结构，随着你们学习不断深入，解决的问题越来越多，灵活运用三种基本结构的经验也会越来越丰富。

丹丹：我们写程序吧。循环结构我们用哪个语句呢？由于我们没法直接确定循环次数，只知道循环的条件，所以循环结构我们用 **while** 语句和 **do-while** 语句可能更方便。

【参考程序】

```
#include<iostream>
using namespace std;
int main()
{
```

```
    int n=0,i=1;
    while(n==0)
    {
      if(i%2==1&&i%3==2&&i%5==4&&i%6==5&&i%7==0)
          n=1;
      else
          i++;
    }
    cout<<i<<endl;
    return 0;
}
```

丹丹：老师，当没找到所求台阶数的时候要继续循环，找到后就结束循环，我们定义了一个变量 **n**，来标识所求台阶数是否找到了，首先给它初始值赋为 0，意味着没有找到，因此循环条件就是 **n==0**，意味着我们要继续找，接下来要判断 **i** 是否满足条件，若找到所求台阶数，**n** 赋值为 1，否则就是 **i++**，最后循环结束，输出台阶数 **i**。

老师：**while** 语句后有个判断条件，循环体里面也有个条件，这两个条件的功能实际上是一样的，都是用来控制是否继续循环，因此，这个程序还可以改进。下面是改进后的程序，你们思考一下，看看能否补充完整。

【参考程序】

```
#include<iostream>
using namespace std;
int main()
{
  int i=1;
  while(________________________________)
  {
    i++;
  }
  cout<<i<<endl;
  return 0;
}
```

丹丹：我觉得应该填写 **(i%2!=1||i%3!=2||i%5!=4||i%6!=5||i%7!= 0)**

阳阳：我们试试。是对的，台阶数为 119。

老师：这个结果是正确的，我们再仔细考虑一下，这个循环过程进行了 118 次才找到满足条件的台阶数，是否可以用更少的循环过程来找到满足条件的台阶数呢？

丹丹：老师，我觉得台阶数除以 7 余 0，说明它是 7 的倍数，那我们可以让尝试的台阶数以 7 的倍数增加，跳过那些不可能的数，就可以更快找到答案了。

老师：非常好，你们努力积极思考，思维也越来越灵活，**i** 不再从 1 开始尝试，而是直接从 7 就开始，**i** 每次以 7 的倍数递增。你们试试看。

【参考程序】

```
#include<iostream>
using namespace std;
int main()
{
  int i=7;
  while((i%2!=1||i%3!=2||i%5!=4||i%6!=5))
    i=i+7;
  cout<<i<<endl;
  return 0;
}
```

老师：你们再用 **do-while** 语句来改写这个程序呢。

【参考程序】

```
#include<iostream>
using namespace std;
int main()
{
  int i=0;
  do
  {
    i=i+7;
  } while((i%2!=1||i%3!=2||i%5!=4||i%6!=5));
  cout<<i<<endl;
  return 0;
}
```

丹丹：一想到数学课上的那些难题，还可以编程序让计算机帮忙，好开心。我来研究斐波那契数列，编写一个程序解决下面的问题。

斐波那契数列问题：斐波那契数列的第一个数和第二个数都为 1，接下来每个数都等于前面 2 个数之和，比如 1 1 2 3 5 8…

输入一个正整数 **k**，输出斐波那契数列第 **k** 个数。

阳阳：老师建议我们，遇到新问题，我们可以先用自己想到的方法模拟一下解决过程，再找找操作中的规律，我们试试看。

前两项的值	前一项的值	当前项的值
1	1	2
1	2	3
2	3	5

3	5	8
5	8	13
⋮	⋮	⋮

老师：根据阳阳列举的情况，丹丹，你来说说看这三者之间有什么关系呢？

丹丹：第 1 项和第 2 项是固定值，均为 1，从第 3 项开始，当前项的值等于前一项的值加上前两项的值，我用表格来表示，如表 6.2 所示。

表 6.2　模拟斐波那契数列

k1	k2	k3
1	1	2
1	2	3
2	3	5
3	5	8
5	8	13

可以得到 **k3=k1+k2**。

阳阳：上下两行数也是有规律的，下一行的 **k1** 等于上一行的 **k2**，下一行的 **k2** 等于上一行的 **k3**。

老师：非常好，如果把这张表继续填下去，只要按照你们找到的规律重复操作就可以，如何用程序实现呢？

丹丹：这题是要找第 **k** 个数，我们可以知道需要重复多少次，循环次数已知，用 **for** 语句实现循环最方便。

阳阳：因为第一项和第二项是固定的，所以循环从第三项开始，循环变量初始值为 3，终止条件为当 **i** 的值大于输入的正整数 **k** 时循环结束。

【参考程序】

```
#include<iostream>
using namespace std;
int main()
{
  int k,k1,k2,k3,i;
  cin>>k;
  k1=1;k2=1;
  for(i=3;i<=k;i++)
  {
    k3=k1+k2;
    k1=k2;
    k2=k3;
  }
```

```
  cout<<k3<<endl;
  return 0;
}
```

老师：循环体中的三条赋值语句，是否可以交换位置？也就是是否可以改变执行的先后次序呢？

丹丹：不可以，比如交换 **k1=k2;** 和 **k2=k3;** 两条语句，先执行 **k2=k3;** 时，**k2** 的值被更新了，再执行 **k1=k2;** 时，这个 **k2** 就不是上次的 **k2** 了，必须先把 **k2** 的值赋给 **k1**，才能保证下次运算的 **k1** 和 **k2** 是上次的 **k2** 和 **k3**。

老师：你们还可以试试用 **while** 语句和 **do-while** 语句来改写这道题目。

【参考程序 1】

```
#include<iostream>
using namespace std;
int main()
{
  int k,k1,k2,k3,i=3;
  cin>>k;
  k1=1;k2=1;
  while(i<=k)
  {
    k3=k1+k2;
    k1=k2;
    k2=k3;
    i++;
  }
  cout<<k3<<endl;
  return 0;
}
```

【参考程序 2】

```
#include<iostream>
using namespace std;
int main()
{
  int k,k1,k2,k3,i=3;
  cin>>k;
  k1=1;k2=1;
  do
  {
    k3=k1+k2;
    k1=k2;
    k2=k3;
    i++;
```

```
    }while(i<=k);
    cout<<k3<<endl;
    return 0;
}
```

悟

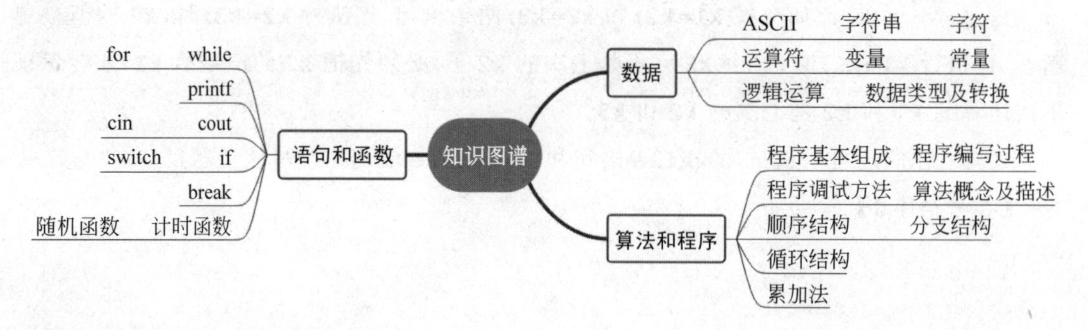

习

练习 6.7："韩信点兵"的故事。

【题目描述】

在中国数学史上，广泛流传着一个"韩信点兵"的故事：韩信是汉高祖刘邦手下的大将，他英勇善战，智谋超群，为汉朝建立了卓越的功劳。据说韩信的数学水平也非常高超，他在点兵的时候，为了知道有多少兵，同时又能保住军事机密，便让士兵排队报数：

按从 1～5 报数，记下最末一个士兵报的数为 1；

再按从 1～6 报数，记下最末一个士兵报的数为 5；

再按从 1～7 报数，记下最末一个士兵报的数为 4；

最后按从 1～11 报数，记下最末一个士兵报的数为 10。

请编写程序计算韩信至少有多少兵。

【输入格式】

无。

【输出格式】

一行仅一个数，韩信至少拥有的士兵人数。

【输出样例】

```
2111
```

练习 6.8：数字 x 出现的次数。

【题目描述】

试计算在区间 1 到 n 的所有整数中，数字 x(0⩽x⩽9)共出现了多少次？例如，在 1 到 11 中，即在 1、2、3、4、5、6、7、8、9、10、11 中，数字 1 出现了 4 次。

【输入格式】

输入共 1 行，包含 2 个整数 n、x，之间用一个空格隔开。1⩽n⩽1 000 000，0⩽x⩽9。

【输出格式】

输出共 1 行，包含一个整数，表示 x 出现的次数。

【输入样例】

```
11 1
```

【输出样例】

```
4
```

练习 6.9：水仙花数。

【题目描述】

一个三位数如果恰好等于它的各个位数上的数字的三次方之和，这个数就称为“水仙花数”。例如：1＊1＊1＋5＊5＊5＋3＊3＊3＝153。编写程序所有的水仙花数。

【输入格式】

无。

【输出格式】

所有的水仙花数。

【输入样例】

```
无
```

【输出样例】

```
153
370
371
407
```

第 7 章

超市购物统计

7.1 一维数组的定义及存取

问

丹丹跟随妈妈去超市购物，结账时服务员对每一件商品进行扫描录入相关信息，之后生成一张购物单，上面列出了每个商品的价格并计算出了总金额，如图 7.1 所示。回家后妈妈常对小票进行“数据加工”，她希望了解本次购物中超过平均金额的商品有几件。丹丹想：我可不可以用自己学过的编程知识来编一个具有类似功能的小程序帮助妈妈呢？

图 7.1 购物小票

探

丹丹：这次妈妈购买 10 件商品，小票上有总金额，平均金额只要把总金额除以件数 10 就可以得到，然后对照小票一件一件商品判断，如果有一件商品价格超过平均金额，我们就累计一个，最终累计的结果就是妈妈想要的数据了。

阳阳：我们先分析解决这个问题的流程。第一步，输入所有商品的价格，并累计总金额；第二步，计算平均金额；第三步，对照购物单的顺序，依次查看并判断哪些商品价格是高于平均金额的，并进行累加。

丹丹：这个程序我会写，10 件物品，我设置 10 个变量来存储每件物品的价格，你看。（你也可以先试试）

```
#include<iostream>
using namespace std;
int main()
{
    float a,b,c,d,e,f,g,h,i,j,s;
    cin>>a;
    cin>>b;
    cin>>c;
    cin>>d;
```

```
    cin>>e;
    cin>>f;
    cin>>g;
    cin>>h;
    cin>>i;
    cin>>j;
    …
}
```

代码有点长……

阳阳：你先不要写了，这样写程序是可以解决这个问题，但是变量太多，而且第三步我们还要依次判断每件商品的价格情况，还要写这么多条判断语句呢。假如不是 10 件商品呢，有几十件呢？

老师：你们能够利用编程去解决生活中的问题，非常厉害！其实程序设计中的很多思想方法，都能从生活中找到相通之处并迸发灵感。你们今天要解决的问题中，每件物品的价格属于同一类数据，数量比较多，可以成批集中存放到计算机里。在 C++ 中有一个数据类型，它就像我们生活中收纳物品用的柜子，比如鞋柜、书柜、碗柜等，可以把相同的一类物品集中存放在一起，让我们使用时更方便。这个数据类型也许对你们解决这个问题有帮助，你们先探究一下相关资料吧。

学

数组

数组是用来存储相同类型的数据的集合。

数组声明

数据类型　数组名[元素数量]

例如：**int a[10]**，系统将开辟 10 个单元分别用来存放对应的 10 个整数，每个单元都有标号，称为数组元素的下标。下标用来标识元素在数组中的对应位置，一般下标从 0 开始，逐个加 1。比如，**a[0],a[1],**…，每个元素只带有一个下标的数组称为一维数组。

数组初始化

例如：

```
int  a[6]={1,2,3,4,5,6}
int  a[ ]={1,2,3,4,5,6}        //元素数量是 6 个
int  a[10]={0}                 //10 个元素数值全部是 0
```

单个数组元素表示

数组名[下标]

> 例如定义数组:
>
> **int a[5]={1,2,3,4,5}**
>
> 第一个元素表示为:**a[0]**,元素值为 1。
>
> 第二个元素表示为:**a[1]**,元素值为 2。
>
> ……
>
> 最后一个元素表示为:**a[4]**,元素值为 5。

阳阳:第一步,我们可以先定义一个数组,然后尝试把所有商品的价格存放进去。数组定义和初始化应该这样

int a[10]={12,5,7,9,15,21,36,16,8,6};

然后怎么求平均价格呢?

丹丹:**s=a[0]+a[1]+a[2]+**…,挺麻烦的,还不如直接写成 **12+5+7+**…

老师:很多项相加时,要找一找规律,如果每项相加的情况类似,想办法用循环结构实现重复。

阳阳:之前我们用 **for** 语句求过 1+2+3+…,现在是 **a[0]+a[1]+a[2]+**…,可以这么写吗?

```
for(int i=0;i<10;i++)
{
   s=s+a[i];
}
s=s/10;
```

老师:上机实践,让计算机告诉你答案吧。(你也试试看)

【参考程序】

```
#include<iostream>
using namespace std;
int main()
{
  int a[10]={12,5,7,9,15,21,36,16,8,6};
  double s=0;
  for(int i=0;i<10;i++)
  {
    s=s+a[i];
  }
  s=s/10;
  cout<<s;
```

```
  return 0;
}
```

丹丹：运行结果和我计算的一样。

阳阳：现在程序能计算平均金额了，那下面我们要增添其他功能了。

丹丹：下面需要判断哪些商品价格超过了平均金额，我们还要用到每个商品的价格，需要再输入一遍吗？

老师：数组类型的变量跟其他变量一样，赋值之后只要不重新赋值，存储的值不改变，可以直接使用。

【参考程序】

```
#include<iostream>
using namespace std;
int main()
{
  int a[10]={12,5,7,9,15,21,36,16,8,6};
  double s=0;
  int t=0;
  for(int i=0;i<10;i++)
  {
    s=s+a[i];
  }
  s=s/10;
  for(int i=0;i<10;i++)
    if (a[i]>s) t++;
  cout<<s<<"  "<<t;
  return 0;
}
```

学

数组元素的赋值与读取

1. 赋值

数组元素的赋值既可以通过整体初始化进行赋值，也可以对某个元素单独赋值，计算机可以通过指定的数组元素的下标直接给对应元素赋值。

比如：

```
a[5]=19;
```

表示给数组 **a** 的第 6 个元素赋值为 19。一般地，输入成批数据到数组中常跟 **for** 循环语句联合使用，将数组下标与循环变量联系起来进行赋值。

比如：

```
for(i=0;i<n;i++)
    cin>>a[i];
```

上述语句可以通过键盘输入 n 个数据存储到数组 a。

2. 读取数组元素值

数组元素值可以通过下标随机存取，并可以参加与数据类型相匹配的运算和操作。

比如：

```
for(i=0;i<n;i++)
    s=s+a[i];
```

上述语句可以将数组 a 中的元素值进行累加，将和计入变量 s 中。

丹丹：真不错，这次妈妈去超市的单子可以用程序自动处理啦！可是下次如果妈妈买了不一样的商品，程序还得修改。

阳阳：我们再想想办法，让程序使用起来更方便。

老师：现在你们的数据是写在程序里的，所以当数据发生变化时就要修改程序，如果希望程序相对固定，可以在程序运行时读入数据，这样的程序更具通用性。

（你也来改写程序吧。）

【参考程序】

```
#include<iostream>
using namespace std;
int main()
{
  int a[10];
  double s=0;
  int t=0;
  for(int i=0;i<10;i++)
  {
    cin>>a[i];
  }
  for(int i=0;i<10;i++)
  {
    s=s+a[i];
  }
  s=s/10;
  for(int i=0;i<10;i++)
  {
    if (a[i]>=s) t++;
```

```
  }
  cout<<s<<"  "<<t;
  return 0;
}
```

阳阳：这个程序只能处理 10 件商品哦。

丹丹：对的，还有一个地方要改动。每次购买商品的数量是不确定的，所以商品的数量也要从键盘输入。可是数组需要定义多大呢？

老师：如果不能确定数组的大小，可以参考需要数量的最大值，比如你妈妈去超市最多购买的数量是多少，数组就相应定义多大。

丹丹：我明白了。我还希望把购物单里高于平均金额的商品序号和价格再打印一遍。

【参考程序】

```
#include<iostream>
using namespace std;
int main()
{
  int a[100];
  double s=0;
  int n,t=0;
  cin>>n;
  for(int i=0;i<n;i++)
  {
    cin>>a[i];
  }
  for(int i=0;i<n;i++)
  {
    s=s+a[i];
  }
  s=s/n;
  cout <<s;
  for(int i=0;i<n;i++)
  {
    if (a[i]>s)
    {
      t++;
      cout<<i+1<<a[i];
    }
  }
  cout<<t;
  return 0;
}
```

丹丹：怎么输出结果全部凑在一起了？噢，没有加分隔符，我来设计一些提示信息，这样,妈妈就能看得更清楚了。

【参考程序】

```
#include<iostream>
using namespace std;
int main()
{
  int n;
  cin>>n;
  int a[n],t=0;
  double s=0;
  for(int i=0;i<n;i++)
    cin>>a[i];
  for(int i=0;i<n;i++)
    s=s+a[i];
  s=s/n;
  cout <<"平均数:"<<s<<endl;
  for(int i=0;i<n;i++)
    if (a[i]>s)
    {
      t++;
      cout<<"编号"<<i+1<<"价格:"<<a[i]<<endl;
    }
  cout <<"总数:"<<t<<"件";
  return 0;
}
```

阳阳:成功了。

习

练习 7.1:输入 5 个数存储在数组 b 中,计算 5 个数之和及平均值。

练习 7.2:计算日子。

【题目描述】

今年是 2020 年,小茗同学想设计一个能计算几月几日是 2020 年的第几天的小工具。

【输入格式】

仅一行,包括月和日。

【输出格式】

仅一行,输出 2020 年的第几天。

【样例输入】

```
4 22
```

【样例输出】

```
第113天
```

练习7.3：歌手投票。

【题目描述】

学校推出10名歌手，这10位歌手用1～10进行编号，并设置投票箱让13位同学写下自己喜爱的歌手编号来投票。请你统计一下每位歌手的最终得票数。

【输入格式】

仅一行，输入13位同学的投票结果，以一个空格隔开。

【输出格式】

仅一行，输出10位歌手的最终得票，以一个空格隔开。

【样例输入】

```
2 8 1 2 6 4 5 9 3 10 5 3 2
```

【样例输出】

```
1 3 2 1 2 1 0 1 1 1
```

7.2　求最大(小)值

问

妈妈使用了丹丹设计的程序后，感觉比原来人工计算便捷多了，她夸奖丹丹能学以致用。她还希望程序的功能更多一些，比如程序能够输出每次购物哪个商品价格最高，比平均金额高多少。

探

阳阳：我们编写的程序你妈妈满意吗？

丹丹：妈妈很满意，但她说还希望能找出价格最高的商品，并告诉她比平均金额高出多少。怎么办呢？

阳阳：别着急，我们把思路理理，看看这个功能应该添加到流程中的哪一步。

丹丹：应该是计算出平均价格之后，那我们再加一段代码，用来找出最高价格的商品，这个怎么实现呢？

老师：给你们了解一种求最大或最小值的方法。

学

打擂台法

一种求最值的方法。

(1) 求最大值。先假定某个元素值为最大，之后与其他的元素值一一进行比较，用较大的值替换之前所定的最大值，这样比较结束之后，最后留下的就是最大值。

(2) 求最小值。先假定某个元素值为最小，之后与其他的元素值一一进行比较，用较小的值替换之前所定的最小值，这样比较结束之后，最后留下的就是最小值。

这种方法类似古代比武用的“打擂台”，也称为打擂台法。

丹丹：我会求最大值了，可以先设定第一件商品的价格为最大值，然后将其他商品价格与之比较，最后就能得出最大值了，这个过程可以用循环语句实现。下面的代码就是求最大值，把它添加到程序里就行。

```
mx=a[0];
for(i=1;i<n;i++)
    if(a[i]>mx)mx=a[i];
```

【参考程序】

```
#include<iostream>
using namespace std;
int main()
{
  int n;
  cin>>n;
  int a[n],t=0;
  double s=0;
  for(int i=0;i<n;i++)
    cin>>a[i];
  for(int i=0;i<n;i++)
    s=s+a[i];
  s=s/n;
  cout <<"平均数:"<<s<<endl;
  for(int i=0;i<n;i++)
    if (a[i]>s)
    {
      t++;
      cout<<"编号"<<i+1<<"价格:"<<a[i]<<endl;
    }
  cout <<"总数:"<<t<<"件"<<endl;
  int mx=a[0];
  for(int i=1;i<n;i++)
```

```
    if(a[i]>mx) mx=a[i];
  cout <<"最大数:"<<mx<<" "<<"高出平均值"<<mx-s;
  return 0;
}
```

阳阳：这个程序好长，我们一起看看，还可不可以优化？

丹丹：嗯，老师说过，代码要简洁，并且要尽可能地节约时间和空间，这个程序中有 4 个 **for** 循环，我们看看是否可以合并处理。

（你也积极思考一下，并试试看。）

【参考程序】

```
#include<iostream>
using namespace std;
int main()
{
  int n;
  cin>>n;
  int a[n],t=0;
  double s=0;
  for(int i=0;i<n;i++)
  {
    cin>>a[i];
    s=s+a[i];
  }
  s=s/n;
  cout <<"平均数:"<<s<<endl;
  int mx=a[0];
  for(int i=0;i<n;i++)
    if (a[i]>s)
    {
      t++;
      cout<<"编号"<<i+1<<"价格"<<a[i]<<endl;
      if(a[i]>mx) mx=a[i];
    }
  cout<<"总数:"<<t<<"件"<<endl;
  cout<<"最大数:"<<mx<<" "<<"高出平均值"<<mx-s;
  return 0;
}
```

丹丹：太神奇了，只需要两个 **for** 循环就可以了，程序的优化真是无止境啊！

老师：不断实践和优化既是编程的要求，同样也是对你们学习和做事的要求，这样我们才会不断进步，做更好的自己。如果我们要求找出最低价格的商品，并输出与平均金额的差价,程序该怎么修改呢?

丹丹:这个简单。只要将 **if(a[i]>mx) mx=a[i];** 这句改为 **if(a[i]<mini) mini=a[i];**,并将对应的 **mx** 改为 **mini**。我来运行试试……怎么差价是负数?噢,输出差值时要用平均金额减去 **mini**。看来,写一个好的程序需要非常细心并考虑全面,不能大意。

(相应程序请读者自己完成。)

习

练习 7.4:输入 5 个数存储在数组 b 中,输出 5 个数中的最大值和最小值。

练习 7.5:最大值和最小值的差。

【题目描述】

输出一个整数序列中最大的数和最小的数的差。

【输入格式】

第 1 行为 m,表示整数个数,整数个数不会大于 10 000。

第 2 行为 m 个整数,分别以空格隔开,每个整数的绝对值不大于 10 000。

【输出格式】

m 个数中最大值和最小值的差。

【样例输入】

```
5
2 5 7 4 2
```

【样例输出】

```
5
```

练习 7.6:青年歌手大奖赛——评委会打分。

【题目描述】

青年歌手大奖赛中,评委会给参赛选手打分。选手得分规则为去掉一个最高分和一个最低分,然后计算平均得分,请编程输出某选手的得分。

【输入格式】

输入数据占两行,第一行的数是 n($2 \leqslant n \leqslant 100$),表示评委的人数。

第二行是 n 个评委的打分。

【输出格式】

对于每组输入数据,输出选手的得分,每组输出占一行。

【样例输入】

```
3
98 99 97
```

【样例输出】

```
98
```

7.3　数组元素逆序重置

问

丹丹在体育课上排队，老师先让大家站好队形，然后又让其中一些同学调换了位置。他联想到了一维数组，同学们排的队伍很像一维数组，每个同学就是数组的元素，刚才老师让同学调换位置，数组元素怎么调换位置呢？

探

丹丹：阳阳，数组里面存放好元素之后，它们的位置可以调换吗？

阳阳：是可以的，我们只要按照正确的操作方法做就可以，比如 **a[1]** 和 **a[2]** 要交换位置，方法就跟两个简单变量交换数值的方法是一样的。

学

交换两个变量的值

格式：

```
swap(变量 1,变量 2)
```

功能：交换变量 1 和变量 2 的值。**swap** 为 C++ 系统函数，通过加载头文件 **iostream** 使用。

还可以通过下面的方法实现交换两个变量的值。

临时变量＝变量 1

变量 1＝变量 2

变量 2＝临时变量

老师：你们尝试将数组中的元素逆序重置。

问题描述：

从键盘输入 10 个数，存放到数组 **a** 中，按顺序输出数组元素的值；再将数组 **a** 中的元素按逆序重置再输出。

输入：

一行 10 个整数。

输出：

第一行包含按原序输出的 10 个整数，

第二行包含按逆序输出的 10 个整数。

输入样例：

```
1 2 3 4 5 6 7 8 9 0
```

输出样例：

```
1 2 3 4 5 6 7 8 9 0
0 9 8 7 6 5 4 3 2 1
```

丹丹：原序输出语句我会写，

```
for(int i=0;i<10;i++)
  cout<<a[i]<<" ";
```

逆序输出可以把这条语句修改一下

```
for(int i=9;i>=0;i--)
  cout<<a[i]<<" ";
```

这样可以吗？

阳阳：这样运行的结果看起来是对的，但是元素在 **a** 数组中还是原来的顺序，并没有逆序重置。

丹丹：那我再想想。

阳阳：我想到可以这样做。

【参考程序】

```
#include<iostream>
using namespace std;
int main()
{
    int a[10],b[10],j=0;
    for(int i=0;i<10;i++)
      cin>>a[i];
    for(int i=0;i<10;i++)
      cout<<a[i]<<" ";
    cout<<endl;
    for(int i=9;i>=0;i--)
    {
        b[j]=a[i];
        j++;
    }
    for(int i=0;i<10;i++)
    {
        a[i]=b[i];
```

```
        cout<<a[i]<<" ";
    }
  return 0;
}
```

丹丹：我明白你是怎么做的了，你再定义一个数组 **b**，把数组 **a** 的元素按照逆序一个个赋值给数组 **b**，再把数组 **b** 中的元素按照原序赋值给数组 **a**，这样 **a** 中的元素就完成逆序重置了。这感觉有点麻烦，可不可以不用数组 **b** 也能完成呢？

老师：你们再仔细观察 **a** 数组中原序和逆序的位置关系，找找规律。

丹丹：我来试试，**a[0]**的值到了 **a[9]**，**a[9]**的值到了 **a[0]**，**a[1]**的值到了 **a[8]**，**a[8]**的值到了 **a[1]**，我们把相应的元素调换位置就好了，**a[i]**跟 **a[9-i]**调换位置。

【参考程序】

```
#include<iostream>
using namespace std;
int main()
{
    int a[10],b[10],j=0;
    for(int i=0;i<10;i++)
        cin>>a[i];
    for(int i=0;i<10;i++)
        cout<<a[i]<<" ";
    cout<<endl;
    for(int i=0;i<10;i++)
    {
        swap(a[i],a[9-i]);
    }
    for(int i=0;i<10;i++)
        cout<<a[i]<<" ";
    return 0;
}
```

丹丹：啊！怎么不对？调换后还是原来的顺序。

阳阳：从第一个元素开始调换，到一半时就可以结束了，你的程序一直调换到最后一个元素，结果调换过的元素又换回来了。

丹丹：呃……

【参考程序】

```
#include<iostream>
using namespace std;
int main()
{
    int a[10],b[10],j=0;
```

```
    for(int i=0;i<10;i++)
        cin>>a[i];
    for(int i=0;i<10;i++)
        cout<<a[i]<<" ";
    cout<<endl;
    for(int i=0;i<10/2;i++)
    {
        swap(a[i],a[9-i]);
    }
    for(int i=0;i<10;i++)
        cout<<a[i]<<" ";
    return 0;
}
```

悟

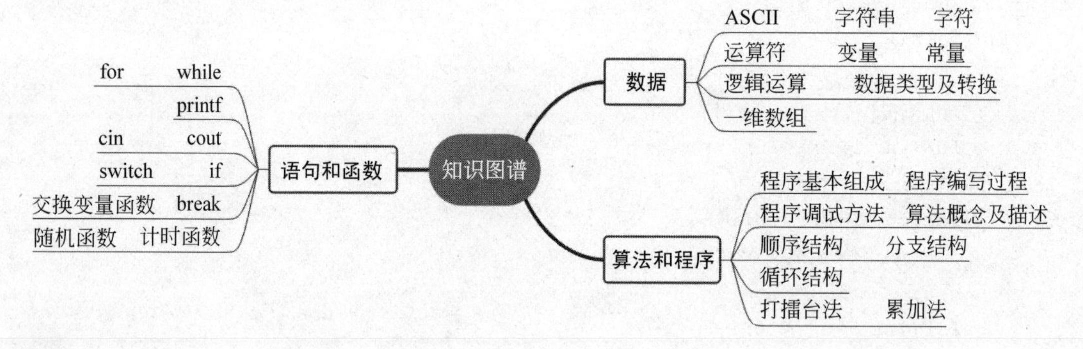

习

练习 7.7：数据的交换输出。

【题目描述】

输入 n(n<100)个数，找出其中最小的数，将它与最前面的数交换后输出这些数。

【输入格式】

输入数据占两行，第一行输入整数 n，表示这个测试实例的数值的个数。

第二行输入 n 个测试的整数。

【输出格式】

对于每组输入数据，输出交换后的数列，每组输出占一行。

【样例输入】

```
4
8 3 7 9
```

【样例输出】

```
3 8 7 9
```

练习 7.8：旗手。

【题目描述】

导游往往喜欢从所带的旅游团中选一个身高最高的游客，站在旅游团的前面帮着拿旅行社的旗帜。现在给定 n 个游客的身高(均为正整数)，将身高最高的游客(如果身高最高的游客不唯一，那么选择最前面的那一个)和第一个游客调换位置，再依次输出他们的身高。

【输入格式】

第一行一个正整数 n，1≤n≤10 000，表示有 n 个游客。

第二行包含 n 个正整数，之间用一个空格隔开，表示 n 个游客的身高。

【输出格式】

一行 n 个正整数，每两个数之间用一个空格隔开，表示调换位置后各个位置上游客的身高。

【样例输入】

```
6
160 155 170 175 172 164
```

【样例输出】

```
175 155 170 160 172 164
```

练习 7.9：数字交换。

【题目描述】

给定 n(是偶数)个数字，n 不超过 100，它们的输入编号从左到右是 1，2，…，n，希望你交换它们的次序输出，交换规则是编号 1 和编号 2 交换，编号 3 和编号 4 交换，依次类推，编号 n－1 和 n 交换

【输入格式】

第一行一个整数 n。

第二行 n 个整数。

【输出格式】

输出交换后的结果。

【样例输入】

```
4
1 2 3 4
```

【样例输出】

```
2 1 4 3
```

第 8 章

广播操队形

8.1 插入数组元素

问

丹丹班上需要 10 名身高各不相同的学生参加广播体操排练。要求学生站成一竖排，所站位置编号为 1，2，3，4，5，6，7，8，9，10。现在来了 9 名学生，站在前面的 9 个位置。还差 1 名学生，体育老师叫丹丹站到队伍中的 7 号位置，但是 7 号位置已经有人了。为了不影响队伍的整齐有序，这个时候该怎么办呢？老师让 7 号位置及以后的同学往后退一个位置，7 号位置就空出来了，丹丹顺利站到 7 号位置。

热爱编程的丹丹又联想到编程，能不能编写程序模拟广播体操排队呢？

探

丹丹：现在一共有 10 名同学参加广播操排练，如果用程序编写就要先设计相应的数据表示每位同学。阳阳，你觉得程序中的同学用什么数据表示呢？

阳阳：我们的身高各不相同，可以先分别用各自的身高表示。丹丹你的身高是 136（厘米），其他 9 位同学的身高是多少？

丹丹：他们的身高值分别是 128、129、130、132、133、134、140、141、145。

阳阳：表示这种数据应该选用什么类型呢？

丹丹：身高数据可以定义为整型。同学们站的队形很像数组呢。数组的下标表示同学所站的位置，元素值为每位同学的身高值。

阳阳：不错，这样就把做操队形问题转换成数组相关的问题。为了方便将同学序号与数组的下标位置对应，我们实际使用数组的下标从 1 开始。接下来我们模拟一下数组的存储情况，以图表形式呈现，如图 8.1 所示。现在想想怎么把 136 插入到 7 号那个位置，即 **a[7]**。

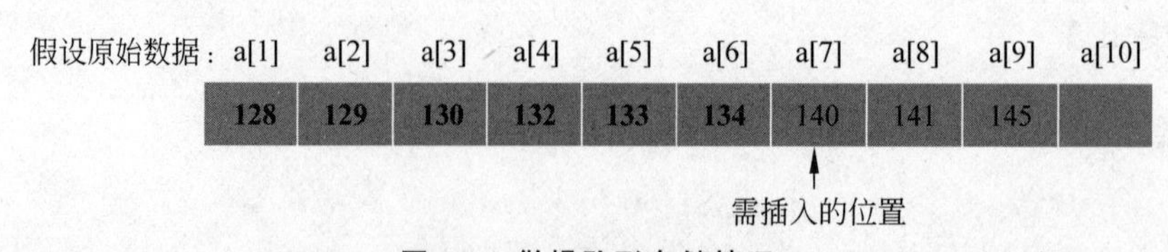

图 8.1 做操队形存储情况

能不能直接把 136 赋值给元素 **a[7]**呢？

丹丹：不行，因为原来 **a[7]**有数据 140 了，如果要把 136 插入到 **a[7]**的位置，需要先将 **a[7]**位置空出来。我们上体育课排队时，如果加一位同学到队伍中间，会让部分同学向后退，空出一个人的位置。现在如果加一个数进去，一共有 10 个数，为了不影响原来在数组中的数值，145 应该移到 **a[10]**，141 移到 **a[9]**，140 移到 **a[8]**，这三个数据都往后移动一位，从哪个数先开始移呢？

阳阳：如果 140 先向后移，执行 **a[8]=140**，那原来 **a[8]**中的 141 就被覆盖了。所以我觉得应该是从最后一个数开始移动，因为它的后面没有其他数，可以直接存放到后面一个空位置。

丹丹：最后面的一位先移，再从后往前逐次后移三个元素，这样，**a[7]**的位置就可以空出来，最后把 136 放到 **a[7]**位置。

```
a[10]=a[9];
a[9]=a[8];
a[8]=a[7];
a[7]=136;
```

【参考程序】

```
#include<bits/stdc++.h>
using namespace std;
int main()
{
  int a[11]={0,128,129,130,132,133,134,140,141,145,0};
  //第一个 0 是为了使下标与实际位置对应，无意义
  //第二个 0 表示第十个位置为空
  int i;
  a[10]=a[9];
  a[9]=a[8];
  a[8]=a[7];
  a[7]=136;
  for(i=1;i<=10;i++) cout<<a[i]<<" ";
  return 0;
}
```

阳阳：程序中几条赋值语句是相似的，并且语句中数组元素的下标也很有规律呢，可以用循环语句简化程序。

【参考程序】

```
#include<bits/stdc++.h>
using namespace std;
int main()
{
  int a[11]={0,128,129,130,132,133,134,140,141,145,0};
```

```
  //第一个 0 是为了使下标与实际位置对应,无意义
  //第二个 0 表示第十个位置为空
  int i;
  for(i=9;i>=7;i--)
    a[i+1]=a[i];
  a[7]=136;
  for(i=1;i<=10;i++) cout<<a[i]<<" ";
  return 0;
}
```

学

数组元素的插入

将元素值插入到数组中,一般先将要插入的位置空出,然后将待插入的元素值直接赋值到相应位置。

由于数组存储的特点是连续存储,所以一般需要将待插入位置开始的一批元素进行移位,以便空出相应位置。成批元素的移动可以借助循环结构完成,下面语句将从下标为 9 的元素开始到下标为 7 的元素结束,依次向后移动一位:

```
for(i=9;i>=7;i--) a[i+1]=a[i];
```

阳阳:如果需要插入的位置是 2 号,代码该怎么写?

丹丹:继续添加代码 **a[7]=a[6];…;a[3]=a[2];**,我还可以再改进程序呢。你看看,这个程序是否功能更强大了?

【参考程序】

```
#include<bits/stdc++.h>
using namespace std;
int main()
{
  int a[11]={0,128,129,130,132,133,134,140,141,145,0};
  int i,x,y;
  cin>>x>>y;
  for(i=9;i>=x;i--) a[i+1]=a[i];
  a[x]=y;
  for(i=1;i<=10;i++) cout<<a[i]<<" ";
  return 0;
}
```

阳阳:我们可以输入任意待插入的位置和数值,真棒。

老师:你们要注意,如果问题解决过程中需要在数组中插入元素,所定义的数组大小要充足,以免发生数组下标越界的现象。

丹丹:老师,我又想到一个问题,如果我们排的队形是一个圆圈,怎么用程序表示呢?

C++ 里面有表示圆圈的数据类型吗？

老师：丹丹提的问题非常好！现实生活中的现象和信息，有一部分我们可以通过 C++ 的相关知识直接转换表示为数据，比如我们排成纵向一列队形，用一维数组就可以表示，但是也有一些看上去不能直接表示的数据，只要我们动动脑筋，分析数据操作的特点，我们也可以通过特殊处理来表示。比如丹丹说的圆圈，我们可以想象一下，把一维数组从 **a[1]** 到 **a[10]** 首尾相接会怎么样呢？

阳阳：那就是圆圈啦。但首尾相接如何用程序表示呢？

老师：用 **i** 表示一维数组的下标，假如我们使用数组的下标范围是 1 到 10，下标为 10 的元素的“邻居”是谁呢？

丹丹：是下标为 9 的元素和下标为 1 的元素。

老师：正确，如果将下标为 10 的元素向后移动一位，**i** 当前为 10，执行 **a[i+1]=a[i]** 会出现什么问题？

丹丹：**i+1** 等于 11，数组越界了，事实上下标 10 的下一个是 1，我们要让下标变成 1。用 **i=1;** 可以让下标变成 1，我明白了，在程序中我们加一条语句，判断下标的取值，如果下标变到 11 就让它重新等于 1，这样就可以模拟圆圈形的队伍啦。

老师：我们可以用数组存储数据并进行相应的操作，它的优点是按下标随机存取，但为了维护数组元素间的位置关系，当插入元素时，会引起一批元素的移动，插入元素的效率就会比较低。大家掌握好数组的特点，才能更好地解决问题。

习

练习 8.1：插队问题。

【问题描述】

有 n 个人(每个人有一个唯一的编号，用 1～n 之间的整数表示)在一个水龙头前排队准备接水，现在第 n 个人有特殊情况，经过协商，大家允许他插队到第 x 个位置，输出第 x 个人插队后的排队情况。

【输入格式】

第一行一个正整数 n，表示有 n 个人，$2<n\leqslant 100$。

第二行包含 n 个整数，之间用空格隔开，表示排在队伍中的第 1～第 n 个人的编号。

第三行 1 个整数 x，表示第 n 个人插队的位置，$1\leqslant x<n$。

【输出格式】

一行包含 n 个正整数，之间用一个空格隔开，表示插队后的情况。

【输入样例】

```
7
7 2 3 4 5 6 1
3
```

【输出样例】

```
7 2 1 3 4 5 6
```

练习 8.2：题库添题 1。

【问题描述】

为了提高大家的数学水平，数学老师请信息老师建立了一个校内题库。题库中共有 n 道题，第 i 道题目的难易程度用 di 来表示，这 n 道题根据由易到难的顺序已排好。现在老师决定插入 m 道难度都为 d 的题到题库中，题库中的题仍然按由易到难的顺序排好。

【输入格式】

第一行包含两个整数 n 和 m。用空格隔开。

第二行包含 n 个整数，之间用空格隔开，表示题库中每道题的难度 di。

第三行包含 1 个整数，表示待插入的题目难度 d。

$1 \leqslant n \leqslant 100$，$1 \leqslant m \leqslant 100$，$1 \leqslant di \leqslant 100$，$1 \leqslant d \leqslant 100$。

【输出格式】

一行，包含 n+m 个整数，之间用一个空格隔开，表示插入后题库的试题难度情况。

【输入样例】

```
5 2
1 1 2 3 7
3
```

【输出样例】

```
1 1 2 3 3 3 7
```

练习 8.3：题库添题 2。

【问题描述】

为了提高大家的程序设计水平，谢老师建立了一个校内题库。题库中共有 n 道题，第 i 道题目的难易程度用 ti 表示，这 n 道题根据由易到难的顺序已排好。现在老师决定插入 m 道难度为 dj 的题到题库中，题库中的题仍然根据由易到难的顺序排好。

【输入格式】

第一行包含两个用空格隔开的整数 n 和 m。

第二行包含 n 个用空格隔开的正整数 ti，表示题库中每道题的难度。

第三行包含 m 个用空格隔开的正整数 dj，表示待插入的每道题的难度。

$1 \leqslant n \leqslant 1000$，$1 \leqslant m \leqslant 1000$，$1 \leqslant ti \leqslant 100$，$1 \leqslant dj \leqslant 100$。

【输出格式】

一行若干个用空格隔开的正整数，表示插入后题库的试题难度情况。

【输入样例】

```
5 2
1 1 2 3 7
1 3
```

【输出样例】

```
1 1 1 2 3 3 7
```

8.2　删除数组元素

问

丹丹班上 10 名学生参加广播体操排练，他们按照身高由低到高站成一竖排，所站位置编号为 1,2,3,4,5,6,7,8,9,10。现在 7 号位置学生请假离开，空出一个位置，为了不影响队伍的整齐有序，体育老师要求队伍中间不能有空位置，他让 8 号、9 号、10 号三位同学往前移了一个位置。丹丹又联想到了数组，他想用数组模拟队伍的变化。

探

丹丹：我把同学排队的数据存储到数组里，如图 8.2 所示。找找规律。

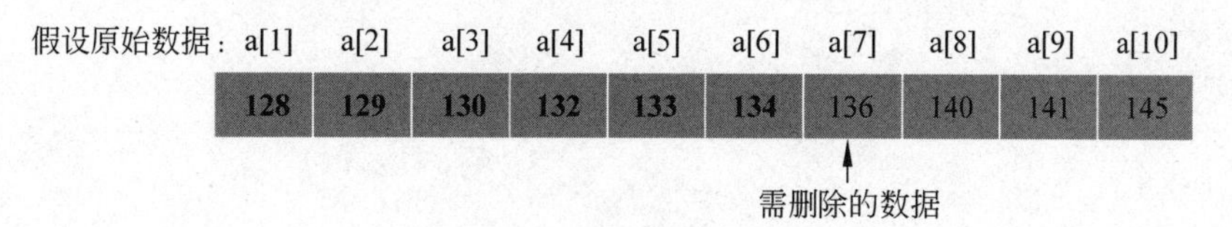

图 8.2　需删除数据表

同学离开队伍相当于数组中删除一个元素。我觉得可以由 7 号位置后面的学生依次向前站，这个过程与之前插入到 7 号位置过程有些类似。只要把赋值语句中的下标改一下就可以了，后面的元素往前移动一位，这样写：

```
a[9]=a[10];
a[8]=a[9];
a[7]=a[8];
```

阳阳：我上机运行一下。

（你也可以试试）

丹丹：怎么不对呢？输出了：128 129 130 132 133 134 145 145 145 145

（你知道是什么原因吗？）

阳阳：我们模拟运行程序看看，**a[10]**首先赋给了 **a[9]**，那么 **a[9]**的值就跟 **a[10]**一

样了,然后 **a[9]**赋给了 **a[8]**,**a[8]**的值就跟 **a[9]**一样了,应该这样改:

```
a[7]=a[8];
a[8]=a[9];
a[9]=a[10];
```

丹丹:那最后 **a[10]**还是有数值的。

老师:数组元素删除后,数组元素的个数也随之减少,我们需要在使用数组时注意这个问题。比如你们现在删除元素后,**a[10]**元素的值可以清零,也可以不作处理,但是在数组操作时要注意下标的范围,目前这个数组的有效下标是从1到9,表示数组一共有9个元素。

丹丹:我明白了。

【参考程序】

```
#include<bits/stdc++.h>
using namespace std;
int main()
{
  int a[11]={0,128,129,130,132,133,134,136,140,141,145};//第一个0是为了使下标
                                                         //与实际位置对应,无意义
  int i;
  for(i=1;i<=10;i++) cout<<a[i]<<" ";
  cout<<endl;
  a[7]=a[8];
  a[8]=a[9];
  a[9]=a[10];
  a[10]=0;
  for(i=1;i<=9;i++) cout<<a[i]<<" ";
  return 0;
}
```

学

数组元素的删除

从数组中删除一个元素时,一般先确定待删元素的位置,然后从待删元素后面一个元素开始,一直到数组的最后一个元素,都往前移动一位,数组元素个数相应减1。

与数组的插入元素相似,一批连续存储的元素需要进行移位,可以借助循环结构完成,下面语句将从下标为8到10的元素依次向前移动一位,实现删除元素 **a[7]**:

```
for(i=7;i<=9;i++)  a[i]=a[i+1];
```

阳阳:我们把这个程序代码再优化一下,并且可以输入任意的位置,都可以进行删除和

输出。

```
#include<bits/stdc++.h>
using namespace std;
int main()
{
  int a[11]={0,128,129,130,132,133,134,136,140,141,145};
  int i,x;
  for(i=1;i<=10;i++) cout<<a[i]<<" ";
  cout<<endl;
  cin>>x;
  for(i=x;i<=9;i++) a[i]=a[i+1];
  for(i=1;i<=9;i++) cout<<a[i]<<" ";
  return 0;
}
```

老师：你们已经学习了不少 C++ 编程的知识了，现在来帮老师一个忙。学校里物品管理员负责整理物品的借还情况，他每天要在表格里按照次序更新物品的编号，他觉得手工记录太麻烦了，希望你们编写一个程序帮助他完成这个任务。具体要求如下。

他会按照顺序告诉你借出的物品序号（序号在表中从 1 开始，连续递增）和归还的物品的编号（为一个整数），程序要帮助他按照次序把借出物品的编号从表中删除，归还的物品则将其编号添加到表尾，每次借出和归还物品后，整张表格中的数据必须保持连续，最后输出这张表。

表 8.1 所示是表格初始的情况。

表 8.1　表格初始化

序　号	物品编号	序　号	物品编号
1	30	4	7
2	21	5	12
3	5	6	10

这天，管理员借还物品的信息是：**J** 表示借出，**H** 表示归还

```
J4
H15
J2
J1
H19
H20
```

经过更新的表格情况如表 8.2 所示。

表 8.2　更新后的表格

序　　号	物 品 编 号	序　　号	物 品 编 号
1	5	4	15
2	12	5	19
3	10	6	20

丹丹：这个问题有点复杂，不过，我们可以先手工模拟一下过程。首先我们要把初始表建立起来，然后按照借还信息进行表格更新，如果输入的信息是 **J**，那就从数组中删除相关元素；如果输入 **H**，就将相应数值添加到表里。

老师：丹丹分析得不错，我们可以尝试把过程用下面模块化的流程图表示，如图 8.3 所示。会更好帮助你们理清思路。

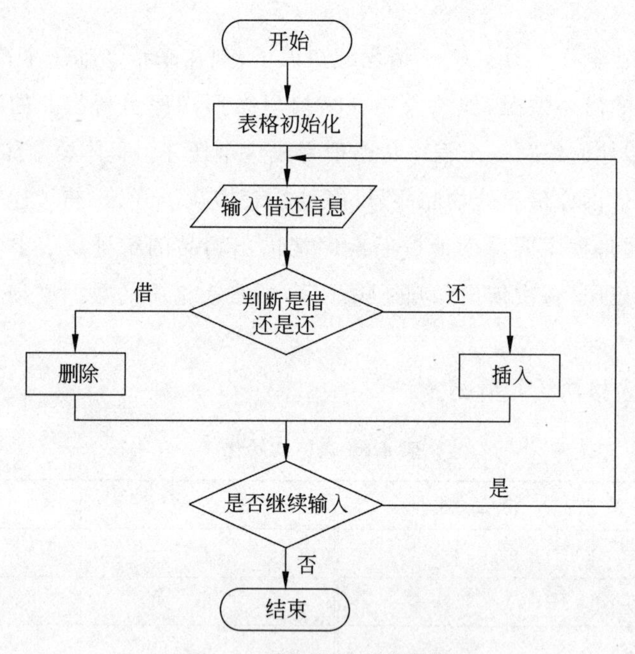

图 8.3　借还物品的流程图

当我们解决较为复杂的问题时，可以将问题划分为几个部分，各个部分再进行细化，直到分解为能较好地解决问题为止。这种解决问题的思路是自顶向下，逐步求精的。同样地，在设计较复杂的程序时，将一个大程序按照功能划分为若干小程序模块，每个小程序模块完成一个确定的功能，并在这些模块之间建立必要的联系，通过模块的互相协作完成整个功能，称为模块化程序设计。

丹丹：我明白了，“删除”和“插入”两个模块就可以用前面写的数组元素的插入和删除的程序进一步具体表示。

【参考程序】

```
#include<bits/stdc++.h>
using namespace std;
int main()
{
  int i,j,m,n,a[1001];
  char s;
  int t;
  cout<<"请输入初始表数据个数:";
  cin>>n;
  cout<<"请输入初始表数据:";
  for(i=1;i<=n;i++) cin>>a[i];
  cout<<"请输入借还信息数量:";
  cin>>m;
  for(i=1;i<=m;i++)
  {
    cout<<"请输入借还信息,每条信息后按回车键:";
    cin>>s>>t;
    if(s=='J')
    {
      if(t==n) n--;
      else if(t<n)
      {
        for(j=t;j<n;j++) a[j]=a[j+1];
        n--;
      }
    }
    else if(s=='H')
    {
      n++;
      a[n]=t;
    }
  }
  for(i=1;i<=n;i++) cout<<i<<" "<<a[i]<<endl;
  return 0;
}
```

老师：我们还可以用 C++ 中的自定义函数改写程序,让程序更具模块化的特点。你们先看下面这个程序,尝试找出其与前一程序的不同之处。

```
#include<bits/stdc++.h>
using namespace std;
int n,a[1001];
void J(int s,int t)
{
```

```
    if(t==n) n--;
    else if(t<n)
    {
      for(int j=t;j<n;j++) a[j]=a[j+1];
      n--;
    }
  }
  void H(int s,int t)
  {
    n++;
    a[n]=t;
  }
  int main()
  {
    int i,j,m;
    char s;
    int t;
    cout<<"请输入初始表数据个数:";
    cin>>n;
    cout<<"请输入初始表数据:";
    for(i=1;i<=n;i++) cin>>a[i];
    cout<<"请输入借还信息数量:";
    cin>>m;
    for(i=1;i<=m;i++)
    {
      cout<<"请输入借还信息,每条信息后按回车键:";
      cin>>s>>t;
      if(s=='J') J(s,t);
      else H(s,t);
    }
    for(i=1;i<=n;i++) cout<<i<<" "<<a[i]<<endl;
    return 0;
  }
```

丹丹：程序是从 **main** 函数开始的，我先看主函数中的语句，感觉这一句代码有些特别：if(s=='J') J(s,t)；

```
else H(s,t);
```

老师：不错，你们还记得随机函数、计时函数等 C++ 系统函数的用法吗？大家回忆一下这些函数的调用方法，看看是否有共性。

丹丹：调用语句的形式都相似，先是函数名，再加上一对圆括号，括号里面是数值或变量。老师，我猜这里的 **J** 和 **H** 也是要调用的函数。

老师：非常好。当我们输入 **J** 时，就会调用 **J** 函数，并把括号中的具体数据带入函数，处理本次借物品的操作，括号里的 **s,t** 称为函数的实际参数，简称实参，它们是函数真正操作的数据。同样的，当我们输入 **H** 时，就会调用 **H** 函数，并把括号中的具体数据带入函数，处理本次还物品的操作。

丹丹：哦，我发现了，在程序里面有关于这两个函数具体功能的说明呢。

老师：随机函数等系统函数的具体过程是预先内置到 C++ 相关头文件中的，所以我们使用时只要直接按照参数调用就可以了，但这里的 **J** 和 **H** 函数并不是系统函数，是我们自己为解决问题设置的，称为“自定义函数”。与变量的定义类似，都需要说明它的身份类型，只是自定义函数是能实现某一方面完整功能的相对独立的程序段，就需要在定义过程中把相关算法步骤描述清楚。你们结合自己写的程序，认真阅读和理解自定义函数的写法，为以后的进一步学习铺垫基础。

学

函数

一个 C++ 程序无论大小，都是由一个或多个“函数”组成，由“函数”决定要做的实际操作。

子函数

子函数由一段相对独立的程序组成，这段程序能实现某一方面独立和完整的功能。

函数的定义

```
返回类型 函数名(参数列表)
{
  函数体
}
```

说明：

(1) 函数名是标识符，一个程序除了主函数名必须为 **main** 外，其余函数的名字按照标识符的取名规则命名。

(2) 参数列表可以是空的，即无参函数，也可以有多个参数，参数之间用逗号隔开，不管有没有参数，函数名后的括号不能省略。参数列表中的每个参数，由参数类型说明和参数名组成。

(3) 函数体是实现函数功能的语句，除了返回类型是 **void** 的函数，其他函数的函数体中至少有一条语句是 **return 表达式;**，用来返回函数的值。执行函数过程中碰到 **return** 语句，将在执行完 **return** 语句后直接退出函数，不去执行后面的语句。

(4) 返回值的类型可以是 **int**、**double**、**char** 等类型，也可以是数组。如果不需要返回值，可以将类型设为 **void**，调用此类型函数的过程一般是转去执行函数内的程序段后即返回主函数。

形式参数

函数定义中的参数名称为形式参数。例如：函数定义语句 **void J(int s,int t)** 中的 **s** 和 **t** 是形式参数。

实际参数

实际调用函数时传递给函数的参数的值叫实参。例如：主函数中的调用语句 **J(s,t)** 中的 **s** 和 **t** 是实际参数。

悟

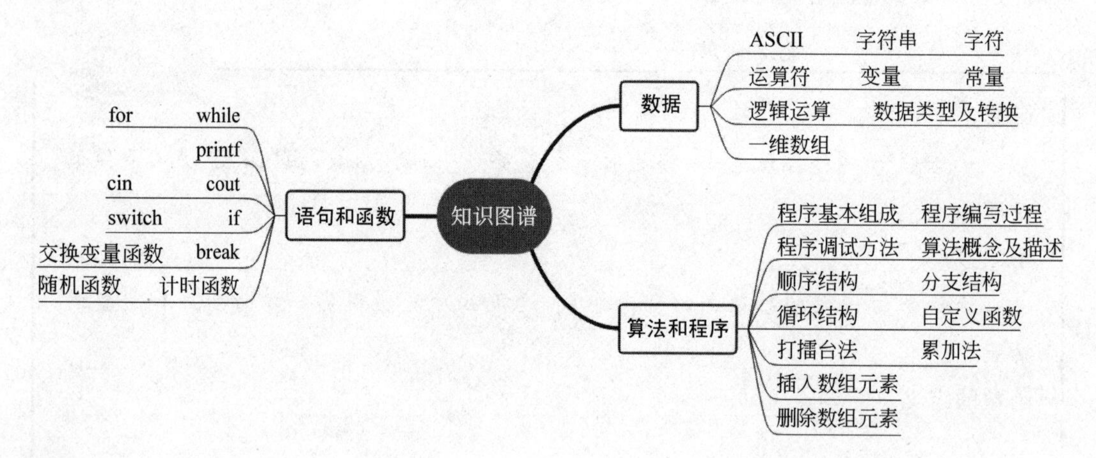

习

练习 8.4：排队接水。

【问题描述】

有 n 个人(每个人有一个唯一的编号，用 1～n 之间的整数表示)在一个水龙头前排队准备接水，现在第 x 个人有特殊情况离开了队伍，求第 x 个人离开队伍后的排队情况。

【输入格式】

第一行 1 个整数 n，表示有 n 个人，2＜n≤100。

第二行包含 n 个整数，之间用空格隔开，表示排在队伍中的第 1 个到第 n 个人的编号。

第三行包含 1 个整数 x，表示第 x 个人离开队伍，1≤x≤n。

【输出格式】

一行，包含 n－1 个整数，之间用一个空格隔开，表示第 x 个人离开队伍后的排队情况。

【输入样例】

```
5
7 4 6 5 3
2
```

【输出样例】

```
7 6 5 3
```

练习 8.5：西瓜。

【问题描述】

水果店老板进了一批西瓜，总共有 n 个，老板将小于 5 斤的西瓜挑出，只保留大于或等于 5 斤的西瓜。

【输入格式】

第一行包含一个正整数 n。

第二行包含 n 个整数，之间用空格隔开，表示西瓜的重量(以斤为单位)。

【输出格式】

一行包含若干正整数，之间用一个空格隔开，表示西瓜被挑出后的情况。

【输入样例】

```
10
7 5 6 4 8 5 3 7 6 4
```

【输出样例】

```
7 5 6 8 5 7 6
```

练习 8.6：删除试题。

【问题描述】

题库中有 n 道编程试题，根据题号给定 n 道试题的难易程度(均为 1～10 的正整数)，删除难度为 x 的试题。

【输入格式】

第一行包含两个正整数 n 和 x，之间用一个空格隔开。

第二行包含 n 个正整数，之间用一个空格隔开，表示每道题的难度。

$1<n\leqslant 1000$。

【输出格式】

一行包含若干正整数，之间用一个空格隔开，表示删除难度为 x 的试题后题库中的试题情况。

【样例输入】

```
6 1
1 10 3 1 7 2
```

【样例输出】

```
10 3 7 2
```

第 9 章

猜价格

9.1 顺序查找

问

丹丹买了一支 6 元钱的钢笔,他想让朋友们比赛猜猜钢笔的价格。比赛规则是这样的:

他告诉朋友,钢笔的价格是一个整数,在 10 元以内(包括 10 元)。如果朋友猜对了,就说"你真厉害,猜中了";否则朋友可以继续猜,直到猜对为止。统计出朋友猜的总次数,看看谁猜得既快又准。而且,他想编写一个程序模拟这个比赛过程。

探

丹丹:我先根据程序的功能想象一下运行的过程:

第一步,将钢笔的价格预先设置在程序中,然后运行程序;

第二步,让猜价格的朋友从键盘输入所猜的数;

第三步,猜数次数累加 1;

第四步,计算机根据他输入的数和钢笔的价格进行比较,如果错误,返回第二步,否则执行第五步;

第五步,输出所猜次数并结束程序。

【参考程序】

```
#include<iostream>
using namespace std;
int main()
{
  int t=0,x=6,f=0;
  while(f!=x)
  {
    cout<<"请输入你猜的价格:";
    cin>>f;
    t++;
  }
  cout<<"你真厉害,猜中了!一共猜了"<<t<<"次";
  return 0;
}
```

阳阳：我觉得你的程序还有点问题，如果有人一直猜不对呢？那程序就无法停止了。

丹丹：噢，我没有想到这个，好的，我来完善一下程序，并且还要修改比赛规则，就是猜的次数不能超10次，如果第10次还是猜错了，就输出“你没有猜中”。

（你会完善丹丹的程序吗？试试看）

【参考程序】

```
#include<iostream>
using namespace std;
int main()
{
  int t=0,x=6,f=0;
  while((f!=x)&&(t<10))
  {
    cout<<"请输入你猜的价格:";
    cin>>f;
    t++;
  }
  if(f==x) cout<<"你真厉害,猜中了!一共猜了"<<t<<"次";
    else cout<<"你没有猜中";
  return 0;
}
```

阳阳：我们再修改一下程序，让人和计算机比赛猜价格怎么样？

丹丹：这个……有点复杂，我们先把比赛规则定好吧。

比赛规则：计算机随机生成一个10以内(包含10)的整数，为钢笔的价格，存储在变量a中。由人和计算机轮流猜，如果在10次以内人猜对了，就输出“人赢”，如果是计算机猜对了，就输出“计算机赢”。如果都没有猜对，则输出“人和计算机都没有猜对”。

我们可以用学过的随机数模拟计算机猜的数。

（你试试编写这个程序吧。）

【参考程序】

```
#include<iostream>
#include<ctime>
#include<stdlib.h>
using namespace std;
int main()
{
    srand(time(0));
    int t=0,x=0,a,f=0;
    a=rand()%10+1;
    while((f!=a) && (x!=a) && (t<10))
    {
```

```
        cout<<"请输入你猜的价格:";
        cin>>f;
        x=rand()%10+1;
        cout<<"计算机猜的价格是:"<<x<<endl;
        t++;
    }
    cout<<"钢笔的价格是:"<<a<<endl;
    if(f==a) cout<<"猜了"<<t<<"次,人赢!";
    else if (x==a) cout<<"猜了"<<t<<"次,计算机赢!";
        else cout<<"人和计算机都没有猜对";
    return 0;
}
```

老师：你们做得很棒。在上面的程序运行中，如果人和计算机同时猜对了，应该输出什么呢？

丹丹：是"人赢!"，程序还要再修改。编写一个好的程序真是不容易，需要细心并考虑全面，否则就会有 Bug。老师，我们还会继续完善这个程序的。

老师：嗯，另外，通过多次运行，你们有没有发现，总是人赢。你们可以试试钢笔的真实价格不用随机数产生，而是指定好写在程序里，看看有没有变化？

丹丹：我试试……发现计算机赢的次数比原来多了。老师，是不是因为随机数的原因呢？如果钢笔的价格由随机数生成，后面计算机猜价格时也是随机数，生成相同随机数的情况比较少，对吗？

老师：可以这么理解，总之，编程是实践性很强的学科，大家要多尝试，多总结，编程技术才会越来越好。

丹丹：好的。那我再试试，如果让计算机按照价格从小到大的顺序猜，情况会怎样呢？

那我可以将 1～10 这十个数一一列举出来，如表 9.1 所示。用穷举法猜。

表 9.1　列举十个数

1	2	3	4	5	6	7	8	9	10

【参考程序】

```
#include<iostream>
#include<ctime>
#include<stdlib.h>
using namespace std;
int main()
{
    srand(time(0));
    int t=0,x=0,a,f=0;
    a=rand()%10+1;
```

```
    while((f!=a) && (x!=a) && (t<10))
    {
        cout<<"请输入你猜的价格:";
        cin>>f;
        x++;
        cout<<"计算机猜的价格是:"<<x<<endl;
        t++;
    }
    cout<<"钢笔的价格是:"<<a<<endl;
    if(f==a) cout<<"猜了"<<t<<"次,人赢!";
    else if (x==a) cout<<"猜了"<<t<<"次,计算机赢!";
         else cout<<"人和计算机都没有猜对";
    return 0;
}
```

(丹丹还没能解决人和计算机都赢的情况,请读者帮助他们完成。)

老师:其实刚才大家写的程序用到了查找算法,猜数就相当于在一些数中进行查找。计算机随机生成猜的价格,称为随机查找法,如果按照价格从小到大或从大到小的顺序猜,称为顺序查找法。一般来说,顺序查找法相对比较稳定,但随机查找法依赖"运气",也很有用,大家今后再深入学习。我们用数组存放数据时,也常常需要查找其中的元素。你们探究学习下面的内容,然后尝试解决这个问题:

把任意 10 个价格写到卡片正面,然后卡片正面朝下,你们每次摸取一张卡片,看看需要几次可以使所摸卡片上的数值与钢笔价格一致?

学

一维数组的查找

是指在一维数组中查找指定值的元素,查找的结果可能是没找到、找到一个或者找到很多个。

顺序查找法

顺序查找法是指按照数组下标从小到大(或从大到小)的次序,依次将数组中的元素与要查找的值逐一进行比较,判断相应的元素值是否为所需查找的值。

通常用循环结构实现,例如:

```
for(i=1;i<=10;i++)
    if(a[i]==x) break;
```

表示从下标为 1 的元素开始,进行顺序查找,如果找到元素值等于所需查找的值 x,则退出循环。

随机查找法

随机查找法是指随机生成数组的下标,将数组中对应的元素与要查找的数进行比较,判断相应的元素值是否为所需查找的值。

```
for(i=1;i<=10;i++)
{
  b=rand()% 10+1;
  cout<<"计算机随机查找的下标是:"<<b<<endl;
  if(a[b]==x)
  {
    cout<<"已经找到:它在数组中的下标是"<<b;
    break;
  }
}
```

丹丹：我先把卡片上的数值依次存放到一个一维数组中，然后用顺序查找法从数组的第一个元素开始查找，判断元素值是否和钢笔的价格相等。

【参考程序】(顺序查找)

```
#include<iostream>
#include<ctime>
#include<stdlib.h>
using namespace std;
int main()
{
  srand(time(0));
  int i,t=0,x=0,f=0;
  int a[11];
  cout<<"请依次输入 10 张卡片上的数值";
  for(i=1;i<=10;i++)
    cin>>a[i];
  x=rand()%10+1;
  cout<<"计算机随机生成的价格是:"<<x<<endl;
  for(i=1;i<=10;i++)
    if(a[i]==x)
    {
      cout<<"已经找到:它在数组中的下标是"<<i;
      break;
    }
  if (i==11) cout<<"没有找到";
  return 0;
}
```

阳阳：那我试试用随机查找法编写程序。

【参考程序】(随机查找)

```
#include<iostream>
```

```
#include<ctime>
#include<stdlib.h>
using namespace std;
int main()
{
  srand(time(0));
  int i,t=0,x=0,b,f=0;
  int a[11];
  cout<<"请依次输入 10 张卡片上的数值";
  for(i=1;i<=10;i++)
      cin>>a[i];
  x=rand()%10+1;
  cout<<"计算机随机生成的价格是:"<<x<<endl;
  for(i=1;i<=10;i++)
  {
      b=rand()%10+1;
      cout<<"计算机随机查找的下标是:"<<b<<endl;
      if(a[b]==x)
      {
        cout<<"已经找到:它在数组中的下标是"<<b;
        break;
      }
  }
  if (i==11) cout<<"没有找到";
  return 0;
}
```

习

练习 9.1：建立足球队。

【题目描述】

小茗的体育老师决定组建一支足球队，老师决定抽签选择队员。抽签时每个运动员都抽取一张写有抽签号的牌，最后老师再当众抽取一个号码，若抽签号与老师所抽取的号码一致，则入选。最终输出这些运动员的位置编号，运动员的位置编号即输入时的顺序号。

【输入格式】

输入共两行。

第一行包含运动员人数 n 和老师抽取的号码，以空格隔开。

第二行输入 n 个运动员人数的抽签号，以空格隔开。

【输出格式】

输出一行，与老师抽取的号码相同的抽签号对应的运动员位置编号。

【样例输入】

```
6 3
```

```
6 2 3 4 3 1
```

【样例输出】

```
3 5
```

练习 9.2：最大值和最小值的差。

【题目描述】

输出一个整数序列中最大的数和最小的数的差。

【输入格式】

第 1 行为 m，表示整数个数，整数个数不会大于 10 000。

第 2 行为 m 个整数，分别以空格隔开，每个整数的绝对值不会大于 10 000。

【输出格式】

m 个数中最大值和最小值的差。

【输入样例】

```
5
2 5 7 4 2
```

【输出样例】

```
5
```

练习 9.3：整数去重。

【题目描述】

给定含有 n 个整数的序列，要求对这个序列进行去重操作。所谓去重，就是对这个序列中每个重复出现的数，只保留该数第一次出现的位置。

【输入格式】

包含两行：

第 1 行包含一个正整数 n（1≤n≤20 000），表示序列中数字的个数。

第 2 行包含 n 个整数，每个整数之间以一个空格分开。每个整数大于或等于 10、小于或等于 100。

【输出格式】

一行，按照输入的顺序输出其中不重复的数字，每个整数之间用一个空格分开。

【输入样例】

```
5
10 12 93 12 75
```

【输出样例】

```
10 12 93 75
```

9.2　二分查找

问

丹丹继续研究猜价格的问题，这次他更新了游戏规则，想和朋友们一起玩，游戏规则是这样的：

他告诉朋友，钢笔的价格是最高不超过 20 元的整数。在猜价格的过程中，如果朋友猜得不对，丹丹可以提示朋友猜的价格是高了，还是低了，然后朋友根据提示再继续猜，如果猜中了，游戏就结束。

探

丹丹：我先写个程序，让大家玩玩看。

【参考程序】

```
#include<iostream>
#include<ctime>
#include<stdlib.h>
using namespace std;
int main()
{
  int i,t=0,a,f=0;
  srand(time(0));
  a=rand()%20+1;
  while((f!=a)&&(t<20))
  {
    cout<<"请输入你猜的价格:";
    cin>>f;
    if (f<a) cout<<"你猜的低了"<<endl;
      else if (f>a)cout<<"你猜的高了!"<<endl;
    t++;
  }
  cout<<"实际价格:"<<a<<endl;
  if (f==a)cout<<"一共猜了"<<t<<"次";
    else cout<<"你没有猜中";
  return 0;
}
```

阳阳：我发现小茗总是猜得最快。

丹丹：我们一起来研究小茗猜的数。我发现他第一次总是猜 10，如果提示低了，他就猜 15，如果提示高了，他就接着猜 5。

阳阳：我也发现了，他每次猜的数都是某个范围内的中间数。比如 10 是 1～20 的中间数，5 是 1～9 的中间数，7 是 6～9 的中间数，6 是 6～6 的中间数。他用这个方法，四次就可以猜到了,果然是个高效的方法。

老师:小茗用的这个方法叫二分查找法。你们研究一下下面这份资料。

学

二分查找法

二分查找法又叫折半查找法。数组中的数据应有序存放,以递增数据为例,算法的具体步骤为:

第一步 在存放有序递增数据的数组 **a** 中,确定当前查找范围的中间位置值 **mid**,转下一步;如果查找范围内没有数据,转向第三步。

第二步 将需要查找的目标值 **x** 与 **a[mid]**进行比较,如果相等,则表示查找到结果,转向第三步;如果 **x** 大于 **a[mid]**,则说明目标值处于中间位置到右端点的数据范围内(右半部分),将查找范围缩小为原来的一半,回到第一步;如果 **x** 小于 **mid**,则在左半部分,将查找范围缩小为原来的一半,回到第一步。

第三步 结束二分查找,按照情况输出查找结果。

二分查找流程示意图(如图 9.1 所示)

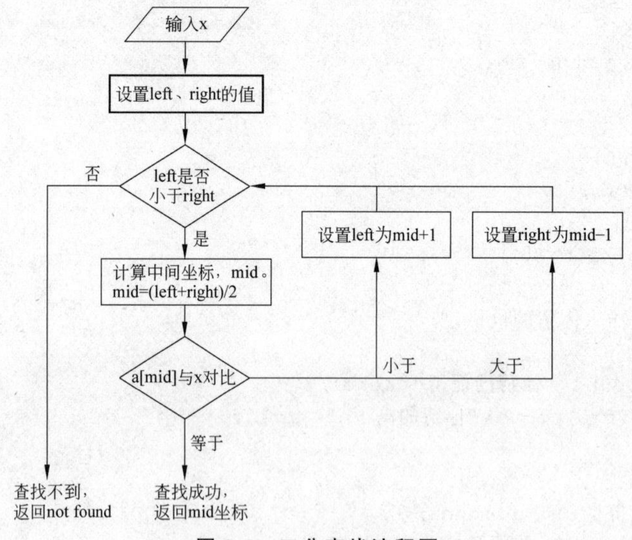

图 9.1 二分查找流程图

在流程图中,数组 **a** 用来存储有序数据,**left** 和 **right** 是待查找的数组元素范围的起始下标和末尾下标,它们的初始值一般分别对应数组 **a** 首元素和尾元素的下标。

当数组 **a** 中元素值有序递减时,操作方法类似。

丹丹:我们先将所有可能的价格存入数组 **a**,资料里说到“有序存放”,是将价格按照 1 到 20 从小到大的顺序存放吗?

阳阳：我觉得是这样的，如果数据大小没有顺序，调整范围时，就会漏掉元素。我们先用表格来模拟一下过程，如表 9.2 所示，假如价格为 6。

表 9.2　二分查找表格

猜数次数	left/元素值	right/元素值	mid/元素值	猜数	提示
1	0/1	19/20	9/10	10	高了
2	0/1	8/9	4/5	5	低了
3	5/6	8/9	6/7	7	高了
4	5/6	5/6	5/6	6	正确

丹丹：具体过程我来讲一讲。先把价格按照从小到大的顺序存放到一维数组 **a** 中，然后输入钢笔的实际价格 **x**，设置 **left** 初始值为数组左端点 0，**right** 为右端点 19。第一步判断是否存在一个查找的区间，也就是 **left<=right**，如果不成立，则输出 **no found!** 并结束程序，如果成立，则进行第二步，计算中间数的位置 **mid=(left+right)/2**，第三步，判断中间位置上的数是否等于钢笔的实际价格 **x**，如果等于，则查找成功，返回 **mid**；如果中间位置上的值大于钢笔的实际价格 **x**，则在左半边查找，这个时候 **right=mid-1**，接着返回第一步，如果中间位置上的数小于钢笔的实际价格 **x**，则在右半边查找，这个时候 **left=mid+1**，接着返回第一步，直到中间位置上的数等于钢笔的实际价格为止。

我来试试写程序。

【参考程序】

```
#include<iostream>
using namespace std;
int main()
{
  int i,f=0,x,left=0,right=19,mid;
  int a[20];
  cout<<"请依次输入 20 个价格:";
  for(i=0;i<20;i++)
    cin>>a[i];
  cout<<"请输入钢笔的实际价格:";
  cin>>x;
  while(left<=right)
  {
    mid=(left+right)/2;
    if(a[mid]==x)
    {
      f=mid;
      break;
    }
```

```
    else if(a[mid]<x) left=mid+1;
      else right=mid-1;
  }
  if(f!=0) cout<<f;
  else cout<<"no found!";
  return 0;
}
```

阳阳：丹丹，我发现你这个程序其实可以不用数组的，因为元素值和下标几乎一致。

老师：针对当前的问题，是可以不用数组解决的，但是用数组存储数据使程序更具通用性，比如待查找的值可以是不连续的，甚至可以是字符。但是有一个前提，数组中的数必须是有序的，可以是从小到大，也可以是从大到小。

丹丹：我再修改一下程序，把计算机猜的数都列出来，再研究一下二分法查找。

【参考程序】

```
#include<iostream>
using namespace std;
int main()
{
  int i,f=0,x,left=0,right=19,mid,t=0;
  int a[20];
  cout<<"请依次输入 20 个价格:";
  for(i=0;i<20;i++)
    cin>>a[i];
  cout<<"请输入钢笔的实际价格:";
  cin>>x;
  while(left<=right)
  {
      mid=(left+right)/2;
      t++;
      cout<<"第"<<t<<"次猜的数是:a["<<mid<<"]="<<a[mid]<<endl;
      if(a[mid]==x)
      {
          f=mid;
          break;
      }
      else if(a[mid]<x) left=mid+1;
          else right=mid-1;
  }
  if(f!=0) cout<<f;
  else cout<<"no found!";
  return 0;
}
```

我发现这个程序计算机最多猜 5 次，一定结束。

老师：你的研究精神值得大家学习，不同的算法运行的效率也不相同，以后你们会学习到相关的知识。

悟

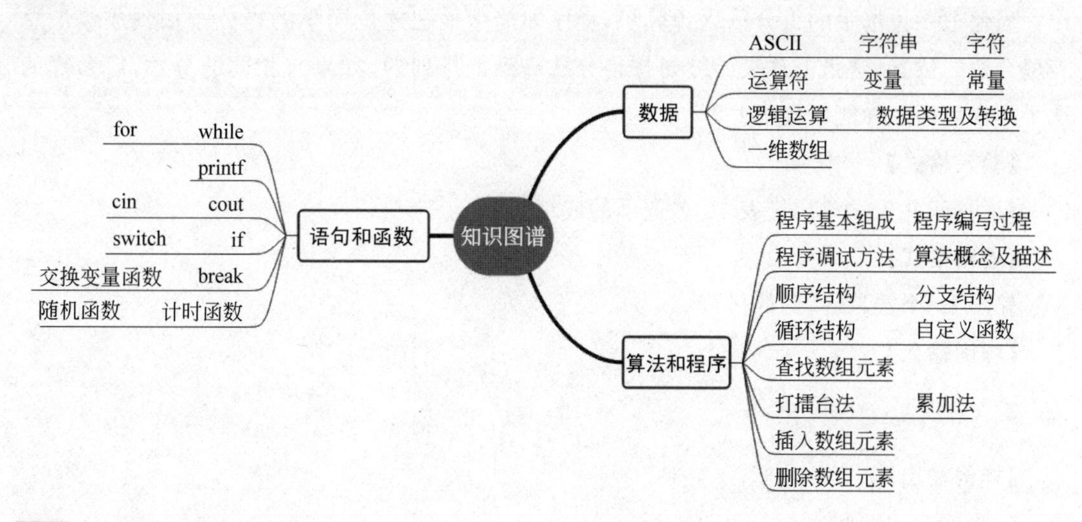

习

练习 9.4：抽奖。

【题目描述】

公司举办年会，为了活跃气氛，设置了抽奖环节。参加聚会的每位员工都有一张带有号码的抽奖券。主持人从小到大依次公布 n 个不同的获奖号码，小茗看着自己抽奖券上的号码 w 无比紧张。请编写一个程序，如果小茗获奖了，请输出他中奖的是第几个号码；如果没有中奖，请输出 0。

【输入格式】

第一行一个正整数 n，表示有 n 个获奖号码，$2<n\leqslant 100$。

第二行包含 n 个正整数，之间用一个空格隔开，表示依次公布的 n 个获奖号码。

第三行一个正整数 w，表示小茗抽奖券上的号码。$1\leqslant$ 获奖号码，$w<10000$。

【输出格式】

一行一个整数，如果小茗中奖了，表示中奖的是第几个号码；如果没有中奖，则为 0。

【输入样例】

```
7
1 2 3 4 6 17 9555
3
```

【输出样例】

```
3
```

练习 9.5：卡拉 OK 海选。

【题目描述】

学校正在进行卡拉 OK 比赛的海选，每周六会有 10 名选手进行比赛，比赛后每名选手的成绩会汇总到一张总成绩表中，小茗作为这项活动的志愿者，他主要完成成绩的汇总工作。当他把一位选手的得分输入计算机，程序即能帮他把这位同学的得分添加到成绩汇总表里合适的位置，这张汇总表始终是按得分从高到低排列的，如果有相同的分数，后参赛的选手排在后面。你能帮他吗？

【输入格式】

仅一行，共 10 个数，代表 10 名选手的成绩。

【输出格式】

输出 10 个数，从高到低排列。

【样例输入】

```
10 5 11 6 9 14 2 8 7 13
```

【样例输出】

```
14 13 11 10 9 8 7 6 5 2
```

练习 9.6：中考排名。

【题目描述】

中考成绩出来了，许多考生想知道自己成绩排名情况，于是考试委员会找到了你，让你帮助完成一个成绩查找程序，考生只要输入成绩，即可知道其排名及同分数的人有多少。

【输入】

第 1 行一个数 N(N≤10 000)；第 2 行一个数 K；第 3 行是 N 个以空格隔开的从大到小排列的所有学生中考成绩(整数)；第四行是 K 个待查找的考生成绩。

【输出】

K 行，每行为一个待查找的考生的名次(分数相同的考生名次也相同)、同分的人数、比考生分数高的人数。查找不到输出“fail!”。

【输入样例】

```
10
2
580 570 565 564 564 534 534 534 520 520
564 520
```

【输出样例】

```
4 2 3
6 2 8
```

第 10 章

排序问题

10.1　插入排序算法

问

老师觉得丹丹学会了查找算法，请他来帮忙做件事，具体任务是这样：

【问题描述】

学校正在进行卡拉 OK 比赛的海选，每周六会有 10 名选手进行比赛，比赛后每名选手的成绩会汇总到一张总成绩表中，小茗作为这项活动的志愿者，他主要完成成绩的汇总工作。当他把一位选手的得分输入计算机，程序即能帮他把这位同学的得分添加到成绩汇总表里合适的位置，这张汇总表始终是按得分从高到低排列的，如果有相同的分数，后参赛的选手排在后面(选手的比赛顺序是抽签决定的)。你能帮他吗？

【输入格式】

仅一行，共 10 个数，代表 10 名选手的成绩。

【输出格式】

输出 10 个数，从高到低排列。

【样例输入】

```
10 5 11 6 9 14 2 8 7 13
```

【样例输出】

```
14 13 11 10 9 8 7 6 5 2
```

(你也思考并实践吧。)

探

丹丹：我们需要定义一个数组，相当于成绩表，数组初始状态应该初始化为零。程序执行过程是每读入一个数，就要在数组中寻找它需插入的位置，然后进行插入操作。如此循环，直到所有数全部插入到数组中为止。

阳阳：在数组中寻找要插入的位置需要用到查找算法，我们写程序吧。运行结果如图 10.1 所示。

【参考程序】

```
#include<iostream>
using namespace std;
int main()
{
  int i,j,f=0,x,left=0,right=19,mid;
  int a[100]={0};
  for(i=0;i<10;i++)
  {
    cout<<"请依次输入选手成绩:";
    cin>>x;
    left=0;
    right=i;
    while(left<right)
      {
        mid=(left+right)/2;
        if(x<a[mid]) left=mid+1;
          else right=mid-1;
      }
    f=left;
    for(j=i;j>=f;j--) a[j+1]=a[j];
    a[f]=x;
  }
  cout<<"选手成绩从高到低为:";
  for(i=0;i<10;i++) cout<<a[i]<<" ";
  return 0;
}
```

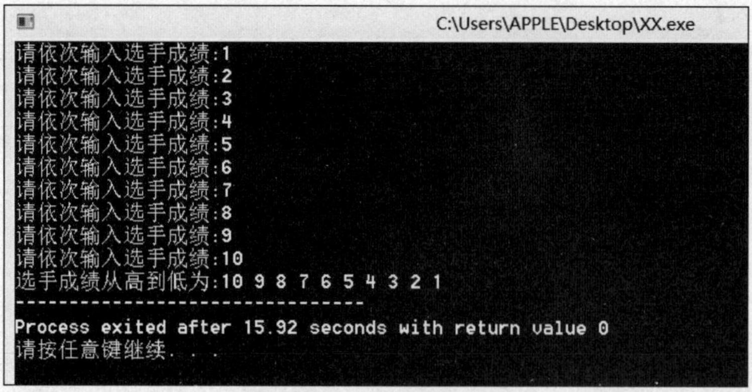

```
C:\Users\APPLE\Desktop\XX.exe
请依次输入选手成绩:1
请依次输入选手成绩:2
请依次输入选手成绩:3
请依次输入选手成绩:4
请依次输入选手成绩:5
请依次输入选手成绩:6
请依次输入选手成绩:7
请依次输入选手成绩:8
请依次输入选手成绩:9
请依次输入选手成绩:10
选手成绩从高到低为:10 9 8 7 6 5 4 3 2 1
--------------------------------
Process exited after 15.92 seconds with return value 0
请按任意键继续. . .
```

图 10.1 卡拉 OK 海选运行结果

阳阳：从运行结果看，好像对了哎。

老师：测试一个程序是否正确，往往不能仅凭一次输入数据就确定。你们再设计其他数据试一试。

丹丹：我把问题描述中的输入样例试一试……果然有问题，阳阳你看，如图 10.2 所示。

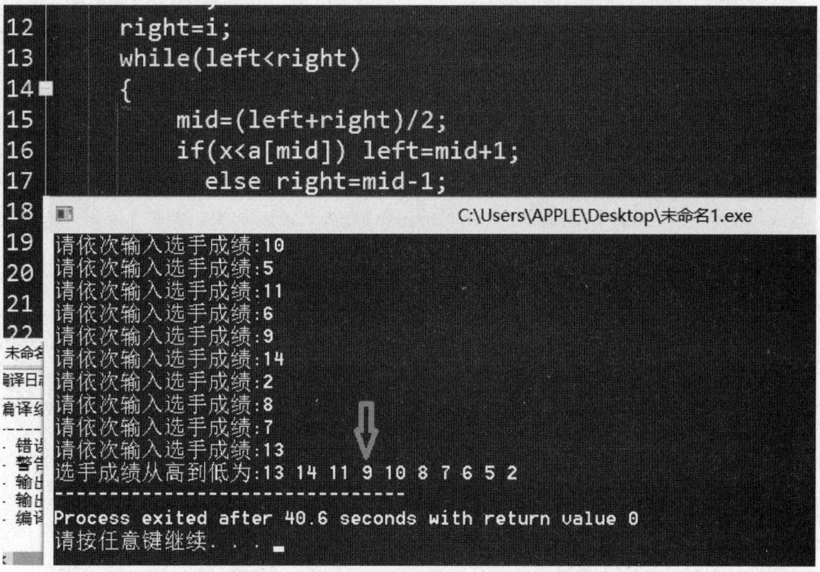

```
12      right=i;
13      while(left<right)
14      {
15          mid=(left+right)/2;
16          if(x<a[mid]) left=mid+1;
17            else right=mid-1;
```

```
C:\Users\APPLE\Desktop\未命名1.exe
请依次输入选手成绩:10
请依次输入选手成绩:5
请依次输入选手成绩:11
请依次输入选手成绩:6
请依次输入选手成绩:9
请依次输入选手成绩:14
请依次输入选手成绩:2
请依次输入选手成绩:8
请依次输入选手成绩:7
请依次输入选手成绩:13
选手成绩从高到低为:13 14 11 9 10 8 7 6 5 2
--------------------------------
Process exited after 40.6 seconds with return value 0
请按任意键继续. . .
```

图 10.2　卡拉 OK 海选样例运行结果

老师：程序出现错误时，你们把程序的各个步骤再梳理一遍，分阶段跟踪一些重要变量的取值，就相对容易发现问题了，你们可以在程序合适的位置用 **cout** 语句输出重要变量的值，这是跟踪变量的一种方法。

丹丹：程序主要重复这三步：第一步，读入一个数；第二步，在数组中查找这个数应该插入到哪个位置；第三步，将部分数据移位，空出位置，把这个数插入进去。

老师：你们重点查看这三个步骤中变量的值，确保每一步都正确。

丹丹：输入的数没有问题，可能插入的位置不对。二分查找结束后，我们选择了 **left** 这个变量的值作为插入的位置，我在程序里跟踪 **left** 变量的值试一下，发现当 9 插入进去的时候，已经有 11、10、6、5 四个数了，根据程序中二分查找的代码，当 **left** 和 **right** 都等于 1 时，经过语句 **while(left<right)** 判断结束循环，这时 9 还没有跟 10 比较，就被放到下标为 1 的位置，实际上 2 才是 **left** 应该取的值。

老师：**(left<right)** 这个条件可能导致边界数据无法进行比较，如果将 **while(left<right)** 改为 **while(left<=right)**，就能再进入一次循环，将 9 和 10 进行比较，这时 **left** 会再加 1 变成 2，就能解决这个问题了。二分查找算法的边界条件非常重要，你们要进行细致的分析才行。

你们从运行结果可以看出，输入的数据是无序的，但最终输出的结果是有序的，通过这种方法，也可以对数组中的元素进行排序。这种排序算法称为“插入排序算法”。

学

插入排序算法

插入排序是一种简单的排序算法,它的基本思想是将无序的数据逐个依次地插入到有序的数据序列中,从而形成新的有序序列。一般可以将无序数据序列的第一个元素设置为初始的有序数据序列,直到所有元素都插入到有序序列,即完成排序。对于少量元素的排序,它是一个有效的算法。

如图 10.3 所示代码可以实现使用顺序查找法进行插入(升序)排序。

```
for(i=2;i<=n;i++)
    {
        for(j=i-1;j>=1;j--)
        if(a[j]<a[i]) break;
        if(j!=i-1)
        {
            temp=a[i];
            for(k=i-1;k>j;k--)
            a[k+1]=a[k];
            a[k+1]=temp;
        }
    }
```

用外层循环 i 控制待排序的数

当前待排序数查找到正确的位置

插入当前待排序的数

图 10.3　顺序查找进行插入排序

丹丹:我明白了,刚才我的程序是用二分查找法实现的插入排序。

老师:是的。但是现在还有一个疑问,在问题描述中有一句"**如果有相同的分数,后参赛的选手排在后面**",如果用顺序查找法,是比较容易实现的,我们在找插入位置时稍加小心就可以了。丹丹,你写的这个程序能解决这个相同数的顺序问题吗?

丹丹:我好像没有考虑到,老师,我还得仔细研究一下程序。

老师:建议你将程序执行过程进行人工模拟,并画出图来。我们一起来完成。在你的程序中,当待查找的数比查找范围中间位置的数小时,将左端点设置为中间数的后一个位置,当待查找的数比查找范围中间位置的数大时,将右端点设置为中间数的前一个位置,如果与中间数相等呢?

丹丹:根据我现在的程序,应该执行 else 语句,将右端点设置为中间数的前一个位置,那么相同的那个数相当于到了后面,新加入的数就在相同数的前面,那位置就不对了。

老师:我们把这个分析过程用下面的图来表示,这个图像一棵倒立的树,如图 10.4 所示。

我们可以用它来帮助我们进一步理解二分查找算法,"10-1"表示范围从值为 10 到 1,也称为区间,每次和区间中间位置的数比较之后,区间被分为左右各一半,我们只选择其中

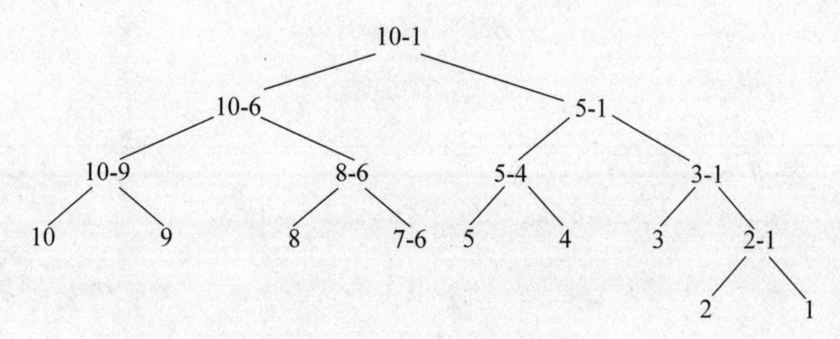

图 10.4　卡拉 OK 分析树

一半继续查找,每次查找范围内的元素个数减少一半。10 个元素不断减少一半,最多几次可以剩下 1 个呢?

丹丹:我明白了,10 个数最多判断 4 次,也就是说,那之前猜数字游戏中,如果用二分查找法,最多猜 4 次。我现在的程序应该怎么修改呢?

老师:你们可以在程序中增加选手的编号,让每位选手的分数与编号对应,输出时对照编号可以方便你进行修改程序。

丹丹:分数用数组 **a**,编号用数组 **b**,我试试看。运行结果如图 10.5 所示。

【参考程序】

```
#include<iostream>
using namespace std;
int main()
{
  int i,j,f=0,x,y,left=0,right=19,mid;
  int a[100]={0},b[100]={0};
  for(i=0;i<10;i++)
  {
    cout<<"请依次输入选手编号和成绩:";
    cin>>y>>x;
    left=0;
    right=i;
    while(left<=right)
    {
        mid=(left+right)/2;
        if(x<=a[mid]) left=mid+1;
          else right=mid-1;
    }
    f=left;
    for(j=i;j>=f;j--)
    {
        a[j+1]=a[j];
        b[j+1]=b[j];
```

```
    }
    a[f]=x;b[f]=y;
  }
  cout<<"选手成绩从高到低为:";
  for(i=0;i<10;i++) cout<<b[i]<<"  "<<a[i]<<endl;
  return 0;
}
```

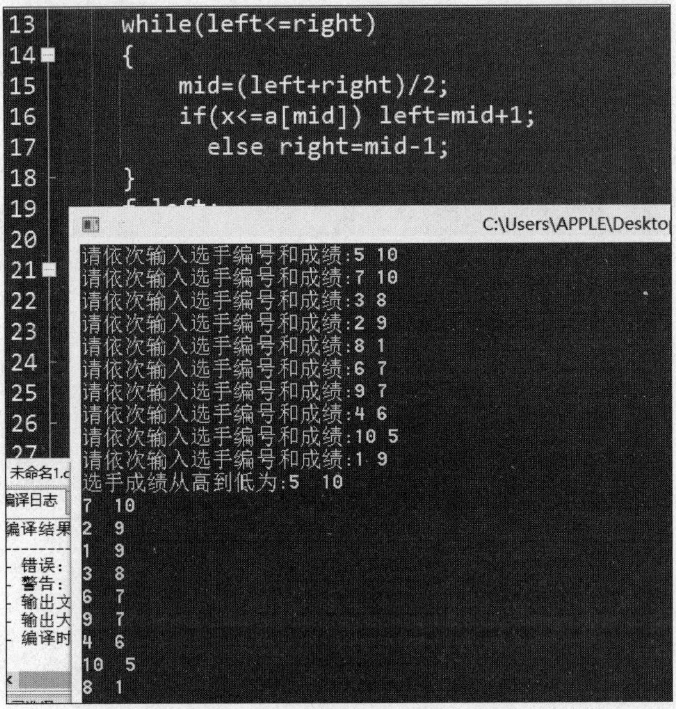

图 10.5 选手序号和成绩正确运行结果

习

练习 10.1：明明的调查。

【题目描述】

明明想在学校请一些同学一起来做一项问卷调查，他先用计算机输入 N 个 1 到 1000 之间的整数（N⩽100），对于其中重复的数字，只保留一个，把其余相同的数去掉，不同的数对应着不同的学生的学号。然后再把这些数从小到大排序，按照排好的顺序去找同学做调查。请你协助明明完成“去重”与“排序”操作。

【输入格式】

输入有两行，第一行为 1 个正整数，表示输入的整数的个数 N。

第 2 行有 N 个用空格隔开的正整数，为所输入的整数。

【输出格式】

输出一行，为从小到大排好序的不相同的整数，用空格隔开。

【样例输入】

```
10
20 40 32 67 40 20 89 300 400 15
```

【样例输出】

```
15 20 32 40 67 89 300 400
```

练习10.2：年龄排序。

【题目描述】

给定n个居民的年龄(最多不超过120)，请将它们按由小到大的顺序排序。

【输入格式】

第1行：整数n，表示居民的人数(1≤n≤5 * 10^7)。

接下来的n行：每行一个整数表示居民的年龄(1≤每个居民的年龄≤120)。

【输出格式】

共n行，排序后的年龄。

【样例输入】

```
5
60
11
20
12
67
```

【样例输出】

```
11
12
20
60
67
```

练习10.3：排名。

【题目描述】

一年一度的学生程序设计比赛开始，组委会公布了所有学生的成绩，成绩按照分数从高到低排名，成绩相同按年级从低到高排序。现在主办方想知道每一位排好名次的学生前有几位学生的年级低于他。

【输入格式】

第一行一个正整数n，表示参赛的学生人数(1≤n≤200)。

第二行至 n+1 行，每行有两个整数 s(0≤s≤400)和 g(1≤g≤6)。之间用一个空格隔开，s 表示学生的成绩，g 表示年级。

【输出格式】

输出 n 行，表示每行只有一个正整数，其中第 i 行的数 k 表示排第 i 名的学生前面有 k 个学生的排名比他高，且年级比他低。

【样例输入】

```
3
67 6
56 9
45 8
```

【样例输出】

```
0
1
1
```

10.2 冒泡排序算法

问

丹丹学会了插入排序算法，开始关注起生活中排序相关的问题。新学期新班级第一节体育课，老师让大家整队形，要求同学们从矮到高依次站队。他觉得老师用的方法跟插入排序的思想不一样，便开始研究这个过程，并想用程序实现。

探

丹丹：体育老师总是先观察同学们排列的初始队伍，如果相邻的两个同学个子高的站在前面，就让这两个同学交换位置。这样难道也能排序吗？

老师：你能将所学的知识应用到生活中，并能发现新的问题，这是非常优秀的学习品质。你可以人工模拟一下这个过程，找找规律。比如有 6 个无序排列的整数：**6 5 3 4 1 2**，你从第一个数开始依次判断每一对相邻的两个数，如果前大后小，就交换两数的位置，比如第一对是 6 和 5，则交换两数的位置，此时，排列变成为：**5 6 3 4 1 2**。你按照这个方法一直处理到最后一对数为止，并仔细思考和观察，看看能发现什么规律。

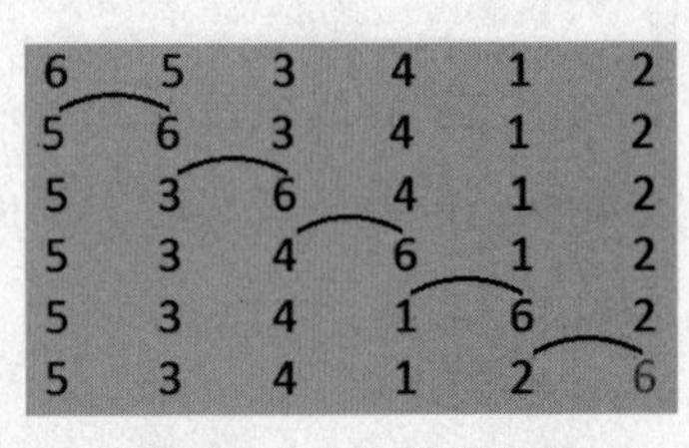

图 10.6 人工模拟过程

丹丹：好的，我在草稿纸上画一下，如图 10.6 所示。

我标出了每次比较和交换的两个数，发现数字 6 从第一个位置一直交换到最后一个位置。

阳阳：因为 6 最大，每次比较后都要保证大数在后，所以它就移到最后了。

丹丹：老师，这样可以让最大的数移动到最后，但前面的数还是无序的呀。

老师：是的，但是你想一想，如果要将这 6 个数按照从小到大排列，接下来我们继续操作，6 的位置要不要动了呢？

丹丹：6 最大，排序后它的位置应该在最后，它的位置不需要再动了。其他数字还是需要动的。

老师：没错，你想一想，6 是怎样移到这个位置的呢？如果我们对其他数再做一遍刚才的操作，会怎样呢？

丹丹：那就是对前面 5 个数再做一遍，从第一对相邻的位置开始，依次判断，如果前大后小就交换两个数的位置，一直做到第 4 对数为止。我觉得应该可以把 5 移动到倒数第二个位置，因为它是这 5 个数里最大的。我好像明白了，接下来再对剩下无序的前 4 个数再做一遍同样的操作，就能让第 3 大的数换到倒数第 3 个位置，一直做到所有的数都排好序为止。

老师：很好，下面你们可以试试把刚才的过程用程序实现了。

丹丹：我把过程先整理一下：

第一步，从第一对位置开始，到第五对位置结束，把最大的数换到最后；

第二步，从第一对位置开始，到第四对位置结束，把大的数换到最后；

……

每个步骤对应的代码是：

```
for(j=1;j<=5;j++) if (a[j]>a[j+1]) swap(a[j],a[j+1]);
for(j=1;j<=4;j++) if (a[j]>a[j+1]) swap(a[j],a[j+1]);
for(j=1;j<=3;j++) if (a[j]>a[j+1]) swap(a[j],a[j+1]);
for(j=1;j<=2;j++) if (a[j]>a[j+1]) swap(a[j],a[j+1]);
for(j=1;j<=1;j++) if (a[j]>a[j+1]) swap(a[j],a[j+1]);
```

阳阳：这几条代码非常相似，可以用循环结构吗？

丹丹：应该可以。

```
for(i=1;i<6;i++)
  for(j=1;j<=6-i;j++)
    if (a[j]>a[j+1]) swap(a[j],a[j+1]);
```

【参考程序】

```
#include<bits/stdc++.h>
using namespace std;
int a[1000];
int main()
{
```

```
    int i,j;
    for (i =1; i <=6; i++)
       cin >>a[i];
    for (i =1; i <6 ; i++)
       for (j =1; j <=6 -i; j++)
          if (a[j] >a[j+1])
             swap(a[j],a[j+1]);
    for (i =1; i <=6; i++)
       cout <<a[i] <<" ";
    return 0;
}
```

阳阳：我来改成 n 个数试试。

```
#include<bits/stdc++.h>
using namespace std;
int a[1000];
int main()
{
   int n,i,j;
   cin >>n;
   for (i =1; i <=n; i++)
     cin >>a[i];
   for (i =1; i <n ; i++)
   {
     for (j =1; j <=n -i; j++)
        if (a[j] >a[j+1])
           swap(a[j],a[j+1]);
   }
   for (i =1; i <=n; i++)
     cout <<a[i] <<" ";
   return 0;
}
```

老师：你们已经学会了另外一种经典排序算法，称为冒泡排序算法。它排序的过程有点像水壶烧水的现象，两个数的交换就像水里气泡向上移动的过程。

学

冒泡排序算法

冒泡排序(**Bubble Sort**)是一种较简单的排序算法。它依次比较将要排序的序列中两个相邻的元素，如果顺序错误就把它们交换过来。重复这一过程，直到没有相邻元素需要交换，也就是说该序列已经排序完成。

这个算法的名字由来是因为越小/大的元素会经由交换慢慢“浮”到数列的顶端（升序/降序），就如同水中的气泡最终会上浮到顶端一样，故名“冒泡排序”。

用冒泡排序实现升序排列的代码如图 10.7 所示。

```
for (i=1;i<n;i++)                  ←—— 外层循环 i 控制比较的轮次
  for(j=1;j<=n-i;j++)              ←—— 内层循环 j 控制每轮比较的次数
    if (a[j]>a[j+1])      swap(a[j],a[j+1]);
```

（判断相邻两个元素是否逆序，如果逆序就交换这两个元素）

图 10.7　冒泡排序实现升序排列

丹丹：我来试试从大到小排序，只要把之前比较的符号改一下就行。

【参考程序】

```
#include<bits/stdc++.h>
using namespace std;
int a[1000];
int main()
{
  int n,i,j;
  cin >>n;
  for (i =1; i <=n; i++)
    cin >>a[i];
  for (i =1; i <n ; i++)
  {
    for (j =1; j <=n -i; j++)
        if (a[j] <a[j+1])
            swap(a[j],a[j+1]);
  }
  for (i =1; i <=n; i++)
    cout <<a[i] <<" ";
  return 0;
}
```

老师：你们思考一个问题，如果冒泡排序第一趟从头到尾比较了所有的相邻两个元素后，发现并没有元素需要交换位置，那么这些数的排列有什么性质呢？

阳阳：我知道，那就表示所有的数是有序的。

老师：非常好。因此，我们在使用冒泡排序算法时，可以利用这一性质对算法进行优化。在比较相邻两个数大小时，我们增加一个标记，记录是否有元素进行交换，一趟结束后，通过标记变量的值进行判定，如果所有数已经排好序，就可以及时终止排序过程，这样可以节约计算机的运行时间，我们也称为进行了时间优化。你们可以尝试用程序实现。

丹丹：我记得之前我们也使用过标记变量，感觉它的用处真不小呢，我来写程序，如

图 10.8 所示。

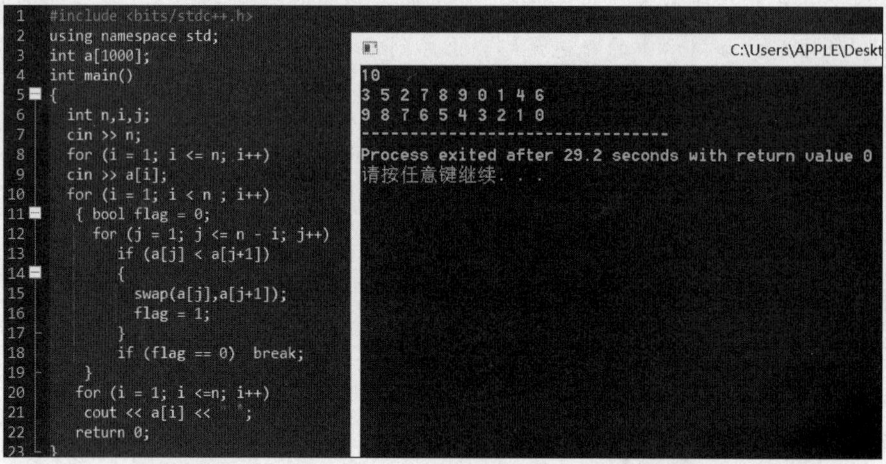

```
1   #include <bits/stdc++.h>
2   using namespace std;
3   int a[1000];
4   int main()
5   {
6     int n,i,j;
7     cin >> n;
8     for (i = 1; i <= n; i++)
9     cin >> a[i];
10    for (i = 1; i < n ; i++)
11     { bool flag = 0;
12       for (j = 1; j <= n - i; j++)
13          if (a[j] < a[j+1])
14          {
15            swap(a[j],a[j+1]);
16            flag = 1;
17          }
18          if (flag == 0)  break;
19     }
20     for (i = 1; i <=n; i++)
21      cout << a[i] << " ";
22     return 0;
23  }
```

```
C:\Users\APPLE\Deskt
10
3 5 2 7 8 9 0 1 4 6
9 8 7 6 5 4 3 2 1 0
--------------------------------
Process exited after 29.2 seconds with return value 0
请按任意键继续. . .
```

图 10.8　优化冒泡排序

老师：看来，大家对排序算法掌握得不错，给你们一个有趣的问题，试试解决它。

问题描述：农夫为了找到奶产量“最中间”的奶牛，正在调查他的奶牛，一半奶牛的奶产量不多于这只中间的奶牛，另一半奶产量不少于这只奶牛。农夫想知道这只中间的奶牛奶产量是多少。

给出一个奇数 **n** 表示奶牛总数，以及它们的奶产量，要求找出中间的产量。$1 \leqslant n \leqslant 1000$。

【输入格式】

第一行一个正整数 **n**。

第二行，**n** 个正整数，表示每一只奶牛的奶产量。

【输出格式】

一个整数，表示最中间的奶产量。

【输入样例】

```
5
1 4 2 3 5
```

【输出样例】

```
3
```

（你来试试吧。）

丹丹：如果所有的数是按照从小到大或从大到小排好顺序，那中间那个位置的元素值就是要求的最中间的数了。我先把数排好序，写程序试试……

【参考程序】

```
#include<bits/stdc++.h>
using namespace std;
int a[1001];
int main( )
{
  int i,j,n,temp,k ;
  cin >>n;
  for(i=1;i<=n;i++)
  {
   cin >>a[i];
   for(j=i-1 ;j>=1;j--)
     if(a[j]>a[i]) break;
   if(j!=i-1)
   {
     temp=a[i];
     for(k=i-1;k >j;k--)
       a[k+1]=a[k];
     a[k+1]=temp;
   }
  }
  cout <<a[n/2+1]<<" ";
  return 0;
}
```

阳阳：你用的插入排序，那我写冒泡排序，我们比比谁的程序跑得快。

【参考程序】

```
#include<bits/stdc++.h>
using namespace std;
int a[1000];
int main()
{
  int n,i,j;
  cin >>n;
  for (i =1; i <=n; i++)
     cin >>a[i];
  for (i =1; i <=n/2+1; i++)
  {
     bool flag =0;
     for (j =1; j <=n -i; j++)
       if (a[j] <a[j+1])
       {
         swap(a[j],a[j+1]);
```

```
            flag =1;
        }
        if (flag ==0)  break;
    }
    cout <<a[n/2+1];
    return 0;
}
```

丹丹：老师，我们俩的程序，谁的更好呢？

老师：比较两个程序的优劣，你们可以从三个方面分析，一是看时间复杂度，就是看你们程序语句执行的总次数，越少越好；二是看空间复杂度，就是看你们定义的变量占有的内存空间，越少越好；三是看程序书写的风格，结构清晰，可读性好的更优。你们俩根据这三条规则自己去尝试比较。

丹丹：阳阳的冒泡算法每一趟产生一个最大的数，第 **n/2+1** 趟就可以找到中间数，我的插入排序需要所有数全部排好才能确定中间数，循环执行的次数更多，而且冒泡排序还可以加标记优化。解决这个问题，阳阳的算法更优。

老师：数组元素的排序还有其他排序算法，大家要学会对各种算法进行比较，并根据问题要求选择合适的排序算法。

悟

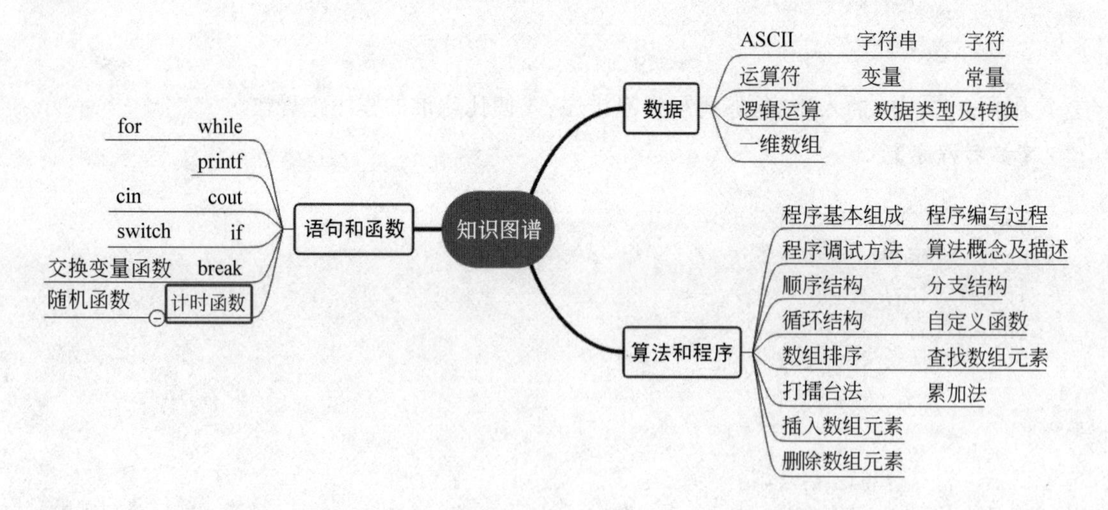

习

练习 10.4：蛋糕。

【题目描述】

小茗的朋友们一起去蛋糕店买蛋糕，可是，发现那里是人山人海啊。这下可把店家给急坏了，因为人数过多，需求过大，所以人们要等好长时间才能拿到自己的蛋糕。由于每位客人订的蛋糕都是不同风格的，所以制作时间也都不同。老板为了最大限度地使每位客人尽快拿到蛋糕，因此他需要安排一个制作顺序，使每位客人的平均等待时间最少。这使他发愁了，于是他请你来帮忙安排一个制作顺序，使得每位客人的平均等待时间最少。

【输入格式】

两行。第一行是一个整数 n(1≤n≤1000)，表示有 n 个蛋糕等待制作。第二行有 n 个数，第 i 个数表示第 i 个蛋糕的制作时间。

【输出格式】

一行，有 n 个整数，整数间用空格隔开，行末没有空格，每个数即是蛋糕的编号(蛋糕编号由输入时的位置确定，编号的位置即是制作的顺序)。

【输入样例】

```
8
4 5 3 3 1 4 6 7
```

【输出样例】

```
5 3 4 1 6 2 7 8
```

练习 10.5：成绩排序。

【题目描述】

输入 10 个学生的成绩，并将 10 个学生的成绩按由大到小的顺序排序。

【输入格式】

10 整数表示 10 个学生的成绩(整数与整数间用空格隔开。)

【输出格式】

10 个按由大到小排好序的成绩。

【样例输入】

```
20 30 40 50 60 70 80 90 91 95
```

【样例输出】

```
95 91 90 80 70 60 50 40 30 20
```

练习 10.6：老鼠偷蛋糕。

【题目描述】

"小老鼠上灯台，偷油吃下不来……"是一句很古老的童谣。新时代到了，老鼠也从偷灯油改行偷蛋糕等高大上的食物了。某天老鼠队长，带着它的小兵来到了一农户家的房顶上。离房顶距离为 M 的柜子上有块蛋糕。为了得到这块蛋糕，老鼠队长真是费尽了心思。在尽量保证大部队安全的情况下。老鼠队长决定尽量派出最少的老鼠，让后一只老鼠拉着前一只老鼠的尾巴去偷柜子上的蛋糕。剩下的老鼠留下来保卫大家的安全。

现在共有 N 只老鼠，每只老鼠的长度为 Ai。请你帮老鼠队长计算一下，它最少需要派出几只老鼠去偷蛋糕呢？（若派出的老鼠长度之和大于或等于 M，则认为老鼠取到蛋糕。）

【输入格式】

共 2 行。

第 1 行：2 个用空格隔开的整数：N 和 M（1≤N≤50，1≤M≤500，1≤N≤50，1≤M≤500）。

第 2 到 N+1 行：每行 1 个整数 Ai，表示老鼠的长度（1≤Ai≤6）。

【输出格式】

最少需要派出几只老鼠去偷蛋糕，如果派出所有老鼠都无法偷到蛋糕则输出−1。

【样例输入】

```
5 8
4
1
4
1
2
```

【样例输出】

```
2
```

第 11 章

二维数字方阵

11.1 二维数组

问

丹丹的学校最近得到了一笔赞助，打算拿出其中一部分为学习成绩优秀的前 5 名学生发奖学金。丹丹想编写一个程序，帮助学校发放奖学金。每个学生都有 3 门课的成绩：语文、数学、英语，先按总分从高到低排序，如果两个同学总分相同，再按语文成绩从高到低排序，如果两个同学总分和语文成绩都相同，那么规定学号小的同学排在前面，排在前 5 位的同学可以领到奖学金(参评总人数不超过 300 人)。

输入数据：

第一行一个整数 **n**，表示学生总数。

第 2 行到第 **n+1** 行，表示按照学号从小到大依次增加的每位同学的成绩，每行为 3 个整数，分别表示语文、数学和英语三门课的成绩。

输出数据：

5 行，每行包括两个整数，分别是前 5 名同学的学号和总分。

输入样例：

```
6
90 67 80
87 66 91
78 89 91
88 99 77
67 89 64
78 89 98
```

输出样例：

```
6 265
4 264
3 258
2 244
1 237
```

样例解释：

输入数据的第一行表示一共有 6 位同学的成绩，第二行“90 67 80”表示学号为 1 的同学语文、数学、英语三门课的分数，第三行“87 66 91”表示学号为 2 的同学语文、数学、英语三门课的分数，以此类推。输出数据一共 5 行，表示按照规则产生的前 5 位同学可以领取奖学金，他们依次是学号为 6 的同学，总分是 265，然后是学号为 4 的同学，总分是 264，以此类推。

探

丹丹：这个问题主要是排序，我们学过冒泡排序和插入排序，用哪种排序算法更好呢？

阳阳：最终只要产生前 5 名，冒泡排序每趟可以产生待排元素中最大的数，这样，5 趟就可以产生前 5 大的数了，用冒泡排序比较好。

丹丹：有道理。可是这次排序的数有点复杂，需要存储语文、数学、英语三门课的成绩，还有总分呢，之前我们只对一个一维数组进行排序。

阳阳：还有学号呢，每位同学一共有 5 个数据需要存储，我们学习的一维数组只能存储一列数，是否可以用 5 个一维数组分别存储学号、语文成绩、数学成绩、英语成绩和总分。

老师：你们可以把每类数据分别用一个一维数组进行存储，排序的时候一定要小心，因为每个数组中同一个下标对应的元素是相关的。比如，每个数组中第一个元素都是第一位同学的相关信息。排序的时候会发生数据交换位置，要注意完整地交换数据，否则就出错了。

丹丹：我先列一张表，模拟一下，如图 11.1 所示。

a1[301]	a[301]	b[301]	c[301]	d[301]
学号	语文	数学	英语	总分
1	90	67	80	237
2	87	66	91	244
3	78	89	91	258
4	88	99	77	264
5	67	89	64	220
6	78	89	98	265

图 11.1 6 位同学的信息

定义 5 个一维数组 **a1,a,b,c,d**，分别存放学号、语文成绩、数学成绩、英语成绩和总分。求每位同学的总分可以这样写：

```
for(i=1;i<=n;i++)
{
    cin>>a[i]>>b[i]>>c[i];
    d[i]=a[i]+b[i]+c[i];
    a1[i]=i;
}
```

如果需要交换第 i 位同学和第 j 位同学的位置，需要这样写：

```
swap(a1[i],a1[j]);
swap(a[i],a[j]);
swap(b[i],b[j]);
swap(c[i],c[j]);
swap(d[i],d[j]);
```

如何设置交换的条件呢？

老师：排序的依据也称为排序关键字，比如首先按照总分排序，总分就是第一关键字，在这个问题里，如果总分相同，要看语文分数，语文就是第二关键字，前两个关键字如果都相同，再看第三关键字“学号”，你们试着把条件列出来。

丹丹：假如当前比较的相邻位置是 `j` 和 `j+1`，首先按总分从高到低排序，需要交换的条件表示为：`if(d[j]<d[j+1])`；如果总分相同，按语文成绩从高到低排序，需要交换的条件表示为：`if((d[j]==d[j+1])&&(a[j]<a[j+1]))`；如果总分和语文成绩都相同，那么则是学号小的同学排在前面，需要交换的条件表示为：`if((d[j]==d[j+1])&&(a[j]==a[j+1])&&(a1[j]>a1[j+1]))`。

老师：这三个条件中满足任意一个，都需要交换相邻两个元素的位置，因此三个条件之间可以用`||`进行逻辑运算。条件表示为：`if((d[j]<d[j+1])||(d[j]==d[j+1])&&(a[j]<a[j+1])||(d[j]==d[j+1])&&(a[j]==a[j+1])&&(a1[j]> a1[j+1]))`

你们尝试写程序吧。（你也自己试试看。）

丹丹：我的程序有点问题，冒泡排序没有成功，如图 11.2 所示。

```
    for(int i=1;i<n;i++)
    {
        for (j = 1; j <= n - i; j++)
if((d[j]<d[j+1])||(d[j]==d[j+1])&&(a[j]<a[j+1])||(d[j]==d[j+1])&&(a[j]==a[j+1])&&(a1[j]>a1[j+1]))
        {
            swap(d[j],d[j+1]);
            swap(a1[j],a1[j+1]);
            swap(a[j],a[j+1]);
            swap(b[j],b[j+1]);
            swap(c[j],c[j+1]);
        }
    }
```

图 11.2　冒泡排序

这是我写的冒泡排序代码，阳阳，你帮我看看。

老师：丹丹，你可以通过数据模拟程序运行过程并跟踪变量值，尽量自己调试程序。

丹丹：我发现当发生一次交换把大数换到前面之后，由于每对相邻的位置是从前往后取的，接下来这个大数就没有机会跟其他数比较了，因此第一趟结束并不能让最大的数换到最前面。可是，我以前写冒泡排序都是这么写的呀。

老师：你希望第一趟结束能够产生最大的数到最前面，如果每次交换大数会向前移的话，那么相邻位置可以从后往前取，这样被交换到前面的大数仍然有机会进行下一次比较。比如，先比较 **n-1** 和 **n** 这两个位置，如果大数换到 **n-1** 的位置，那么下次比较 **n-2** 和 **n-1** 两个位置时，刚才的大数仍然有机会继续交换到前面，这样，一趟结束后，最大的数就会换到最前面了。

丹丹：我明白了，马上修改程序。

【参考程序】

```
#include<bits/stdc++.h>
using namespace std;
int main()
{
    int a[1001],b[1001],c[1001],d[1001],a1[1001],n;
    cin>>n;
    for(int i=1;i<=n;i++)
    {
        cin>>a[i]>>b[i]>>c[i];
        d[i]=a[i]+b[i]+c[i];
        a1[i]=i;
    }
    for(int i=1;i<n;i++)
    {
        for(int j=n-1;j>=i;j--)
            if((d[j]<d[j+1])||(d[j]==d[j+1])&&(a[j]<a[j+1])||(d[j]==d[j+1])&&
                (a[j]==a[j+1])&&(a1[j]>a1[j+1]))
            {
                swap(d[j],d[j+1]);
                swap(a1[j],a1[j+1]);
                swap(a[j],a[j+1]);
                swap(b[j],b[j+1]);
                swap(c[j],c[j+1]);
            }
    }
    for(int i=1;i<=5;i++)
    {
        cout<<a1[i]<<" "<<d[i];
        cout<<endl;
    }
    return 0;
}
```

老师：你们在编写程序之前一定要有清晰的思路，否则一个小小的错误都会导致程序完全不对。现在，你们已经用一维数组解决了奖学金的问题，我们观察到，丹丹列的成绩表是一张由行、列构成的二维关系表，也称为二维表。事实上，C++ 语言中有相应的类型来存储类似成绩表这样的二维表，这个类型就是二维数组，如图 11.3 所示。

学号	语文	数学	英语	总分
1	90	67	80	237
2	87	66	91	244
3	78	89	91	258
4	88	99	77	264
5	67	89	64	220
6	78	89	98	265

1 a[1][1]	90 a[1][2]	67 a[1][3]	80 a[1][4]	237 a[1][5]
2 a[2][1]	87 a[2][2]	66 a[2][3]	91 a[2][4]	244 a[2][5]
3 a[3][1]	78 a[3][2]	89 a[3][3]	91 a[3][4]	258 a[3][5]
4 a[4][1]	88 a[4][2]	99 a[4][3]	77 a[4][4]	264 a[4][5]
5 a[5][1]	67 a[5][2]	89 a[5][3]	64 a[5][4]	220 a[5][5]
6 a[6][1]	78 a[6][2]	89 a[6][3]	98 a[6][4]	265 a[6][5]

图 11.3　二维表和二维数组

上面右图比左图多了一些信息，在每个单元格里都标了数据存储的位置，C++ 中用来存储二维结构的数据类型称为二维数组。你们是否发现，跟一维数组中元素的下标相比，这里多了一维下标，每个元素需要两个下标标记它在数组中的位置，第一个下标表示行标，比如第一行所有元素的第一个下标都为 1，第二行都为 2，……，第二个下标表示列标，比如第一列所有元素的第二个下标都为 1，第二列都为 2，……

有了二维数组，我们可以在程序中更方便地存储和处理二维表中的数据了。你们学习一下二维数组的相关知识，再尝试用它解决奖学金问题。

学

二维数组

二维数组是用来存储具有行列二维关系的、固定大小的相同类型元素的顺序集合。

二维数组的定义（如图 11.4 所示）

类型名　　数组名 [常量表达式 1] [常量表达式 2]

例如：int a[3][4];
行数　列数
定义了3行4列的表格，可以存储12个整数。分别为：
a[0][0] a[0][1] a[0][2] a[0][3]
a[1][0] a[1][1] a[1][2] a[1][3]
a[2][0] a[2][1] a[2][2] a[2][3]

图 11.4　二维数组的定义

初始化

1）定义时按行赋值初始化：

```
int a[5][2]={{0,1},{2,3},{4,5},{6,7},{8,9}}; //每个大括号代表一行
```

2）全部元素值初始化为零：

```
memset(a,0,sizeof(a));
```

二维数组的输入

```
for(int i=0;i<n;i++)
  for(int j=0;j<m;j++) a[i][j]=0;//或者 cin> > a[i][j];
```

二维数组的输出

```
for (int i =1; i <=n ; i++)
  {for (int j =1; j <=m ; j++) cout <<a[i][j] <<" ";
    cout <<endl; }//二维数组的两个下标默认最小值是 0,也称为下界,但实际使用
                  //时,可以根据需要灵活设定其值,比如该程序段将下界设定为 1,
                  //但要注意不能超越数组定义的下标范围
```

丹丹：我来试试用二维数组编写刚才的程序。

【参考程序】

```
#include<bits/stdc++.h>
using namespace std;
int main()
{
    int a[1001][5],n;
    cin>>n;
    for(int i=1;i<=n;i++)
    {
        for(int j=2;j<=4;j++)
        {
          a[i][1]=i;
          cin>>a[i][j];
          a[i][5]+=a[i][j];
        }
    }
    for(int i=1;i<n;i++)
        for(int j=n-1;j>=i;j--)
            if((a[j][5]<a[j+1][5])||(a[j][5]==a[j+1][5])&&(a[j][2]<a[j+1][2])||
                (a[j][5]==a[j+1][5])&&(a[j][2]==a[j+1][2])&&(a[j][1]>a[j+1][1]))
            {
                swap(a[j][5],a[j+1][5]);
                swap(a[j][1],a[j+1][1]);
                swap(a[j][2],a[j+1][2]);
                swap(a[j][3],a[j+1][3]);
                swap(a[j][4],a[j+1][4]);
```

```
        }
    for(int i=1;i<=5;i++)
    {
        cout<<a[i][1]<<" "<<a[i][5];
        cout<<endl;
    }
    return 0;
}
```

阳阳：我觉得程序中下面这几条语句还可以优化：

```
swap(a[j][5],a[j+1][5]);
swap(a[j][1],a[j+1][1]);
swap(a[j][2],a[j+1][2]);
swap(a[j][3],a[j+1][3]);
swap(a[j][4],a[j+1][4]);
```

可以用循环结构简化代码,如图 11.5 所示。

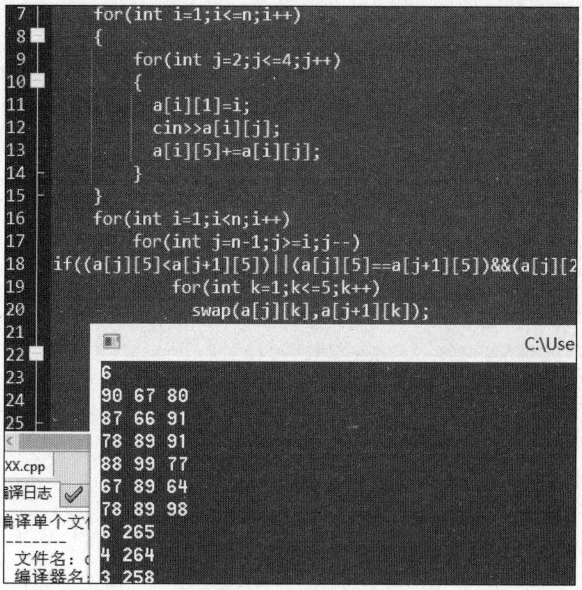

```
7        for(int i=1;i<=n;i++)
8        {
9            for(int j=2;j<=4;j++)
10           {
11               a[i][1]=i;
12               cin>>a[i][j];
13               a[i][5]+=a[i][j];
14           }
15       }
16       for(int i=1;i<n;i++)
17           for(int j=n-1;j>=i;j--)
18   if((a[j][5]<a[j+1][5])||(a[j][5]==a[j+1][5])&&(a[j][2
19               for(int k=1;k<=5;k++)
20                   swap(a[j][k],a[j+1][k]);

6
90 67 80
87 66 91
78 89 91
88 99 77
67 89 64
78 89 98
6 265
4 264
3 258
```

图 11.5　简化代码

老师：你们能够主动发现程序的缺点,并不断精益求精,非常好,你们也会越来越优秀!在数组的使用过程中,你们还要特别注意,C++ 不检查下标是否越界! 我们自己要控制下标变量的值,不能越界,否则会出现意想不到的错误! 例如：

```
int a[2][3]={0};cout<<a[-3][20]<<endl;
```

程序可以正常编译运行,但得到的结果却是无法确定的。为了避免发生这样的错误,我们在定义数组时要充分估计数据量,比如参与奖学金评选的总人数是 300,数组定义时下标上界就不能小于这个值。

丹丹：老师，我觉得输出结果如果可以显示同学的姓名，就更好了，我把学号换成姓名试试。

阳阳：那姓名可不适合用数字表示，应该是字符串，数组里存放的应该是同一种类型的元素，就不能用一个二维数组存储所有信息了。

丹丹：哦，我差点忘记了。那我需要把姓名单独定义为一维数组，跟二维数组里的成绩同步变化。C++ 如果能够提供一种类型，将不同类型的元素集中在一起，像数组一样方便地操作就好了。

老师：在 C++ 中有个称为结构体（**struct**）的类型，可以把不同类型的数据集成在一起，当作一个整体进行操作，你们先学习下面内容。

学

结构体

结构体是 C++ 语言中一种重要的数据类型，该数据类型由一组称为成员的不同数据组成，其中每个成员可以具有不同的类型。结构体通常用来表示类型不同但又相关的若干数据。

结构体的定义格式

struct 结构体类型名 变量名列表

例如：

```
struct tStudent
{ int cha,math,eng,total;string name};
//表示定义了包含 4 个整数类型成员和一个字符串类型成员的结构体类型
tStudent a[1001];                  //定义数组 a,其元素类型为结构体 tStudent
```

结构体的基本操作

```
cin>>a[i].name>>a[i].cha>>a[i].math>>a[i].eng;
                                   //输入数组中第 i 个元素的成员数据
swap(a[1],a[2]);                   //交换数组中两个元素的所有成员值
```

下面这个程序是用结构体类型的数据实现的，你们认真研究并进行对比。

【参考程序】

```
#include<bits/stdc++.h>
using namespace std;
struct tStudent
{ int cha,math,eng,total;string name;};
int main()
```

```
{
 tStudent a[1001];
 int n;
 cin>>n;
 for(int i=1;i<=n;i++)
 {
  cin>>a[i].name>>a[i].cha>>a[i].math>>a[i].eng;
  a[i].total=a[i].cha+a[i].math+a[i].eng;
 }
 for(int i=1;i<n;i++)
  for(int j=n-1;j>=i;j--)
   if((a[j].total<a[j+1].total)||(a[j].total==a[j+1].total)&&(a[j].cha<a[j
       +1].cha)||(a[j].total==a[j+1].total)&&(a[j].cha==a[j+1].cha)&&(a
       [j].name>a[j+1].name))
     swap(a[j],a[j+1]);
 for(int i=1;i<=5;i++)
 {
  cout<<a[i].name<<" "<<a[i].total;
  cout<<endl;
 }
 return 0;
}
```

丹丹：我试试看，如图 11.6 所示。

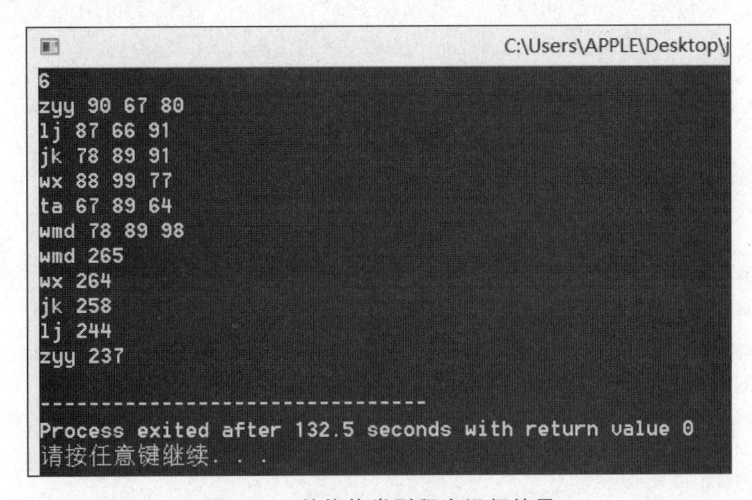

图 11.6　结构体类型程序运行结果

成功了，输出这样的信息比较清楚。

老师：定义结构体类型还有其他方式，比如定义结构体类型时同时定义变量，程序中也可以用下面的方式定义。

```
struct tStudent a[301];
    { int cha,math,eng,total;string name;};
```

你们可以根据需要，选用不同的方式。

阳阳：我发现数组元素为结构体类型，与普通二维数组有些不同，首先结构体数组中的成员既可以是同类型数值，也可以是不同类型的数值，数组中则要求全部是同一类型；再比如结构体变量可以整体操作，例如代码中的交换位置，数组中要用循环结构对每个元素进行操作。

老师：对于 C++ 语言知识，大家今后会通过解决问题不断积累，也会越来越熟练地编写 C++ 程序。

习

练习 11.1：成绩统计。

【题目描述】

输入 N 个同学的语文、数学、英语三科成绩，计算他们的总分，并统计出每个同学的名次，最后按要求的格式输出。

【输入格式】

第 1 行输入一个自然数 N，表示有 N 位同学。

第 2 到 N+1 行每行输入每个同学的语文、数学、英语成绩(整数)。

【输出格式】

输出 N 行，每行包含一个同学的三门成绩及总分，排名(每项之间用一个空格分隔)。

【样例输入】

```
3
90 98 95
88 99 90
89 99 96
```

【样例输出】

```
90 98 95 283 2
88 99 90 277 3
89 99 96 284 1
```

练习 11.2：图像相似度。

【题目描述】

给出两幅相同大小的黑白图像(用 0-1 矩阵)表示，求它们的相似度。说明：若两幅图像在相同位置上的像素点颜色相同，则称它们在该位置具有相同的像素点。两幅图像的相似度定义为相同像素点数占图像像素点数的百分比。

【输入格式】

第一行包含两个整数 m 和 n,表示图像的行数和列数,中间用单个空格隔开。1≤m≤100,1≤n≤100。

之后 m 行,每行 n 个整数 0 或 1,表示第一幅黑白图像上各像素点的颜色。相邻两个数之间用单个空格隔开。

再之后 m 行,每行 n 个整数 0 或 1,表示第二幅黑白图像上各像素点的颜色。相邻两个数之间用单个空格隔开。

【输出格式】

一个实数,表示相似度(以百分比的形式给出),精确到小数点后两位。

【样例输入】

```
3 3
1 0 1
0 0 1
1 1 0
1 1 0
0 0 1
0 0 1
```

【样例输出】

```
44.44%
```

练习 11.3：杨辉三角形。

【题目描述】

杨辉三角形又叫贾宪三角形。在欧洲,叫帕斯卡三角形。帕斯卡是在 1654 年发现这一规律的,比杨辉迟 393 年,比贾宪迟 600 年。打印杨辉三角形的前 n 行。杨辉三角形如下图：

```
1
1 1
1 2 1
1 3 3 1
1 4 6 4 1
```

【输入格式】

仅一行,输入 n,表示三角形的前几行。

【输出格式】

n 行,每行的每个数占 4 个字符(用 setw 函数,4 个字符即 setw(4))。

【样例输入】

```
6
```

【样例输出】

```
1
1   1
1   2   1
1   3   3   1
1   4   6   4   1
1   5  10  10   5   1
```

11.2 有趣的数字方阵

问

丹丹学习了二维数组之后，联想到之前打印过的二维图形，还有一个图形他没能打印出来呢。

问题描述：输入一个正整数 n，输出 n*n 的回形方阵（2≤n≤9）。

输入数据：一个正整数 n。

输出数据：n 行 n 列的回形方阵。

输入样例：5

输出样例：

```
1 1 1 1 1
1 2 2 2 1
1 2 3 2 1
1 2 2 2 1
1 1 1 1 1
```

他想，学过二维数组后，应该会有更多的办法来解决这个问题。

探

阳阳：老师教我们遇到问题，先尝试用样例数据进行手工模拟，找找规律。

丹丹：我先在草稿纸上尝试填写这个方阵，最外面一圈填 1，先把 1 填写好，然后往里面再填一圈 2，这样填写最简单。

老师：丹丹，想办法把刚才手工模拟的过程用程序代码实现，这种方法也称为"模拟法"。建议你在图中标出存储的位置，如果用二维数组存储，即对应元素下标，比如，第 1 行第 1 列对应下标设为 [1][1]，然后再找规律。

丹丹：手工模拟过程如图 11.7 所示。

我把每一圈的元素按照顺时针方向列出来：

1 a[1][1]	1 a[1][2]	1 a[1][3]	1 a[1][4]	1 a[1][5]
1 a[2][1]	2 a[2][2]	2 a[2][3]	2 a[2][4]	1 a[2][5]
1 a[3][1]	2 a[3][2]	3 a[3][3]	2 a[3][4]	1 a[3][5]
1 a[4][1]	2 a[4][2]	2 a[4][3]	2 a[4][4]	1 a[4][5]
1 a[5][1]	1 a[5][2]	1 a[5][3]	1 a[5][4]	1 a[5][5]

图 11.7 手工模拟过程

第一圈	第二圈	第三圈
a[1][1]—a[1][4]	**a[2][2]—a[2][3]**	**a[3][3]—[3][3]**
a[1][5]—a[4][5]	**a[2][4]—a[3][4]**	
a[5][5]—a[5][2]	**a[4][4]—a[4][3]**	
a[5][1]—a[2][1]	**a[4][2]—a[3][2]**	

n=5 时有 3 圈,每一圈都是 4 条边,每条边的下标变化很有规律,比如第一圈:

第一条边的行下标均为 1,列下标从 1 变到 4,

第二条边的列下标均为 5,行下标从 1 变到 4,

第三条边的行下标均为 5,列下标从 5 变到 2,

第四条边的列下标均为 1,行下标从 5 变到 2。

第二圈:

第一条边的行下标均为 2,列下标从 2 变到 3,

第二条边的列下标均为 4,行下标从 2 变到 3,

第三条边的行下标均为 4,列下标从 4 变到 3,

第四条边的列下标均为 2,行下标从 4 变到 3。

老师:你能够写出对于任意的 **n**,如果填到第 **i** 圈,四条边下标的变化吗?

丹丹:我仔细算算……

第一条边的行下标均为 **i**,列下标从 **i** 变到 **n-i**,

第二条边的列下标均为 **n-i+1**,行下标从 **i** 变到 **n-i**,

第三条边的行下标均为 **n-i+1**,列下标从 **n-i+1** 变到 **i+1**,

第四条边的列下标均为 **i**,行下标从 **n-i+1** 变到 **i+1**。

如果用程序描述的话,是这样:

```
for(j=i;j<=n-i;j++)a[i][j]=i;
for(j=i;j<=n-i;j++)a[j][n-i+1]=i;
for(j=n-i+1;j>=i+1;j--)a[n-i+1][j]=i;
for(j=n-i+1;j>=i+1;j--)a[j][i]=i;
```

老师：你可以试着写程序了。

丹丹：每一圈可以处理了，总圈数也可以算出来。**n=5** 时有 3 圈，**n=6** 时有 3 圈，**n=7** 时有 4 圈，圈数应该是 **n+1** 整除 2，如图 11.8 所示。

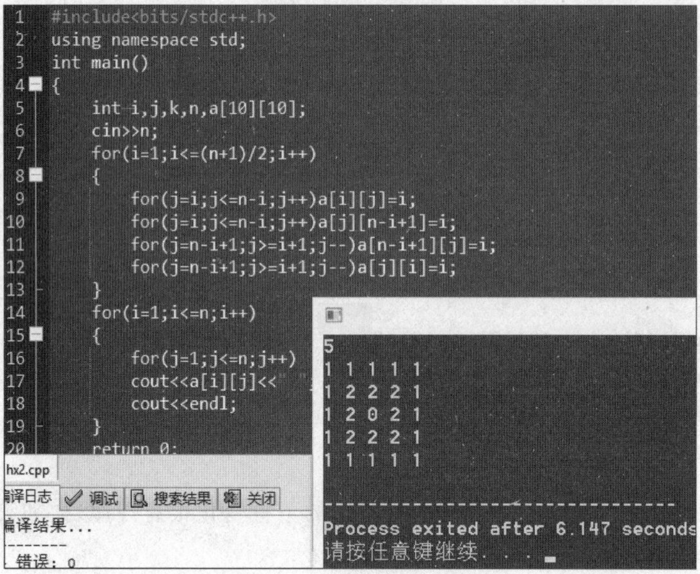

```
1  #include<bits/stdc++.h>
2  using namespace std;
3  int main()
4  {
5      int i,j,k,n,a[10][10];
6      cin>>n;
7      for(i=1;i<=(n+1)/2;i++)
8      {
9          for(j=i;j<=n-i;j++)a[i][j]=i;
10         for(j=i;j<=n-i;j++)a[j][n-i+1]=i;
11         for(j=n-i+1;j>=i+1;j--)a[n-i+1][j]=i;
12         for(j=n-i+1;j>=i+1;j--)a[j][i]=i;
13     }
14     for(i=1;i<=n;i++)
15     {
16         for(j=1;j<=n;j++)
17         cout<<a[i][j]<<"
18         cout<<endl;
19     }
20     return 0;
```

```
hx2.cpp
编译日志 调试 搜索结果 关闭
编译结果...
--------
- 错误：0
```

```
5
1 1 1 1 1
1 2 2 2 1
1 2 0 2 1
1 2 2 2 1
1 1 1 1 1

--------------------------------
Process exited after 6.147 seconds
请按任意键继续. . .
```

图 11.8　手工模拟运行结果

阳阳：你的程序有点问题，中间怎么有个 0？

丹丹：嗯，我还要再修改调试程序。我模拟了一遍，发现第三圈时，每条边都无法输出这个数，但 **n** 是偶数时程序运行结果是正确的，只有最里面一圈是 1 个数时有问题，那我加个“补丁”吧，如图 11.9 所示。

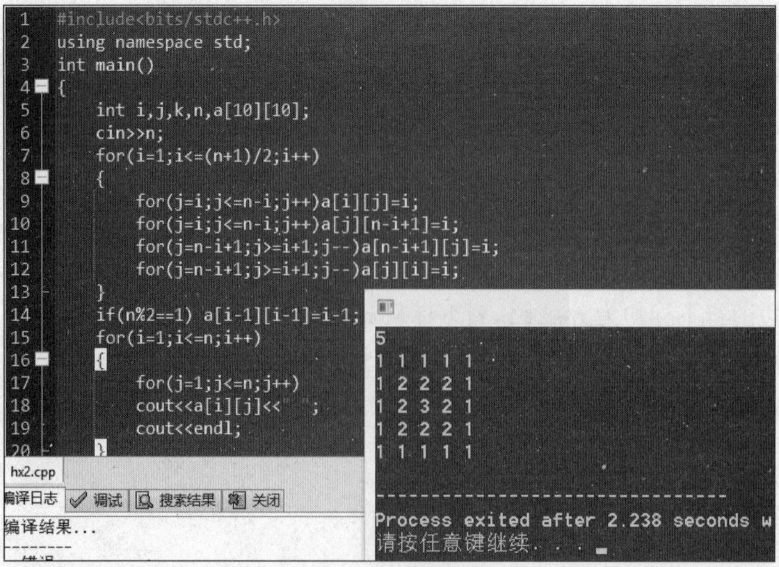

```
1  #include<bits/stdc++.h>
2  using namespace std;
3  int main()
4  {
5      int i,j,k,n,a[10][10];
6      cin>>n;
7      for(i=1;i<=(n+1)/2;i++)
8      {
9          for(j=i;j<=n-i;j++)a[i][j]=i;
10         for(j=i;j<=n-i;j++)a[j][n-i+1]=i;
11         for(j=n-i+1;j>=i+1;j--)a[n-i+1][j]=i;
12         for(j=n-i+1;j>=i+1;j--)a[j][i]=i;
13     }
14     if(n%2==1) a[i-1][i-1]=i-1;
15     for(i=1;i<=n;i++)
16     {
17         for(j=1;j<=n;j++)
18         cout<<a[i][j]<<" ";
19         cout<<endl;
20     }
```

```
hx2.cpp
编译日志 调试 搜索结果 关闭
编译结果...
--------
```

```
5
1 1 1 1 1
1 2 2 2 1
1 2 3 2 1
1 2 2 2 1
1 1 1 1 1

--------------------------------
Process exited after 2.238 seconds w
请按任意键继续. . .
```

图 11.9　模拟法正确运行结果

这样就对了，太开心了。

阳阳：你看，我把第一条边的循环边界改了一下，确保了只有一个数时，这条边也能赋值，这样程序运行结果也对了。

【参考程序】

```
#include<bits/stdc++.h>
using namespace std;
int main()
{
    int i,j,k,n,a[10][10];
    cin>>n;
    for(i=1;i<=(n+1)/2;i++)
    {
        for(j=i;j<=n-i+1;j++)a[i][j]=i;     //边界值加 1
        for(j=i;j<=n-i;j++)a[j][n-i+1]=i;
        for(j=n-i+1;j>=i+1;j--)a[n-i+1][j]=i;
        for(j=n-i+1;j>=i+1;j--)a[j][i]=i;
    }
    for(i=1;i<=n;i++)
    {
        for(j=1;j<=n;j++)
            cout<<a[i][j]<<" ";
        cout<<endl;
    }
    return 0;
}
```

老师：解决一个问题的算法可能不止一个，同一种算法的程序写法也会有多种。在学习过程中，你们要勤思考、多实践，就能获得更丰富的编程体验，学会选择更优的方案解决问题。对于回形方阵这个问题，我们还有其他方法解决。你们看图 11.10，我们先填写一个全部为 1 的方阵，再缩小范围填一个数字 2 的方阵，以此类推，后面的值将覆盖前面的值，最终也可以实现回形方阵。

1	1	1	1	1
1	1	1	1	1
1	1	1	1	1
1	1	1	1	1
1	1	1	1	1

2	2	2
2	2	2
2	2	2

3

图 11.10　覆盖法过程

丹丹：我们找到每个方阵的起始和终止的位置，就可以用二重循环赋值了。**n=5** 时，第一个方阵左上角元素下标是 **[1][1]**，右上角是 **[1][5]**，左下角是 **[5][1]**，右下角是 **[5][5]**。第二个方阵相应 4 个元素的下标变化很有规律，都相差 1，以此类推，如果覆盖到第 **k** 个方阵，左上角元素下标是 **[k][k]**，右上角是 **[k][n-k+1]**，左下角是 **[n-k+1][k]**，右下角是 **[n-k+1][n-k+1]**。

阳阳：如果知道这 4 个位置，第 **k** 个方阵可以用下面的二重循环赋值：

```
for(i=k;i<=n-k+1;i++)
    for(j=k;j<=n-k+1;j++)
    a[i][j]=k;
```

【参考程序】

```
#include<bits/stdc++.h>
using namespace std;
int main()
{
    int i,j,k,n,a[10][10];
    cin>>n;
    for(k=1;k<=(n+1)/2;k++)
    {
      for(i=k;i<=n-k+1;i++)
        for(j=k;j<=n-k+1;j++)
          a[i][j]=k;
    }
    for(i=1;i<=n;i++)
    {
      for(j=1;j<=n;j++)
        cout<<a[i][j]<<" ";
      cout<<endl;
    }
    return 0;
}
```

阳阳：感觉这个程序更简洁一些，不过，我们用这种方法人工模拟就不方便了。

丹丹：我觉得覆盖法也要比模拟法执行次数多一些。

老师：不错，你们学会比较算法的优劣了，一般来说，时间和空间消耗相差不多的情况下，可以选择更容易用代码实现的程序。如果我们进一步挖掘回形方阵的性质，可以发现，其实我们如果知道数在方阵中的位置，就能算出这个数是几。下面这个程序你们研究一下，看看能否将它补充完整：

【参考程序】

```
#include<bits/stdc++.h>
```

```
using namespace std;
int main()
{
    int n,i,j,b,c,a[11][11];
    cin>>n;
    for(i=1;i<=n;i++)
      for(j=1;j<=n;j++)
      {
        b=min(i,①);
        c=min(b,②);
        a[i][j]=min(c,③);
      }
    for(i=1;i<=n;i++)
    {
        for(j=1;j<=n;j++)
        cout<<a[i][j]<<" ";
        cout<<endl;
    }
    return 0;
}
```

丹丹：程序中的 **min** 是什么？我上网搜索一下。

学

min 函数

min 是 C++ 标准库头文件中的一个重要的函数，称为最小值函数。它的功能是比较两个数值的大小，返回他们的之间最小值。

阳阳：我觉得程序中在求几个数中的最小值，这个值就是赋给该位置的数。

丹丹：这个感觉很难。

老师：最外面一圈填 1，第二圈填 2，第 **i** 行 **j** 列应该位于第几圈呢，你们再找找规律。

丹丹：我好像有点思路了，最外面一圈填 1，如果把最外面一圈看作 4 面围墙的话，圈数跟距离最近的围墙有关，比如 **[4][3]** 这个位置，距离“4 面围墙”的值分别是 **i** 等于 4、**j** 等于 3、**n+1-i** 等于 2、**n+1-j** 等于 3，离“墙”最近为 2，所以它在第 2 圈，应该赋值为 2。我来试试，如图 11.11 所示。

老师：不错。回形方阵还可以不用数组来完成。你们研究一下下面的程序，它是怎样实现的。

【参考程序】

```
#include<bits/stdc++.h>
using namespace std;
int main()
```

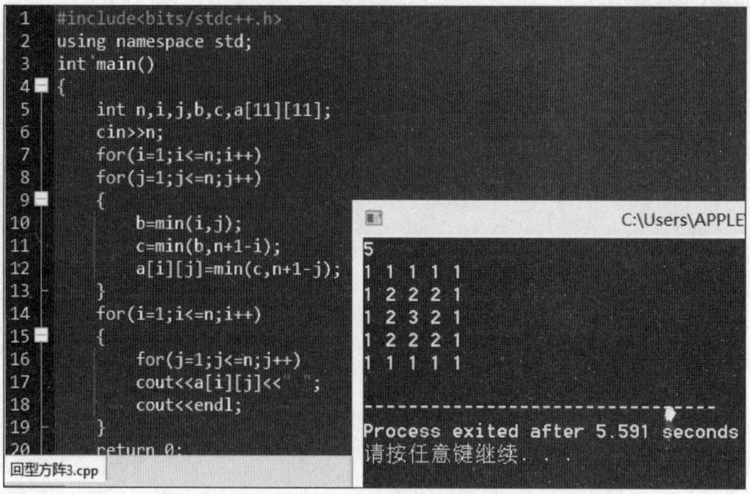

```
1  #include<bits/stdc++.h>
2  using namespace std;
3  int main()
4  {
5      int n,i,j,b,c,a[11][11];
6      cin>>n;
7      for(i=1;i<=n;i++)
8      for(j=1;j<=n;j++)
9      {
10         b=min(i,j);
11         c=min(b,n+1-i);
12         a[i][j]=min(c,n+1-j);
13     }
14     for(i=1;i<=n;i++)
15     {
16         for(j=1;j<=n;j++)
17         cout<<a[i][j]<<" ";
18         cout<<endl;
19     }
20     return 0;
```

回型方阵3.cpp

```
C:\Users\APPLE
5
1 1 1 1 1
1 2 2 2 1
1 2 3 2 1
1 2 2 2 1
1 1 1 1 1

--------------------------------
Process exited after 5.591 seconds
请按任意键继续. . .
```

图 11.11　找最值运行结果

```
{
    int i,j,k,n;
    cin>>n;
    for(i=1;i<=n;i++)
    {
        k=1;
        for(j=1;j<=min(i,n+1-i)-1;j++)
        {
            cout<<k<<" ";
            k++;
        }
        for(j=min(i,n+1-i);j<=max(i,n+1-i);j++)
          cout<<k<<" ";
        for(j=max(i,n+1-i)+1;j<=n;j++)
        {
            k--;
            cout<<k<<" ";
        }
        cout<<endl;
    }
    return 0;
}
```

丹丹：这个程序中有个类似 **min** 函数的代码，我来搜索一下。

学

max 函数

max 是 C++ 标准库头文件中的一个重要的函数，称为最大值函数。它的功能是比较两个数值的大小，返回他们的之间最大值。

老师：回形方阵是个有趣的方阵，我们还可以利用元素值的对称性来赋值。你们可以自己再探究和尝试，加深对数组下标的认识。

习

练习 11.4：拐角方阵。

【题目描述】

输入一个正整数 n，生成一个 n * n 的拐角方阵。

【输入格式】

一行一个正整数 n，1≤n≤20。

【输出格式】

共 n 行，每行 n 个正整数，每个正整数占 3 列(即每个整数占 3 个字符的位置)。

【输入样例】

```
7
```

【输出样例】

```
1  1  1  1  1  1  1
1  2  2  2  2  2  2
1  2  3  3  3  3  3
1  2  3  4  4  4  4
1  2  3  4  5  5  5
1  2  3  4  5  6  6
1  2  3  4  5  6  7
```

练习 11.5：螺旋矩阵。

【题目描述】

一行 n 行 n 列的螺旋方阵按如下方法生成：从方阵的左上角(第 1 行第 1 列)出发，初始时向右移动；如果前方是未曾经过的格子，则继续前进；否则，右转。重复上述操作直至经过方阵中所有格子。根据经过顺序，在格子中依次填入 1，2，…，n，便构成了一个螺旋矩阵。下面是一个 n=4 的螺旋方阵。

1	2	3	4
12	13	14	5
11	16	15	6
10	9	8	7

编程输入一个正整数 n，生成一个 n * n 的螺旋方阵。

【输入格式】

一行一个正整数，1≤n≤20。

【输出格式】

共 n 行,每行 n 个正整数,每个正整数占 3 列。

【样例输入】

```
5
```

【样例输出】

```
  1  2  3  4  5
 16 17 18 19  6
 15 24 25 20  7
 14 23 22 21  8
 13 12 11 10  9
```

练习 11.6：蛇形矩阵。

【题目描述】

输入一个正整数 n,生成一个 n * n 的蛇形方阵。

【输入格式】

一行一个正整数 n,1≤n≤20。

【输出格式】

共 n 行,每行 n 个正整数,每个正整数占 3 列。

【样例输入】

```
5
```

【样例输出】

```
  1  2  6  7 15
  3  5  8 14 16
  4  9 13 17 22
 10 12 18 21 23
 11 19 20 24 25
```

11.3 二维数组的应用

问

矩阵是高等数学中常见的工具,在物理学、计算机科学等方面都有重要应用。在数学中,矩阵(**Matrix**)是一个按照长方阵列排列的数的集合,在 C++ 程序设计中,常用二维数组存储矩阵。老师说矩阵中有一种稀疏矩阵,学好二维数组就可以将稀疏矩阵进行压缩存储,以节约内存空间。丹丹想研究一下稀疏矩阵的压缩存储技术。

探

丹丹：老师,我想了解与稀疏矩阵的压缩存储相关的知识。

老师：在矩阵中，若数值为 0 的元素数目远远多于非 0 元素的数目，并且非 0 元素分布没有规律时，则称该矩阵为稀疏矩阵，如图 11.12 所示。

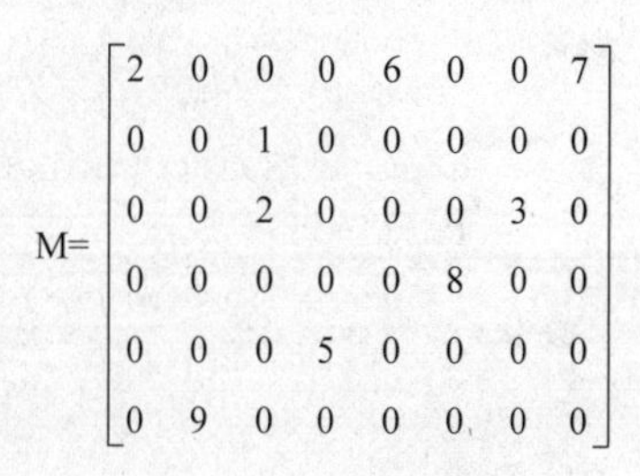

图 11.12　稀疏矩阵

这是用数学中的符号来表示的矩阵 **M**，它有 6 行 8 列共 48 个数值，我们可以发现其中 0 出现的次数很多，只有 9 个非零元素。为了避免零元素的存储及无效计算，我们可以想办法只存储这 9 个非零元素，但是又不能丢失原有矩阵的信息。

丹丹：那我们既要存储非零元素的值，还要记录它们在原来矩阵中的位置才行。

老师：你的思考正确，我们可以先尝试一种三元组方式进行压缩存储。它的基本算法思想是：用三个一维数组分别记录矩阵中非零元素的值、该元素所在行和列三个信息。你们会将这个算法思想用程序实现吗？

问题描述：

输入一个稀疏矩阵，将它用三元组进行压缩存储，输出该三元组。

丹丹：我来想想，如图 11.13 所示。

```
    int a[101][101],b[101],h[101],l[101],n,m,i,j,x=1;
    cin>>n>>m;
    for(i=1;i<=n;i++)
      for(j=1;j<=m;j++)
        cin>>a[i][j];
    cout<<"三元组："<<endl;
    for(i=1;i<=n;i++)
      for(j=1;j<=m;j++)
        if(a[i][j]!=0)
        {
          b[x]=a[i][j];
          h[x]=i;
          l[x]=j;
          x++;
        }
    for(i=1;i<x;i++)
    cout<<b[i]<<" "<<h[i]<<" "<<l[i]<<" "<<endl;
    return 0;
}
```

```
5 5
1 0 0 2 0
0 0 0 0 7
9 0 0 8 0
0 5 0 0 0
0 0 0 0 6
三元组:
1 1 1
2 1 4
7 2 5
9 3 1
8 3 4
5 4 2
6 5 5
```

图 11.13　三元组存储方式

我用了三个一维数组，应该还可以用一个 3 列的二维数组实现。

【参考程序】

```
#include<iostream>
using namespace std;
int main()
{
    int a[101][101],b[101][101],n,m,i,j,x=1;
    cin>>n>>m;
    for(i=1;i<=n;i++)
```

```
    for(j=1;j<=m;j++)
      cin>>a[i][j];
  cout<<"三元组:"<<endl;
  for(i=1;i<=n;i++)
    for(j=1;j<=m;j++)
      if(a[i][j]!=0)
      {
        b[x][1]=a[i][j];
        b[x][2]=i;
        b[x][3]=j;
        x++;
      }
  for(i=1;i<x;i++)
  {
      for(j=1;j<=3;j++)
        cout<<b[i][j]<<" ";
      cout<<endl;
  }
  return 0;
}
```

学

稀疏矩阵的压缩存储方法

为节约稀疏矩阵在存储中的内存空间,我们采用三元组方式进行压缩存储。

用一个三元组 **(i,j,a[i][j])** 唯一确定矩阵中的每个非零元素的行下标、列下标和该非零元素值。所有非零元素的三元组表示形成一个三元组线性表(可用数组实现),有些对原矩阵进行的操作,可以通过操作三元组表替代实现,如图 11.14 所示。

稀疏矩阵

$$A_{6\times7}=\begin{bmatrix}0&0&1&0&0&0&0\\0&2&0&0&0&0&0\\3&0&0&0&0&0&0\\0&0&0&5&0&0&0\\0&0&0&0&6&0&0\\0&0&0&0&0&7&4\end{bmatrix} \rightarrow$$

三元组的线性表

i	j	a_{ij}
0	2	1
1	1	2
2	0	3
3	3	5
4	4	6
5	5	7
5	6	4

图 11.14　稀疏矩阵压缩存储方法

阳阳:我用结构体也可以实现呢。

【参考程序】

```
#include<iostream>
```

```
using namespace std;
struct xsjz
{
    int col,row,d;
}b[101];
int main()
{
    int i,j,n,m,a[101][101],k=1;
    cin>>n>>m;
    for(i=1;i<=n;i++)
      for(j=1;j<=m;j++)
        cin>>a[i][j];
    for(i=1;i<=n;i++)
      for(j=1;j<=m;j++)
        if(a[i][j]!=0)
        {
            b[k].col=i;
            b[k].row=j;
            b[k].d=a[i][j];
            k++;
        }
    for(i=1;i<k;i++)
    {
        cout<<b[i].col<<" "<<b[i].row<<" "<<b[i].d;
        cout<<endl;
    }
}
```

老师：这几种做法都是正确的。你们尝试解决下面的问题进一步体验三元组的基本操作。

问题描述：近来由于某种原因，去电影院看电影的人特别少。为了了解电影票的售出情况，要求每卖出一张票，即更新并输出所有已出售的电影票信息。电影院的座位排列为 **n** 行 **m** 列的方阵。

输入数据：

第一行为用空格隔开的 3 个整数——**n m k**，表示电影院的座位有 **n** 行 **m** 列，有 **k** 个座位已出售。

第二行至 **k**+1 行，每行 3 个用空格隔开的整数，分别是售出座位的行、列和售出序号。

第 **k**+2 行为两个整数 **x**,**y**，表示新售出电影票的座位号。

输出数据：

n 行，每行为用空格隔开的 **m** 个整数，表示当前影院座位售出情况。

【输入样例】

```
6 7 7
2 2 6
2 3 7
3 1 5
4 5 1
5 5 2
6 6 3
6 7 4
3 5
```

【输出样例】

```
0 0 0 0 0 0 0
0 6 7 0 0 0 0
5 0 0 0 8 0 0
0 0 0 0 1 0 0
0 0 0 0 2 0 0
0 0 0 0 0 3 4
```

【样例解释】

第一行全为 0,表示座位均未售出。第 2 行第 2 列为 6,表示该座位在售出第 6 张电影票时已售出。

丹丹：程序写好啦。

【参考程序】

```
#include<bits/stdc++.h>
using namespace std;
int main()
{
    int i,j,n,m,k,x,y,t;
    int a[201][201],b[201][201];
    memset(a,0,sizeof(a));
    cin>>n>>m>>k;
    for(i=1;i<=k;i++)
      for(j=1;j<=3;j++)
        cin>>a[i][j];
    cin>>x>>y;
    for(i=1;i<=n;i++)
    {
        for(j=1;j<=m;j++)
          for(int c=1;c<=k;c++)
          {
              if((i==a[c][1])&&(j==a[c][2]))
```

```
                b[i][j]=a[c][3];
            if((i==x)&&(j==y)) b[i][j]=k+1;
        }
    }
    for(i=1;i<=n;i++)
    {
        for(j=1;j<=m;j++)
        cout<<b[i][j]<<" ";
        cout<<endl;
    }
    return 0;
}
```

阳阳：**memset(a,0,sizeof(b));**是你刚学习的语句吗？

丹丹：我在学习别人的代码时，看到这种给数组赋初值的方法，觉得很方便，就尝试使用一下，你也试试。

> **memset**
>
> C++ 语言初始化函数。作用是将某一块内存中的内容全部设置为指定的值，这个函数可以为新申请的数组做初始化工作。例如：
>
> **memset(a,0,sizeof(a));**　　　//将数组 a 中的元素全部赋值为 0

阳阳：好的，我也试试。

【参考程序】

```
#include<bits/stdc++.h>
using namespace std;
int main()
{
    int i,j,n,m,k,x,y;
    int a[201][201],b[201][201];
    memset(a,0,sizeof(a));
    cin>>n>>m>>k;
    for(i=1;i<=k;i++)
    {
        for(j=1;j<=3;j++)
          cin>>a[i][j];
        b[a[i][1]][a[i][2]]=a[i][3];
    }
    cin>>x>>y;
    b[x][y]=k+1;
    for(i=1;i<=n;i++)
```

```
    {
        for(j=1;j<=m;j++)
        cout<<b[i][j]<<" ";
        cout<<endl;
    }
    return 0;
}
```

丹丹：怎么你的程序比我的简洁很多？我来研究一下。

（你也写了自己的程序吗？也来比较看看，谁的程序更优？）

老师：丹丹，你的程序在给二维数组赋非 0 值时，顺序查找了数组中的所有位置，然后再赋值。数组有个重要的性质是可以根据下标随机存取，阳阳充分利用了数组的这个优点，直接将三元组中的信息提取出来进行赋值，所以代码就更简洁，程序的执行次数也相应减少了。

丹丹：编写一个好程序真不容易，我以后要多思考，争取写出更优的程序。

老师：这个问题还有其他算法，比如我们可以不需要数组 **b**，直接通过二重循环输出这个方阵，方阵中每个元素是输出 0 还是非 0，再通过查找数组 **a** 确定，这种算法虽然节约了内存空间，但每次查找数组 **a** 时都需要花费时间。在编程中，时间和空间有时可以互相“帮助”，必要时需要折中思考。比如这个算法就是以牺牲时间来换取空间的。我们解决问题时，要根据具体的要求，在满足要求的前提下进行优化才更有意义。

悟

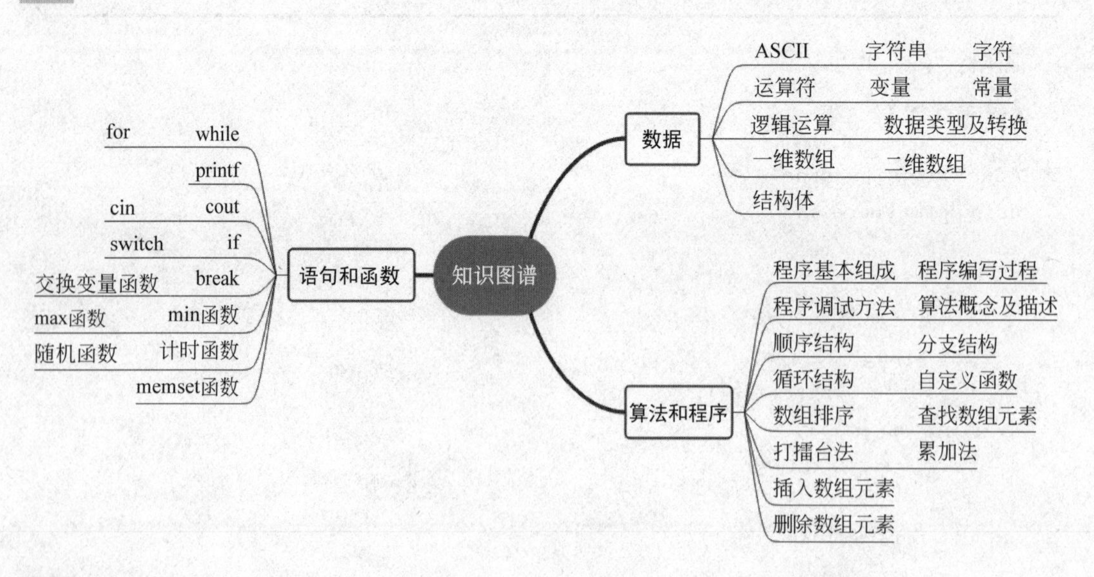

习

练习 11.7：拉丁方阵。

【题目描述】

一个 N×N 的拉丁正方形含有整数 1～N，且在任意的行或列中都不出现重复数据，一种可能的 6×6 拉丁正方形如下：

```
6    3    1    4    2    5
1    4    5    6    3    2
5    6    2    1    4    3
2    1    3    5    6    4
3    5    4    2    1    6
4    2    6    3    5    1
```

该拉丁方阵的产生方法是：当给出第一行数后，就决定了各数在以下各行的位置，比如第一行的第一个数为 6，则该数在 1～6 行的列数依次为 1,4,2,5,6,3，即第一行数为各数在每行中列数的索引表。请你写一个程序，产生按上述方法生成的拉丁方阵。

【输入格式】

第一行包含一个正整数，即方阵的阶数 N。第二行为该方阵的第一行即 N 个 1～N 间整数的一个排列，各数之间用空格分隔。

【输出格式】

包含 N 行，每行包括 N 个正整数，这些正整数之间用一个空格隔开。

【样例输入】

```
6
6 3 1 4 2 5
```

【样例输出】

```
6 3 1 4 2 5
1 4 5 6 3 2
5 6 2 1 4 3
2 1 3 5 6 4
3 5 4 2 1 6
4 2 6 3 5 1
```

练习 11.8：马鞍数。

【题目描述】

有一个 n×m 的矩阵，要求编程序找出马鞍数，输出马鞍数的行下标和列下标以及这个马鞍数，如果没有找到，则输出"no exit"。马鞍数是指数阵 n×m 中在行上最小而在列上最大的数。（能求出所有的马鞍数。）

如：数阵 n * m，其中 n=5，m=5。

```
1 6 7 8 9
4 5 6 7 8
3 4 5 2 1
2 3 4 9 0
5 6 7 6 8
```

则第 5 行第 1 列的数字“5”即为该数阵的一个马鞍数。

【输入格式】

第一行输入 n 和 m 的值，表示有一个 n * m 的矩阵。

第二行至第 n+1 行是一个 n 行 m 列的矩阵。

【输出格式】

仅一行，即该数阵的所有马鞍数的行下标和列下标以及马鞍数，且以空格隔开。

【样例输入】

```
5 5
1 6 7 8 9
4 5 6 7 8
3 4 5 2 1
2 3 4 9 0
5 6 7 6 8
```

【样例输出】

```
5 1 5
```

练习 11.9：n 阶奇数幻方。

【题目描述】

把正整数 1～n×n(n 为奇数)排成一个 n×n 方阵，使得方阵中的每一行、每一列以及两条对角线上的数之和都相等，这样的方阵称为“n 阶奇数幻方”。

编程输入 n，输出 n 阶奇数幻方。

【输入格式】

一个正整数 n，1≤n<20，n 为奇数。

【输出格式】

共 n 行，每行 n 个正整数，每个正整数占 5 列。

【输入样例】

```
5
```

【输出样例】

```
17   24    1    8   15
23    5    7   14   16
 4    6   13   20   22
10   12   19   21    3
11   18   25    2    9
```

第 12 章

符号也是数据

12.1 字符数组

问

丹丹的英语老师为了训练同学们背单词，经常会和同学们做一些小游戏，比如她会给出一个字母组成的方阵，让同学们说出其中隐藏的单词。隐藏的单词是指方阵中连续的字母从左向右拼接或从上向下拼接形成的单词。老师想让丹丹写个程序，帮助她判断同学们说的单词是否隐藏在方阵中。

探

丹丹：我以前存储的方阵都是由数字构成的，数组的元素类型可以为字符吗？

老师：数组元素的类型非常丰富，我们学习过的整数、浮点数、字符串、结构体，甚至数组类型都可以作为数组元素的类型，比如二维数组就可以看作元素类型为一维数组的一维数组。如果数组元素的类型是字符型，这样的数组被称为字符数组。

丹丹：数组真厉害！我可以试试写程序帮助英语老师啦。第一步，把老师画的字母方阵存储进二维数组，然后怎么办呢？如果我自己来判断同学说的单词是否存在于方阵的话，我会先逐行查找，然后再逐列查找。

阳阳：我觉得你这样找得有点慢，因为你逐行找的时候，方阵中的每个字母都会被判断一次，逐列找的时候还是会再判断一次，其实方阵中大多数字母可能都不在单词中。

丹丹：你说得很有道理。方阵中跟单词第一个字母一致的那些字母才有用，那我先找到这些字母，然后顺着它们向右和向下拼接，这样可以更快地判断单词是否隐藏在方阵中。我先来学习一些字符数组的资料吧。

字符数组

是指元素类型为字符的数组。

字符数组的定义

```
char 数组名[元素个数]
```

例如：

```
char a[6];        //定义了一维字符数组 a,可以存储 6 个字符
char a[11][10]; //定义了一个 11 行 10 列的二维数组,数组中的每个元素都是字符型的
```

字符数组的输入

例如定义数组：**char letter[100];**

(1) **cin** 逐个元素输入：**cin>>letter[0],……**

(类同之前的整型数组输入方式,利用 for 循环输入)

```
for(int i=0;i<n;i++)
  for(int j=0;j<m;j++)
    a[i][j]=0;//或者 cin> > a[i][j];
```

(2) **cin** 输入整个数组：**cin>>letter(letter 为数组名)**。

(3) **gets** 读入整个数组：**gets(letter)**。

字符数组的输出

例如定义数组 **char letter[100] (letter 为数组名)**

(1) **cout** 逐个元素输出：**cout<<letter[0],……**

(类同之前的整型数组输出方式,利用 **for** 循环输出)

(2) **cout** 输出整个数组：**cout<<letter**。

(3) **puts** 输出整个数组：**puts(letter)**。

strlen 函数

功能：获取字符数组中字符的个数。

例如：**lb=strlen(b);**将字符数组 **b** 的字符个数赋值给变量 lb。

丹丹：我先试试用 **cin** 和 **cout** 输入输出。

【参考程序】

```
#include<iostream>
#include<cstring>
using namespace std;
int main()
{
    char a[105][105],b[105];
    int i,j,n,m,lb,k,t;
    cin>>n>>m;
    for(i=1;i<=n;i++)
     for(j=1;j<=m;j++)
       cin>>a[i][j];
```

```
    cin>>b;
    lb=strlen(b);
    for(i=1;i<=n;i++)
    {
      for(j=1;j<=m;j++)
      {
        if (j<=n-lb+1)
        {
         k=j;t=0;
         while ((t<lb)&&(a[i][k]==b[t]))
         {
           t++;
           k++;
         }
         if(t==lb)
           cout<<"("<<i<<","<<j<<")"<<"("<<i<<","<<j+lb-1<<")"<<endl;
        }
        if(i<=m-lb+1)
        {
          k=i;t=0;
          while ((a[k][j]==b[t])&&(t<lb))
           {
               t++;
               k++;
           }
           if(t==lb)
             cout<<"("<<i<<","<<j<<")"<<"("<<i+lb-1<<","<<j<<")"<<endl;
        }
      }
    }
    return(0);
}
```

阳阳：丹丹你看，我运行了你编写的程序，输入的数据都一样，为什么运行结果不一样呢？图 12.1 所示是正确的；图 12.2 所示是错误的。

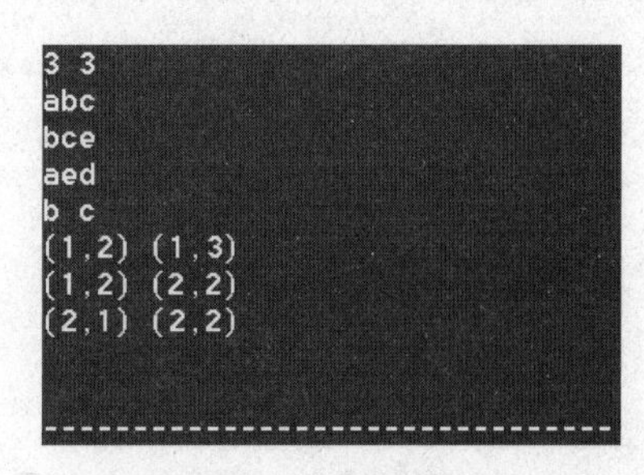

图 12.1　结果正确

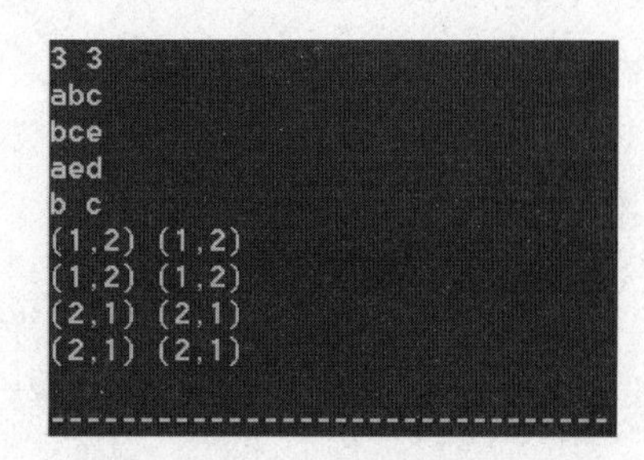

图 12.2　结果错误

丹丹：我来仔细看看。啊！你两次输入的数据有一点不同，就是同学猜的单词。我用的输入语句是 **cin>>b;**，你第一次输入 **bc**，而第二次输入 **b c**，多了一个空格。

老师：编写程序和运行程序都要细心，空格本身也算是字符。这里 **cin** 语句用于整体输入字符数组，它有一个特别之处，就是 **cin** 不接受空格、**Tab** 等键的输入，遇到这些键，本次输入即终止。如果你输入的字符数组中包含空格字符元素，可以用 **gets** 函数输入，它能接受连续的输入，包括空格、**Tab**。

阳阳：我明白了，以后我输入时一定多加小心。丹丹，程序中下面的语句有些特别，感觉变量 **k** 和 **t** 在同步变化，只是初值不同。老师建议我们在定义变量时要有节约资源的意识，能不能省去一个变量呢？

```
k=j;t=0;
while ((t<lb)&&(a[i][k]==b[t]))
{
    t++;
    k++;
}
```

丹丹：你的建议很不错，我再思考一下。

【参考程序】

```
#include<iostream>
#include<cstring>
using namespace std;
int main()
{
    char a[105][105],b[105];
    int i,j,n,m,lb,t;
    cin>>n>>m;
    for(i=1;i<=n;i++)
      for(j=1;j<=m;j++)
        cin>>a[i][j];
    cin>>b;
    lb=strlen(b);
    for(i=1;i<=n;i++)
    {
      for(j=1;j<=m;j++)
      {
        if (j<=n-lb+1)
        {
         t=0;
         while ((t<lb)&&(a[i][j+t]==b[t]))
           t++;
         if(t==lb)
           cout<<"("<<i<<","<<j<<") "<<"("<<i<<","<<j+lb-1<<")"<<endl;
```

```
        }
        if(i<=m-lb+1)
        {
          t=0;
          while ((a[i+t][j]==b[t])&&(t<lb))
               t++;
          if(t==lb)
             cout<<"("<<i<<","<<j<<") "<<"("<<i+lb-1<<","<<j<<")"<<endl;
        }
      }
    }
    return(0);
}
```

(你还能写出不同的程序吗？比一比，谁的程序更优。)

习

练习 12.1：输入一行字符，统计其中数字字符的个数。

【输入格式】

一行字符，总长度不超过 255。

【输出格式】

输出为 1 行，输出字符里面的数字字符的个数。

【输入样例】

```
I am 10 years old
```

【输出样例】

```
2
```

练习 12.2：给定一行字符，在字符中找到第一个连续出现至少 k 次的字符。

【输入格式】

第一行为待查找的字符。字符个数在 1～100，且不包含任何空白字符。

第二行包含一个正整数 k，表示至少需要连续出现的次数。$1 \leqslant k \leqslant 100$。

【输出格式】

若存在连续出现至少 k 次的字符，输出该字符；否则输出 no。

【输入样例】

```
abbcccddeeeefffffgggggg
4
```

【输出样例】

```
e
```

练习 12.3：情报加密。

【题目描述】

在情报传递过程中，为了防止情报被截获破译，往往需要对情报用一定的方式加密。我们给出一种最简单的加密方法，对给定的一个字符串，把其中从 a～y、A～Y 的字母用其后继字母替代，把 z 和 Z 分别用 a 和 A 替代，其他非字母字符不变。

【输入格式】

输入一行只包含大小写字母的字符，字符个数小于 80。

【输出格式】

输出加密后的字符串。

【输入样例】

```
abdXBgHt
```

【输出样例】

```
bceYChIu
```

12.2 字符串

问

丹丹学习了字符数组后，便对字符的存储和操作有了兴趣。这次英语单词默写又错了几个，能否再设计一个程序把学过的英语单词存储起来，帮助他记单词呢？

探

丹丹：老师，我想编写一个程序，把我学过的单词存储起来，用学过的字符数组可以吗？

老师：字符数组可以存放单词，C++ 中还提供了一种数据类型，叫字符串，在处理类似单词这样的一串字符时更方便。

阳阳：我们好像之前学过……

老师：估计长时间不使用，有些忘记了吧？你们可以研究研究下面的资料，复习一下，试试看。

字符串类型

C++ 中的字符串类型是指由数字、字母、中文等符号组成的一串字符，在内存允许的范围内字符串可以是任意长度。

定义

string s; 定义一个字符串类型变量 s。

存储

长度为 **n** 的字符串 **s** 存储在 **s[0]~s[n-1]**，无其余字符。特别注意，下标不能越界。

读入

cin>>s; 输入不含空格的字符串。

getline(cin,s); 输入包含空格、制表符等空白字符的字符串 **s**，读到换行符或 **EOF** 结束。

输出

cout<<s; 输出字符串 **s** 的值。

cout<<s[3]; 输出字符串 s 中下标为 3 的字符。

赋值：**s1="abcde"; s2=s1;** 两个字符串变量的值都为"abcde"。

丹丹：我来写个程序瞧瞧它是不是能存储单词呢？

【参考程序】

```
#include<bits/stdc++.h>
using namespace std;
int main()
{
    string s;
    cout<<"请输入单词表,单词间用空格隔开:";
    getline(cin,s);
    cout<<"单词库中有下列单词:"<<s;
    return 0;
}
```

阳阳：你的程序可以输入和输出单词了，可是每次运行都要把单词重新输一遍，你看运行结果如图 12.3 所示，有点麻烦。

老师：程序需要的数据可以运行时从键盘输入，但是如果输入的数据量比较大时，可以将数据先存储到一个文件里，程序运行时可以让计算机自动从文件读取数据。这个文件一般是文本文件，可以用记事本等文本编辑工具操作，一般用于存储输入数据的文件扩展名是 **.in**，用于存储输出数据的文件扩展名为 **.out** 或 **.ans**。

丹丹：那太好了，可是程序该怎么写呢？

老师：比如刚才你写的程序，我们可以将键盘输入和屏幕输出改为用文件输入和文件输出，你们先参考一些资料再来研究下面的程序。

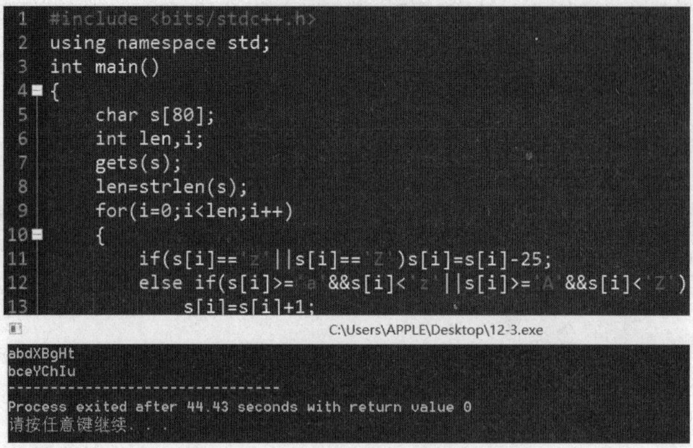

```
1  #include <bits/stdc++.h>
2  using namespace std;
3  int main()
4  {
5      char s[80];
6      int len,i;
7      gets(s);
8      len=strlen(s);
9      for(i=0;i<len;i++)
10     {
11         if(s[i]=='z'||s[i]=='Z')s[i]=s[i]-25;
12         else if(s[i]>='a'&&s[i]<'z'||s[i]>='A'&&s[i]<'Z')
13             s[i]=s[i]+1;
```

C:\Users\APPLE\Desktop\12-3.exe

```
abdXBgHt
bceYChIu
--------------------------------
Process exited after 44.43 seconds with return value 0
请按任意键继续. . .
```

图 12.3　存储单词界面

学

输入输出文件

程序中的数据可以从内存输出写到磁盘，也可以从磁盘读入到内存，磁盘中的数据是以文件的形式存放的。

在 C++ 中，可以通过加载头文件 fstream 来实现操作文件。

例如：

```
fstream file1("C://word.in");
```

表示程序中需要操作的数据存放在 C 盘下的文件“word.in”中

一般地，我们可以采用如下两种方式分别操作文件：

ifstream file2("C://word.in")；以输入方式打开文件。

ofstream file3("C://word.out")；以输出方式打开文件。

ifstream fin("word.in")；表示打开和源程序在同一路径下的输入文件“word.in”。

ofstream fout("word.out")；表示打开和源程序在同一路径下的输出文件“word.out”。

fin.close()；关闭输入文件。

fout.close()；关闭输出文件。

【参考程序】

```
#include<iostream>
#include<cstring>
#include<fstream>
using namespace std;
```

```
int main()
{
    ifstream fin("word.in");
    string buffer,s;
    s="";
    while (getline(fin, buffer))
        s=s+buffer+" ";
    cout<<"Wordslist:"<<s;
    fin.close();
}
```

丹丹：我觉得 **word.in** 就是我们要输入到程序中的单词文件。程序中用到 **ifstream** 这种方式，就是程序运行时，将存储在磁盘文件中的数据输入到计算机内存。

阳阳：老师说过，当程序运行结束，或者电脑重新启动后，内存里的数据就会丢失。

老师：你们分析得很对，在实际应用中，根据不同的需要，可以选择相应的方式。如果想以输入方式打开，就用 **ifstream** 来定义；如果想以输出方式打开，就用 **ofstream** 来定义；如果想以输入/输出方式来打开，就用 **fstream** 来定义。你们尝试运行程序，进一步深入研究。

丹丹：我来试试运行程序，首先我建立一个文件 **word.in**，可以用 **Windows** 的记事本建立这个文件吗？

老师：可以，用文本编辑工具都可以，但一定要注意文件的名称必须正确。

阳阳：我们在 **word.in** 里输入少量单词试试。

丹丹：现在我运行程序，我猜屏幕上应该把文件 **word.in** 里的单词全部输出……怎么没有输出？

老师：使用文件时，**ifstream** 语句中文件名如果没有指定它存储在计算机中的目录路径，就要将输入文件和 C++ 源程序存放在同一目录下，比如两个文件都存放在桌面，或者都存放在 D 盘根目录下，如果它们不在同一目录下，将无法正常读入文件。

丹丹：噢，我把文件位置重新放一下。再次运行，成功啦。可是有些不一样。阳阳你看，可以输出了，输出信息是打印在屏幕上的。

老师：是的，在这个程序中只使用文件输入，并没有使用文件输出，所以数据就按照默认输出到屏幕。

阳阳：我发现一个问题，如图 12.4 所示是输入文件中的单词表，如图 12.5 所示是程序运行结果，屏幕上打印出来的单词表和文件中的不一样。

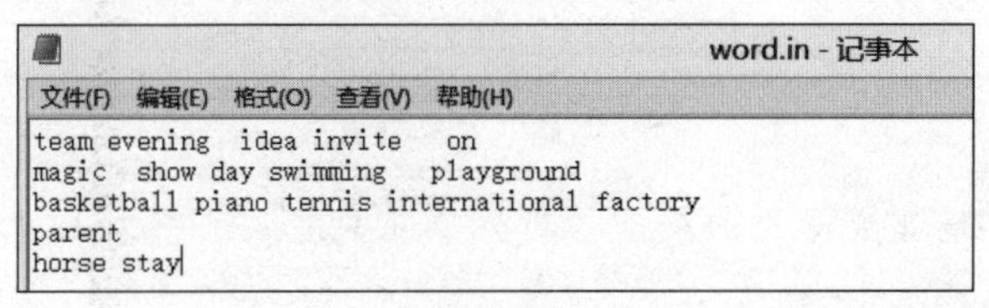

图 12.4　输入文件

```
1  #include<iostream>
2  #include<cstring>
3  #include <fstream>
4  using namespace std;
5  int main()
6  {
7      ifstream fin("word.in");
8      string buffer,s;
9      s="";
10     while (getline(fin, buffer))
11         s=s+buffer+" ";
12     cout<<"Wordslist:"<<s;
13     fin.close();
14 }
15
```

```
C:\Users\APPLE\Desktop\字符串\文件输入.exe
Wordslist:team evening  idea invite   on magic  show day swimming   playground basketball piano tenn
is international factory parent horse stay
--------------------------------
Process exited after 1.014 seconds with return value 0
请按任意键继续. . .
```

图 12.5　运行结果

丹丹：我们再仔细研究一下程序吧。**while** 循环中的语句功能应该是将输入文件里的单词从文件读入进来。我记得 **getline** 是输入字符串的，还需要进一步学习，我们到网上找找资料。

> 学
>
> **getline 函数**
>
> 格式：
>
> **getline (cin,s);**
>
> 功能：读入一个可包含空格、制表符等空白字符的字符串 s，读到换行符或文件结束符就结束。
>
> **getline(fin,buffer)** 表示从输入文件读入数据到内存变量 **buffer**。

丹丹：我明白了，每次循环都会读到一行结束，这时会把这一行单词存入 **buffer**，**s=s+buffer+ " ";** 这条语句是做什么的呢？从最后的输出结果看，好像可以把每行的单词拼接到一起。

老师：你们研究得很不错，关于字符串类型，还有很多知识需要你们慢慢学习。下面的资料你们看一看，也许对你们理解这个程序有帮助。

> 学
>
> **字符串运算**
>
> “**+** ”：两个字符串变量相加表示将两个字符串拼接到一起。
>
> 例如：

```
string s,s1,s2;char ch;
s1="abc";s2="ac";
```

s=s1+s2; 将字符串 **s2** 拼接到 **s1** 的后面，**s** 值为 **abcac**。

s=s+ch; 将字符 **ch** 拼接到字符串 **s** 的后面。

s=ch+s; 将字符 **ch** 拼接到字符串 **s** 的前面。

注意：拼接时不能是两个字符串常量拼接。字符串拼接还可以用函数 **push_back** 或者 **append** 实现。

关系运算：两个字符串比较大小由每个串中字符的 **ASCII** 码值的大小决定，从两个串的第一个字符开始按位逐对比较，如果相等则比较下一对字符，短串的末尾补足空格字符继续比较，直到长串的最后一位字符比较完成为止。

例如：

```
int c;
```

c=(s1>s2); 将 **s1** 和 **s2** 中从第一个字符开始，按照字符的 **ASCII** 码值比较大小，第一对两个字符都为 **a**，第二对 **b** 比 **c** 的 **ASCII** 码值小，因此关系运算结果为假，**c** 的值为 0。

丹丹：我们来写些程序测试一下看看。

老师：非常好，多思考多实践是学习编程的有效方法，很多知识的应用要通过大量实践才能灵活掌握，切不可"死记硬背"。比如，字符串赋值时要注意，不能像字符数组一样给字符串中的每个位置赋初值。比如 **for(i=1;i<=5;i++) s[i]='a';** 就是错误的。**s="12345";s[1]='b';** 是正确的，输出 **s** 会显示 **1b345**，可以像数组一样改变某个位置的值。**s="Iamlucky";s[8]='p';** 是错误的，因为 **s** 中存储了 8 个字符，对应的最大下标是 7，**s[8]** 越界了。

丹丹：这么多讲究啊。

老师：这些知识会随着你学习的进展不断积累，不用怕知识多，也不要怕程序出错，经常使用自然就熟练了。再比如，C++ 中输入输出文件的操作还可以用函数 **freopen** 实现，以后你们再学习并通过实践进行比较，以便选择合适的方式解决问题。

习

练习 12.4：将从键盘输入的单词输出到 word.out 文件中。

【输入格式】

一行，可以包含多个英文单词，单词之间用空格隔开。

【输出格式】

无。

【输入样例】

```
I am a student
```

【输出样例】

```
无
```

练习 12.5：输入三个单词，按字符大小从大到小排序后并输出。

【输入格式】

一行，三个单词，用空格隔开。

【输出格式】

一行，三个单词，按字符串大小从大到小排序，用空格隔开。

【输入样例】

```
an book cook
```

【输出样例】

```
cook book an
```

练习 12.6：从 word.in 读入的单词中找出最长的字符串并输出。

【输入格式】

无。

【输出格式】

word.in 文件中最长的字符串。

【输入样例】

请读者自己创建 word.in 文件。

【输出样例】

student(具体运行结果以读者自己创建的 word.in 文件内容决定。)

12.3 字符串的应用

问

丹丹学会了使用文件，他想把自己学过的单词存储到文件里，编写一个程序帮助自己记录和整理单词表。

探

丹丹：我把单词都存储在一个文件里，就是我的单词库。单词整理程序应该具有这些功能,比如可以向单词库添加新的单词,也可以将单词库中我已经掌握的单词删除。

阳阳:我们可以把字符串类型的元素存储在数组中,用数组插入元素和删除元素的方法进行操作。

丹丹:嗯,是的。

(你会用字符串数组的插入和删除完成丹丹想设计的程序吗?)

老师:你们的想法很好,遇到一个问题,总能尝试用自己学过的知识去解决它,这样就能更灵活地掌握知识,提升自己解决问题的能力。老师也给你们一些帮助,你们尝试学习下面关于字符串的函数,看看能否用它们解决你们的问题,便于你们比较不同的方法,加深对字符串的理解。

学

求字符串长度函数

用法:**s.size();**或 **s.length();**

功能:返回 **s** 的长度,即 **s** 中字符的个数。

例如:**s="abcdefg";n=s.size();//n** 值为 7

k=s.length();//k 值为 7

查找子串函数

用法:**s.find(t);**

功能:在字符串 **s** 中查找字符串 **t**,如果 **t** 出现,则返回 **t** 第一个出现的位置(从 0 开始),**t** 称为 **s** 的子串;否则返回 $2^{64}-1$,函数赋值给 **int** 类型变量后值为-1)。

可以用条件 **s.find(t)==s.npos** 或者 **s.find(t)==-1** 表示没找到。

删除子串函数

用法:**s.erase(x,y);**

功能:删除 **s** 的第 **x** 位及之后的 **y** 个字符,函数返回一个字符串。

注意:参数 **x** 和 **y** 的取值必须保证从 **x** 到 **x+y-1** 均为字符串 **s** 的合法下标!

插入子串函数

用法:**s.insert(x,t);**

功能:在 **s** 的第 **x** 位上插入字符串 **t**。

例如:**s="01234";x=3;t="abc";**

s.insert(x,t);//s 的值更新为 **012abc34**

注意:函数参数中的 x 必须是字符串 s 的合法下标!

丹丹:我先来试试写删除功能。**s.erase(x,y);**中 x 是待删除单词的起始位置,y 应该是待删除单词的字符个数,我来找一找有没有函数可以直接调用。**s.find(t);**可以在字符串 **s** 中查找字符串 **t**,那我在原单词库中查找待删单词应该也是可以的。阳阳你看,我这么写代码：

```
k=t.length();        //把单词 t 的字符个数赋给 k
j=s.find(t);         //查找到 t 在 s 中的起始位置赋给 j
s.erase(j,k);        //删除 s 中从 j 开始的 k 个字符
```

阳阳：你可以写个小程序自己试试，我也编个程序看看。

丹丹：好的。那我把问题描述得更清楚一些。

问题描述：

用文件 **word.in** 输入单词库，单词库中的单词有若干行，每行有若干个单词，各行中的单词间有且只有一个空格间隔，每次运行小程序，将提供如下功能选择：

I(单词插入功能)：从键盘输入一个单词及即将插入的位置 **k**，程序将单词插入到单词库合适的位置成为第 **k** 个单词，并将更新的单词库输出到屏幕。

D(单词删除功能)：从键盘输入一个单词，程序查找单词是否在单词库中，若不存在，则输出"该单词不存在"，否则将该单词删除，并将更新的单词库输出到屏幕。

R(单词替换功能)：从键盘输入被替换的单词和替换后的单词，程序在单词库中将被替换的单词删除，并在原位添加替换后的单词。

(你也动手试着编写程序。)

阳阳：我的程序写好了，老师说过程序要方便别人使用，我特别添加了一些提示信息，也尽量考虑全面一些。你运行试试看，符合你的要求吗？

【参考程序】(程序中 word.in 文件里的单词之间用一个空格间隔)

```
#include<iostream>
#include<cstring>
#include<fstream>
using namespace std;
int main()
{
    ifstream fin("word.in");
    string buffer,s,buffer2;
    char ch;
    int l,i,j,k,m;
    s="";
    while (getline(fin, buffer))
        s=s+buffer+" ";
    fin.close();
    cout<<"单词表"<<s<<endl;
    cout<<"请选择功能:"<<endl;
    cout<<"D-删除单词;I-插入单词"<<endl;
    cin>>ch;
    l=s.length();
```

```
    if(ch=='D')
    {
      cout<<"请输入删除的单词";
      cin>>buffer;
      k=buffer.length();
      j=s.find(buffer);
      if (j>=0)s.erase(j,k);
        else cout<<"该单词不存在";          //删除
    }
    else if(ch=='I')
    {
       cout<<"请输入插入的单词和位置";
       cin>>buffer>>m;
       k=buffer.length();
       int p=0;
       i=0;
       while((i<=l)&& (p<m-1))              //查找插入的位置
      {
            if(s[i]==' ') p++;
            i++;
      }
       s.insert(i,buffer);
       s.insert(i+k," ");
    }
    cout<<s;
    return 0;
}
```

丹丹：你真厉害！我还没有写好呢，我来试试看……我发现你的程序有一个问题，当我删除一个单词后，那个位置会多一个空格，如图 12.6 所示。

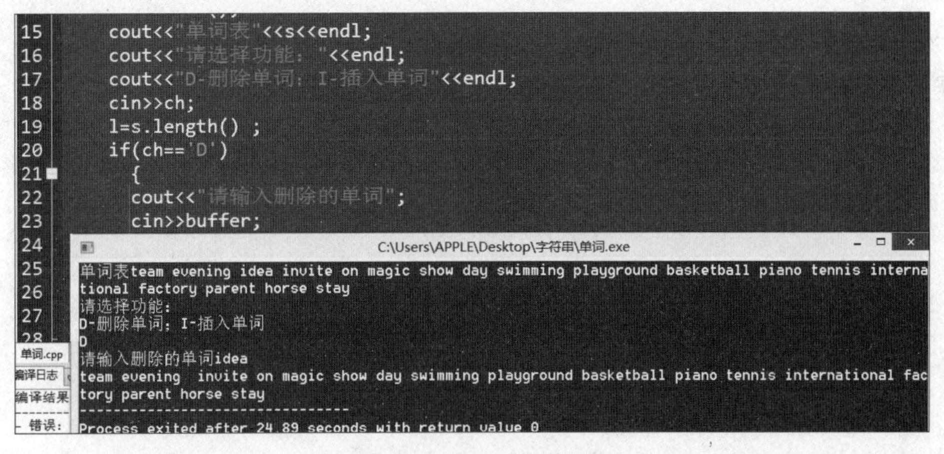

图 12.6　删除与插入单词

阳阳：你看得真仔细，我都没发现呢。**idea** 左右两个单词间确实是两个空格，我再改一改。

（你能修改一下阳阳的程序，解决这个问题吗？）

丹丹：如果你要删除的单词先在末尾增加一个空格后再删除，应该就可以了。比如将 **s.erase(j,k);** 改为 **s.erase(j, k+1);**。

阳阳：聪明，还可以让删除的单词包含它后面的空格，就是删除的长度增加一位。

老师：你们的讨论非常精彩，编写程序就是让我们的思维用计算机语言描述出来，多思考就能写出高质量的程序。我再给你们一些关于字符串的函数，你们研究并实践，如果还需要更多资源，可以从相关网站进行搜索。

学

常用字符函数

vislower(s[i]) 判断字符串 **s** 第 **i** 位是否小写字母，如果是返回 1，否则返回 0。

visupper(s[i]) 判断字符串 **s** 第 **i** 位是否大写字母，如果是返回 1，否则返回 0。

visdigit(s[i]) 判断字符串 **s** 第 **i** 位是否数字字符，如果是返回 1，否则返回 0。

visalpha(s[i]) 判断字符串 **s** 第 **i** 位是否字母，如果是返回 1，否则返回 0。

vs[i]=tolower(s[i]) 将字符串 **s** 第 **i** 位改写为小写字母。

vs[i]=toupper(s[i]) 将字符串 **s** 第 **i** 位改写为大写字母。

查找子串函数

用法：**s.find(t,x);**

功能：在 **s** 的第 **x** 位及之后查找 **t**，如果 **t** 出现，则返回 **t** 第一个出现的位置（从 0 开始），否则返回 $2^{64}-1$（赋值给 **int** 类型变量后值为 −1）。

字符串替换函数

用法：**s.replace(x,len,t);**

功能：将 **s** 的第 **x** 位及之后的 **len** 位替换为字符串 **t**，下标从 0 开始。

注意：参数取值必须保证 **x** 到 **x+len-1** 间的数是字符串 **s** 的合法下标！

举例：**s="abcde";x=1;len=3;t="**";**

s.replace(x,len,t); s 值更新为 **a**e**。

复制子串函数

用法：**s1=s.substr(t,x);**

功能：将字符串 **s** 中从 **t** 位开始的 **x** 个字符复制到字符串 **s1** 中。

举例：**s="12345asdf";s1=s.substr(0,5);s1** 值为 **12345**。

删除子串函数

用法：**s.erase(x);**

功能：删除 **s** 的第 **x** 位及之后的所有字符，返回一个字符串。下标从 0 开始。

注意：参数 **x** 必须是字符串 **s** 的合法下标！

丹丹：我来找找，有没有替换单词的函数，太好了，我发现了字符串替换函数，阳阳，我们一起把单词整理的程序完成。

(你也试试编写自己的单词整理程序吧。)

【参考程序】

```
#include<iostream>
#include<cstring>
#include<fstream>
using namespace std;
int main()
{
    ifstream fin("word.in");
    string buffer,s,buffer2;
    char ch;
    int l,i,j,k,m;
    s="";
    while (getline(fin, buffer))
        s=s+buffer+" ";
    fin.close();
    cout<<"单词表"<<s<<endl;
    cout<<"请选择功能:"<<endl;
    cout<<"D-删除单词;I-插入单词;R-替换单词"<<endl;
    cin>>ch;
    l=s.length();
    if(ch=='D')
    {
      cout<<"请输入删除的单词";
      cin>>buffer;
      k=buffer.length();
      j=s.find(buffer);
      if (j>=0)s.erase(j, k+1);
        else cout<<"该单词不存在";          //删除
    }
    else if(ch=='I')
    {
```

```
        cout<<"请输入插入的单词和位置";
        cin>>buffer>>m;
        k=buffer.length();
        int p=0;
        i=0;
        while((i<=l)&&(p<m-1))              //查找插入的位置
        {
            if(s[i]==' ') p++;
            i++;
        }
    s.insert(i,buffer);
    s.insert(i+k," ");
    }
    else if(ch=='R')
    {
        cout<<"请输入被替换的单词和替换后的单词";
        cin>>buffer>>buffer2;
        k=buffer.length();
        j=s.find(buffer);
        s.replace(j,k,buffer2);           //替换
    }
    cout<<s;
    return 0;
}
```

丹丹：字符串有这么多函数，全部都要背住吗？

老师：这些知识并不是要求你们马上都记住，你们在解决问题时，要记得查阅这些知识，经常使用自然就熟悉了。C++ 提供了丰富的系统函数，方便编程时根据需要调用，减少编程人员的编程量，同时也使程序更简洁。我们也要养成习惯，根据需要自己定义函数，让程序的结构更清晰，也为今后学习更深入的编程知识铺垫基础。

丹丹：我记得前面我们学习过自定义函数，我再复习一下，来试试把刚才的程序用自定义函数实现。

【参考程序】

```
#include<iostream>
#include<cstring>
#include<fstream>
using namespace std;
int l;
string s;
void D(string n)
{
    int k,j;
    k=n.length();
```

```
    j=s.find(n);
    if (j>=0) s.erase(j,k+1);
    else cout<<"该单词不存在";
}
void I(string a,int b)
{
    int k;
    k=a.length();
    int p=0,i=0;
    while((i<=l)&&(p<b-1))                    //查找插入的位置
    {
        if(s[i]==' ') p++;
        i++;
    }
    s.insert(i,a);
    s.insert(i+k," ");
}
void R(string c,string d)
{
    int k,j;
    k=c.length();
    j=s.find(c);
    s.replace(j,k,d);
}
int main()
{
    ifstream fin("word.in");
    string buffer,buffer2;
    char ch;
    int m;
    s="";
    while (getline(fin, buffer))
        s=s+buffer+" ";
    fin.close();
    cout<<"单词表"<<s<<endl;
    cout<<"请选择功能:"<<endl;
    cout<<"D-删除单词;I-插入单词;R-替换单词"<<endl;
    cin>>ch;
    l=s.length();
    if(ch=='D')
    {
      cout<<"请输入删除的单词";
      cin>>buffer;
      D(buffer);
    }
    else if(ch=='I')
```

```
    {
        cout<<"请输入插入的单词和位置";
        cin>>buffer>>m;
        I(buffer,m);
    }
    else if(ch=='R')
    {
        cout<<"请输入被替换的单词和替换后的单词";
        cin>>buffer>>buffer2;
        R(buffer,buffer2);
    }
    cout<<s;
    return 0;
}
```

悟

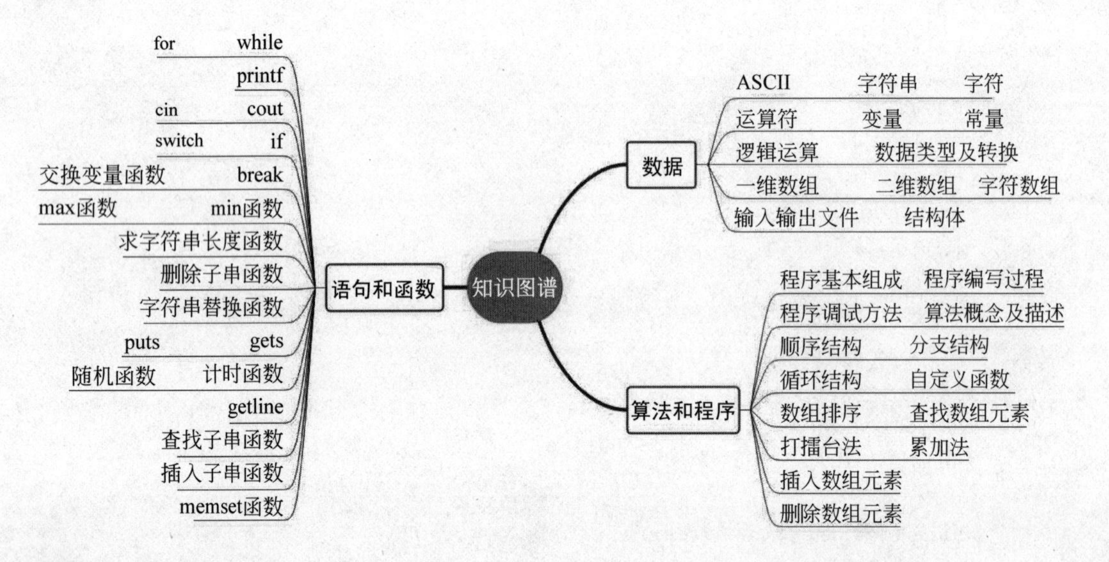

习

练习 12.7：单词后缀。

【题目描述】

给定一个单词，如果该单词以 er、ly 或者 ing 后缀结尾，则删除该后缀，否则不进行任何操作。

【输入格式】

一行字符，包含一个单词(单词中间没有空格，每个单词最大长度为 32)。

【输出格式】

处理后的单词。

【输入样例】

```
referer
```

【输出样例】

```
refer
```

练习 12.8：字符串子串。

【题目描述】

输入两个字符串，验证其中一个字符串是否为另一个字符串的子串。

【输入格式】

两个字符串，每个字符串占一行，长度不超过 200 且不含空格。

【输出格式】

若第一个字符串 s1 是第二个字符串 s2 的子串，则输出(s1)is substring of (s2)。

若第二个字符串 s2 是第一个字符串 s1 的子串，则输出(s2)is substring of (s1)。

否则输出 No substring。

【输入样例】

```
abc
cabca
```

【输出样例】

```
abc is substring of cabca
```

练习 12.9：最长单词。

【题目描述】

找出一个以“.”结尾的简单英文句子中的最长单词，输入时单词之间用空格隔开，没有缩写形式和其他特殊形式。

【输入格式】

一个以“.”结尾的简单英文句子(句子中包含字符的长度不超过 500)。

【输出格式】

该句子中最长的单词。如果多于一个，则输出第一个。

【输入样例】

```
I am a student.
```

【输出样例】

```
student
```

习题解答

练习 1.1：编程求 189＋325 的值。

【思路分析】

本题想到最简单的方式是 cout＜＜189＋325；但如果希望练习变量的操作，可以先定义几个变量进行运算，在本题中定义三个变量即可，例如 a、b、c。a 存储加数，b 存储被加数，c 存储运算后的结果，分别给 a、b 赋值，再将 a＋b 的值赋给 c，最后输出 c。

【参考程序】

```
#include<iostream>
using namespace std;
int main()
{
    int a,b,c;
    a=189;
    b=325;
    c=a+b;
    cout<<c;
    return 0;
}
```

【运行结果】

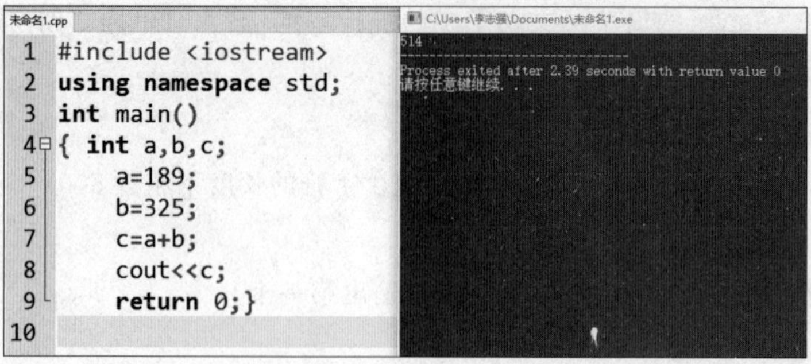

练习 1.2：编程求 138－96 的值。

【思路分析】

与练习 1.1 类似，所不同的是运算方式，一个是加法，一个是减法。注意变量表示的数值大小，大的是被减数，小的是减数。

【参考程序】

```
#include<iostream>
using namespace std;
int main()
{
    int a,b,c;
    a=138;
    b=96;
    c=a-b;
    cout<<c;
    return 0;
}
```

【运行结果】

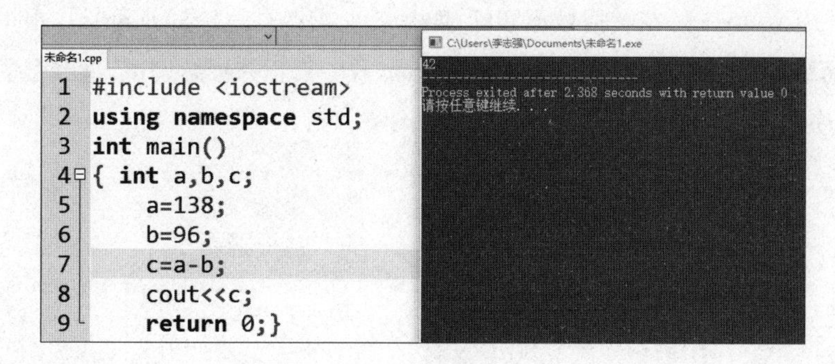

练习 1.3：编程求 96 * 23 的值(注：* 是乘号)。

【思路分析】

与练习 1.1 类似,注意的是符号是 * ,表示乘号。

【参考程序】

```
#include<iostream>
using namespace std;
int main()
{
    int a,b,c;
    a=96;
    b=23;
    c=a*b;
    cout<<c;
    return 0;
}
```

【运行结果】

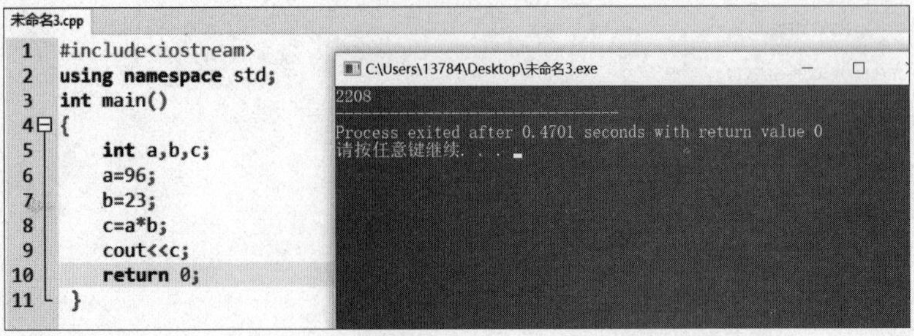

```
1  #include<iostream>
2  using namespace std;
3  int main()
4  {
5      int a,b,c;
6      a=96;
7      b=23;
8      c=a*b;
9      cout<<c;
10     return 0;
11 }
```

```
C:\Users\13784\Desktop\未命名3.exe
2208
--------------------------------
Process exited after 0.4701 seconds with return value 0
请按任意键继续. . .
```

练习 1.4:【探】中四个出错程序的纠错。

【思路分析】

关于程序出错后进行修正,需要有扎实的基础知识和敏锐的观察能力以及正确掌握程序的调试方法。在常见错误中有以下几种类型:一是关键字写错,如 include,namespace,main cout 等;二是变量没有定义;三是左右括号不匹配;四是缺少或者书写错标点符号。根据编译器所提供的信息提示,结合代码的具体情况,分析错误原因,及时修正并继续调试,直至程序运行成功。

【参考程序】

```
#include<iostream>
using namespace std;
int main()
{
    int a,b,c,d,e,f,g,h;
    a=90;
    b=3;
    c=5;
    d=11;
    e=6;
    f=b+c;
    g=d-e;
    h=a-f*g;
    cout<<h;
    return 0;
}
```

【运行结果】

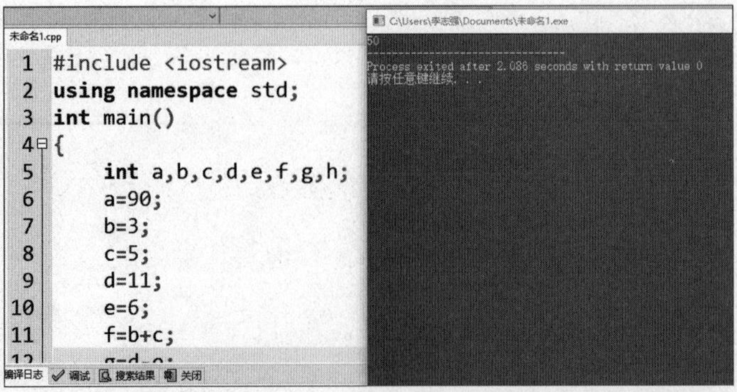

```
1  #include <iostream>
2  using namespace std;
3  int main()
4  {
5      int a,b,c,d,e,f,g,h;
6      a=90;
7      b=3;
8      c=5;
9      d=11;
10     e=6;
11     f=b+c;
```

```
C:\Users\李志强\Documents\未命名1.exe
50
--------------------------------
Process exited after 2.086 seconds with return value 0
请按任意键继续. . .
```

练习 1.5：编程求 15＋125/25－6 的值。

【思路分析】

使用变量时定义 4 个变量，分别对应参与运算的 4 个不同的数，如 a、b、c、d，先将优先运算的算式得到的结果用一个变量表示，如 e，再用一个变量表示最终运算的结果如 f，输出 f 即可。

【参考程序】

```
#include<iostream>
using namespace std;
int main()
{
    int a,b,c,d,e,f;
    a=15;
    b=125;
    c=25;
    d=6;
    e=b/c;
    f=a+e-d;
    cout<<f;
    return 0;
}
```

【运行结果】

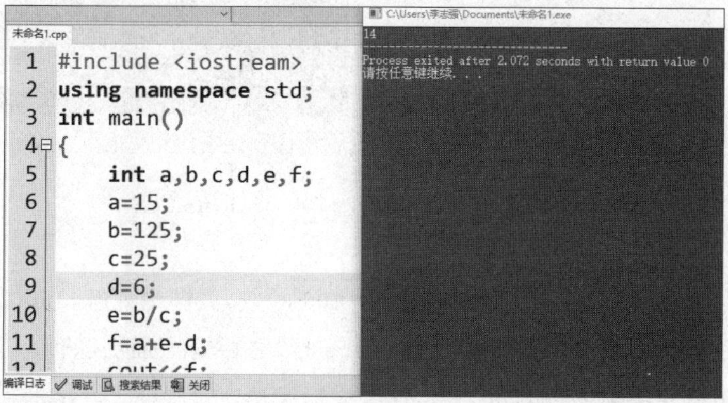

练习 1.6：编程求 180/3－(3＋5 * 7)的值(注：* 是乘号，/是除号)。

【思路分析】

由于式子中有两个重复的 3，因此只需要定义 4 个变量对应运算的数字即可，如 a、b、c、d。先将优先运算的 180/3 和(3＋5 * 7)两个式子的结果用另外两个变量表示，如 e、f，再用一个变量如 g 表示最终结果，输出 g。

【参考程序】

```
#include<iostream>
using namespace std;
int main()
{
    int a,b,c,d,e,f,g;
    a=180;
    b=3;
    c=5;
    d=7;
    e=a/b;
    f=b+c * d;
    g=e-f;
    cout<<g;
    return 0;
}
```

【运行结果】

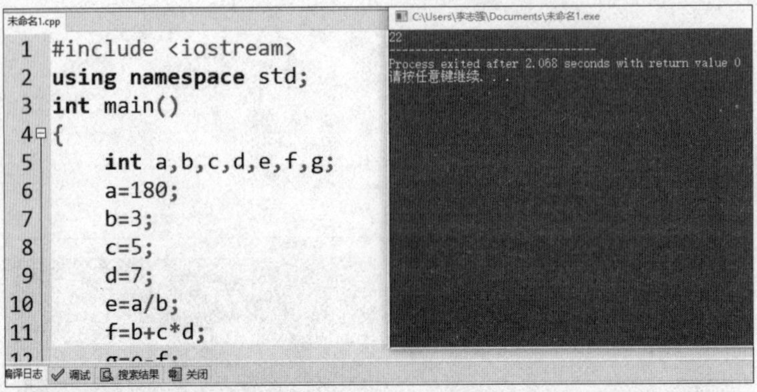

```
未命名1.cpp
1  #include <iostream>
2  using namespace std;
3  int main()
4  {
5      int a,b,c,d,e,f,g;
6      a=180;
7      b=3;
8      c=5;
9      d=7;
10     e=a/b;
11     f=b+c*d;
```

```
C:\Users\李志强\Documents\未命名1.exe
22
--------------------------------
Process exited after 2.068 seconds with return value 0
请按任意键继续. . .
```

练习 2.1：编写一个程序，随机生成 5 道 1～100 的加法题目。

【思路分析】

本题首先需要使用 rand 函数随机产生 1～100 的数，关键是理解 rand()% n+a 表示的数据范围。随机产生的数字需要分别赋给三个变量，之后输出加法题目。这样就可以生成一道题目。接下来只需重复将随机产生的数分别赋给三个变量，输出加法题目的代码即可。这里要理解的是变量是一个存储数据的“容器”，可以覆盖原来的数据重复使用。

【参考程序】

```
#include<iostream>
#include<ctime>
#include<stdlib.h>
using namespace std;
int main()
```

```
{
    int a,b,c;
    srand(time(0));
    a=rand()%100+1;
    b=rand()%100+1;
    cout<<a<<"+"<<b<<"="<<endl;

    a=rand()%100+1;
    b=rand()%100+1;
    cout<<a<<"+"<<b<<"="<<endl;

    a=rand()%100+1;
    b=rand()%100+1;
    cout<<a<<"+"<<b<<"="<<endl;

    a=rand()%100+1;
    b=rand()%100+1;
    cout<<a<<"+"<<b<<"="<<endl;

    a=rand()%100+1;
    b=rand()%100+1;
    cout<<a<<"+"<<b<<"="<<endl;

    return 0;
}
```

【运行结果】

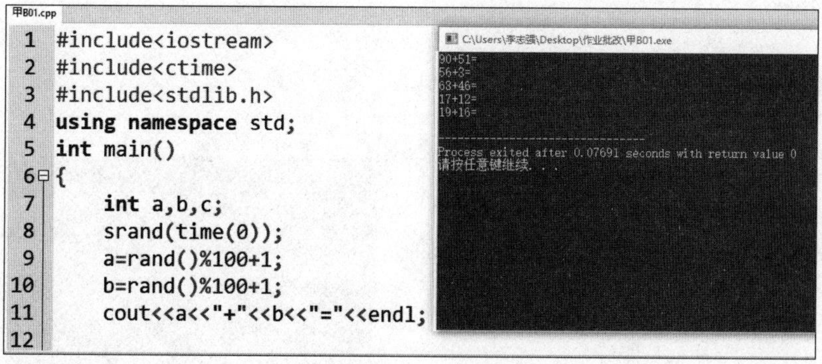
甲B01.cpp
1 #include<iostream>
2 #include<ctime>
3 #include<stdlib.h>
4 using namespace std;
5 int main()
6 {
7 int a,b,c;
8 srand(time(0));
9 a=rand()%100+1;
10 b=rand()%100+1;
11 cout<<a<<"+"<<b<<"="<<endl;
12
C:\Users\李志强\Desktop\作业批改\甲B01.exe
90+51=
56+3=
63+46=
17+12=
19+16=
Process exited after 0.07691 seconds with return value 0
请按任意键继续. . .

练习 2.2：编写一个程序，随机生成 5 道 1～10 的乘法题目。

【思路分析】

注意随机产生的范围是 1 到 10，运算符为乘法（ * ）。

【参考程序】

```
#include<iostream>
#include<ctime>
```

```
#include<stdlib.h>
using namespace std;
int main()
{
    int a,b,c;
    srand(time(0));
    a=rand()%10+1;
    b=rand()%10+1;
    cout<<a<<"*"<<b<<"="<<endl;

    a=rand()%10+1;
    b=rand()%10+1;
    cout<<a<<"*"<<b<<"="<<endl;

    a=rand()%10+1;
    b=rand()%10+1;
    cout<<a<<"*"<<b<<"="<<endl;

    a=rand()%10+1;
    b=rand()%10+1;
    cout<<a<<"*"<<b<<"="<<endl;

    a=rand()%10+1;
    b=rand()%10+1;
    cout<<a<<"*"<<b<<"="<<endl;

    return 0;
}
```

【运行结果】

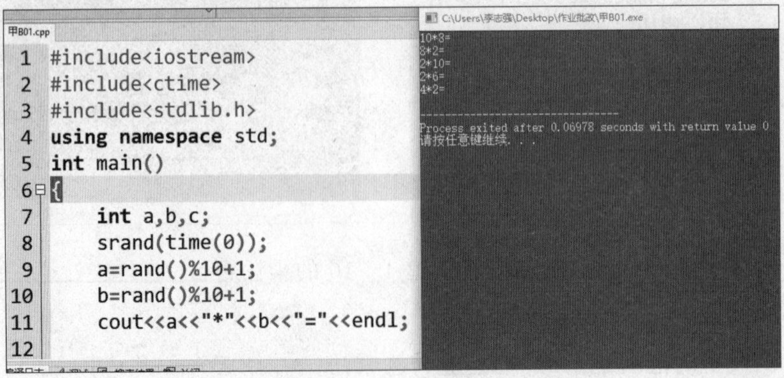

```
1  #include<iostream>
2  #include<ctime>
3  #include<stdlib.h>
4  using namespace std;
5  int main()
6  {
7      int a,b,c;
8      srand(time(0));
9      a=rand()%10+1;
10     b=rand()%10+1;
11     cout<<a<<"*"<<b<<"="<<endl;
12
```

```
10*3=
8*2=
2*10=
2*6=
4*2=

--------------------------------
Process exited after 0.06978 seconds with return value 0
请按任意键继续. . .
```

练习 2.3：编写一个程序，随机生成 5 道 15～56 的加法题目。

【思路分析】

本题需要读者对 rand 函数随机产生数据有更深的理解，准确把握 rand() % n+a 表示数据范围。

【参考程序】

```
#include<iostream>
#include<ctime>
#include<stdlib.h>
using namespace std;
int main()
{
    int a,b,c;
    srand(time(0));
    a=rand()%42+15;
    b=rand()%42+15;
    cout<<a<<"+"<<b<<"="<<endl;

    a=rand()%42+15;
    b=rand()%42+15;
    cout<<a<<"+"<<b<<"="<<endl;

    a=rand()%42+15;
    b=rand()%42+15;
    cout<<a<<"+"<<b<<"="<<endl;

    a=rand()%42+15;
    b=rand()%42+15;
    cout<<a<<"+"<<b<<"="<<endl;

    a=rand()%42+15;
    b=rand()%42+15;
    cout<<a<<"+"<<b<<"="<<endl;

    return 0;
}
```

【运行结果】

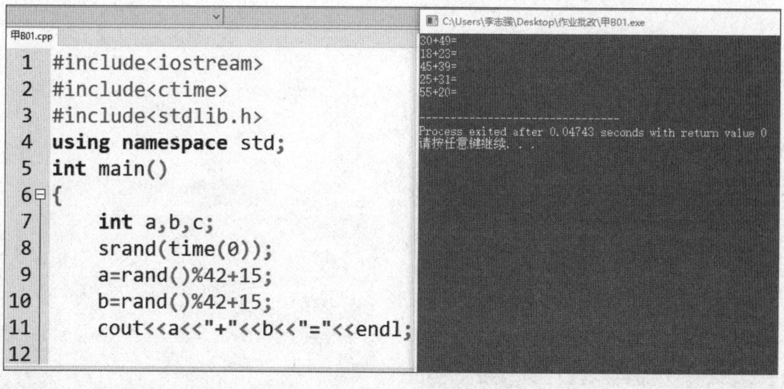

练习 2.4：编写一个程序，随机生成 5 道 1～100 的加法题目。每输出一道题目，输入结果，之后再显示自己的结果和计算机的计算结果。

【思路分析】

本题在随机生成 5 道 1～100 的加法题目基础上，加入输入语句，再将输入的数和计算机计算的结果输出出来。

【参考程序】

```
#include<iostream>
#include<ctime>
#include<stdlib.h>
using namespace std;
int main()
{
    int a,b,c;
    srand(time(0));
    a=rand()%100+1;
    b=rand()%100+1;
    cout<<a<<"+"<<b<<"=";
    cin>>c;
    cout <<"你的答案："<<c<<endl;
    cout <<"计算机的答案："<<a+b<<endl;

    a=rand()%100+1;
    b=rand()%100+1;
    cout<<a<<"+"<<b<<"=";
    cin>>c;
    cout <<"你的答案："<<c<<endl;
    cout <<"计算机的答案："<<a+b<<endl;

    a=rand()%100+1;
    b=rand()%100+1;
    cout<<a<<"+"<<b<<"=";
    cin>>c;
    cout <<"你的答案："<<c<<endl;
    cout <<"计算机的答案："<<a+b<<endl;

    a=rand()%100+1;
    b=rand()%100+1;
    cout<<a<<"+"<<b<<"=";
    cin>>c;
    cout <<"你的答案："<<c<<endl;
    cout <<"计算机的答案："<<a+b<<endl;
```

```
    a=rand()%100+1;
    b=rand()%100+1;
    cout<<a<<"+"<<b<<"=";
    cin>>c;
    cout <<"你的答案："<<c<<endl;
    cout <<"计算机的答案："<<a+b<<endl;
    return 0;
}
```

【运行结果】

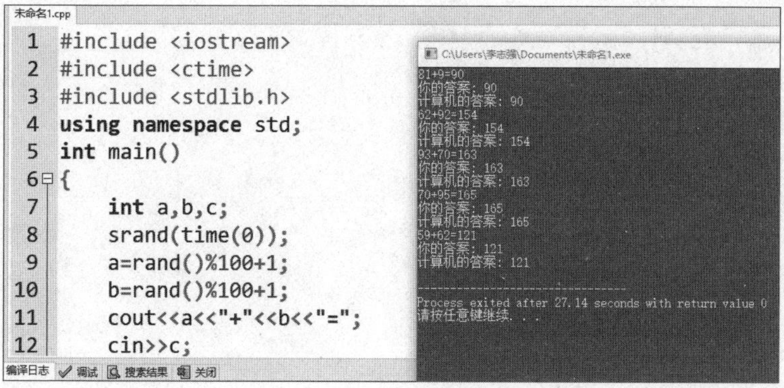

```
未命名1.cpp
1  #include <iostream>
2  #include <ctime>
3  #include <stdlib.h>
4  using namespace std;
5  int main()
6  {
7      int a,b,c;
8      srand(time(0));
9      a=rand()%100+1;
10     b=rand()%100+1;
11     cout<<a<<"+"<<b<<"=";
12     cin>>c;
编译日志 调试 搜索结果 关闭
```

```
C:\Users\李志强\Documents\未命名1.exe
81+9=90
你的答案：90
计算机的答案：90
62+92=154
你的答案：154
计算机的答案：154
93+70=163
你的答案：163
计算机的答案：163
70+95=165
你的答案：165
计算机的答案：165
59+62=121
你的答案：121
计算机的答案：121

--------------------------------
Process exited after 27.14 seconds with return value 0
请按任意键继续. . .
```

练习 2.5：编写一个程序，随机生成 3 道 1～10 的如(a＋b)＊c 形式的题目，每输出一道题目，输入结果，之后再显示自己的结果和计算机的计算结果。注：＊是乘号。

【思路分析】

本题与 a＋b 形式相比，除了需要多定义 1 个变量来存储随机产生的数据之外，在输出算式时注意运算符号还需要输出括号。

【参考程序】

```
#include<iostream>
#include<ctime>
#include<stdlib.h>
using namespace std;
int main()
{
    int a,b,c,d,e;
    srand(time(0));
    a=rand()%10+1;
    b=rand()%10+1;
    c=rand()%10+1;
    cout<<"("<<a<<"+"<<b<<")"<<"*"<<c<<"=";
    cin>>d;
    cout <<"你的答案："<<d<<endl;
```

```
    e=(a+b)*c;
    cout <<"计算机的答案: "<<e<<endl;

    a=rand()%10+1;
    b=rand()%10+1;
    c=rand()%10+1;
    cout<<"("<<a<<"+"<<b<<")"<<"*"<<c<<"=";
    cin>>d;
    cout <<"你的答案: "<<d<<endl;
    e=(a+b)*c;
    cout <<"计算机的答案: "<<e<<endl;

    a=rand()%10+1;
    b=rand()%10+1;
    c=rand()%10+1;
    cout<<"("<<a<<"+"<<b<<")"<<"*"<<c<<"=";
    cin>>d;
    cout <<"你的答案: "<<d<<endl;
    e=(a+b)*c;
    cout <<"计算机的答案: "<<e<<endl;

    return 0;
}
```

【运行结果】

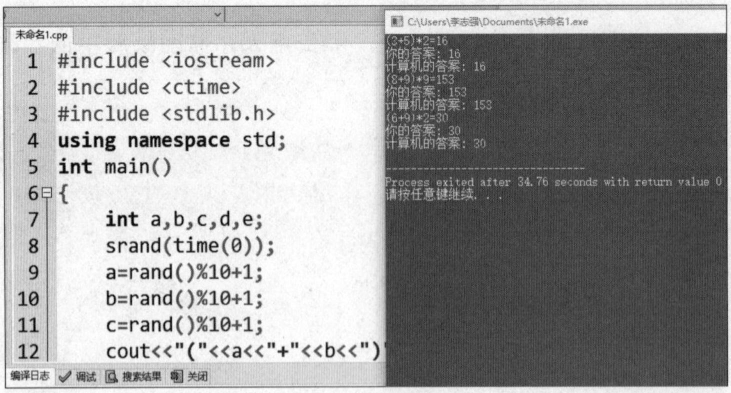

练习2.6：画出如下程序的流程图：随机生成一道1～10的如(a+b)*c形式的题目，输入结果，之后再显示自己的结果和计算机的计算结果。注：*是乘号。

【思路分析】

本题只需画出流程图，不需要写代码。首先需要掌握各个流程图符号的意义。把代码编写的一般过程和思路用流程图表示出来。流程图表示程序，需要以开始和结束符号作为开始和结束。再将变量的定义、赋值、运算、输入输出等过程用相应的流程图符号加上文字说明表述出来。

【参考流程图】

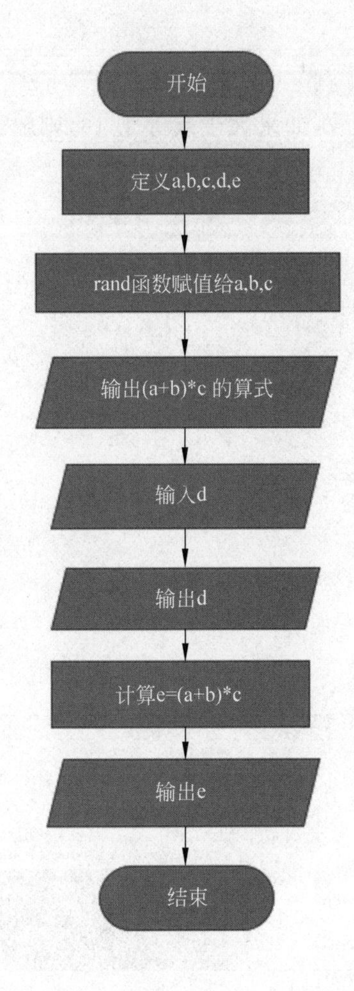

练习 3.1：吃货。

【问题描述】

小茗同学是个吃货，对全国各地的早餐了如指掌：武汉热干面、桂林米粉、广东肠粉、云南过桥米线、西安凉皮……重庆的小面和酸辣粉在全国也是享誉盛名。小面配上各种辅料，就有了豌豆面、牛肉面、回肠面……现在牛肉面的市场价格为 16 元。小茗有 x 元，请编写程序判断小茗是否能吃上一碗牛肉面呢？如果可以则输出 Yes，不可以则输出 No。

【输入格式】

仅一行，输入 x（x 是整数，$1 \leqslant x \leqslant 1000$）。

【输出格式】

仅一行，输出 Yes 或 No。

【输入样例】

```
18
```

【输出样例】

```
Yes
```

【思路分析】

本题将 x 与数字 16 进行比较，如果大于或等于 16，则输出“Yes”，否则输出“No”。这里实质使用的就是 if 语句的 if-else 双分支结构。

【参考程序】

```
#include<iostream>
using namespace std;
int main()
{
    int a;
    cin>>a;
    if(a>=16)cout<<"Yes"<<endl;
    else
        cout<<"No"<<endl;
}
```

【运行结果】

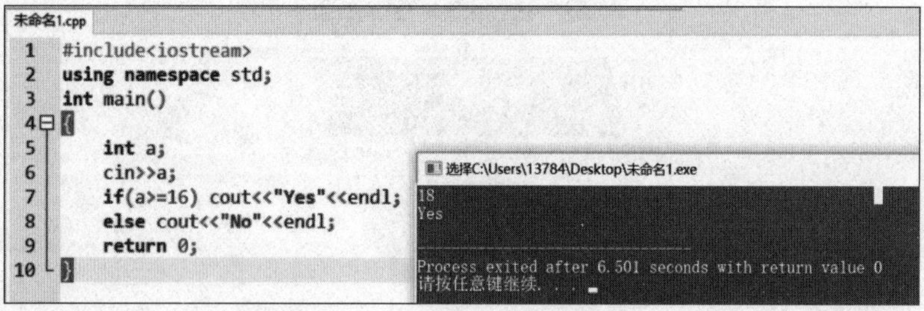

```
未命名1.cpp
1  #include<iostream>
2  using namespace std;
3  int main()
4  {
5      int a;
6      cin>>a;
7      if(a>=16) cout<<"Yes"<<endl;
8      else cout<<"No"<<endl;
9      return 0;
10 }

选择C:\Users\13784\Desktop\未命名1.exe
18
Yes

Process exited after 6.501 seconds with return value 0
请按任意键继续. . .
```

练习 3.2：购物。

【问题描述】

某商场优惠活动规定，购物 100 元之内（不包括 100）不打折，等于或超过 100 元打 9 折。

【输入格式】

仅一行，输入 a，表示购物的总价。

【输出格式】

仅一行，输出实际支付费用（double 型数据）。

【输入样例】

```
101
```

【输出样例】

```
90.9
```

【思路分析】

本题与前一题类似，需要注意的是数据类型，原来都是 int 型（整型），现在需要小数，因此需要引入 double 型（double 型又称为双精度浮点数，可以存储小数）。

【参考程序】

```
#include<iostream>
using namespace std;
int main()
{
    int a;
    double b;
    cin>>a;
    if(a>=100) b=a*0.9;
    else
        b=a;
    cout<<b<<endl;
    return 0;
}
```

【运行结果】

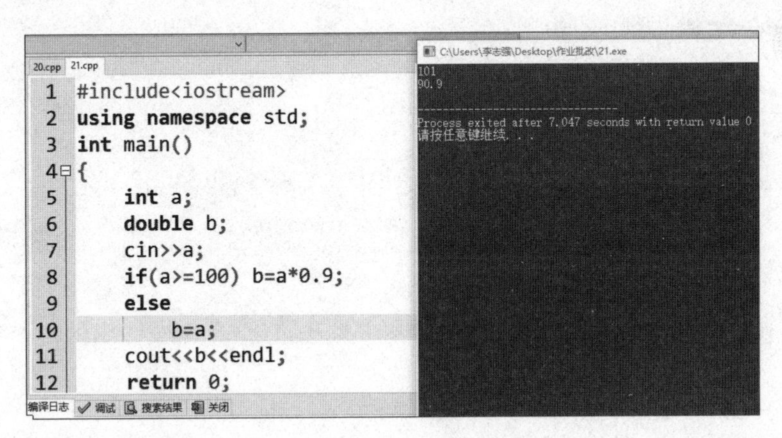

练习 3.3：乘车。

【问题描述】

乘坐出租车时，计费规则如下：

（1）起步价 10 元，3 千米以内不另外计费。超出 3 千米后，超过的部分按每千米 2 元计费。

（2）结账时，需加收 1 元钱燃油附加费。

【输入格式】

仅一行，表示你乘坐的路程。

【输出格式】

仅一行，表示应该给出租车司机的钱。

【输入样例】

```
11
```

【输出样例】

```
27
```

【思路分析】

本题需要仔细理解题意，假设乘坐里程为 a，当 a≤3 时都是收费 10 元。a>3 时超过的部分(即 a−3)乘以 2 加 10。最后需要注意的是不管多少路程，总费用都要加 1 元的燃油附加费。

【参考程序】

```
#include<iostream>
using namespace std;
int main()
{
    int a;
    int b;
    cout<<"请输入路程"<<endl;
    cin>>a;
    if(a<=3)
    {
        b=10+1;
    }
    else
    {
        b=(a-3) * 2+10+1;
    }
    cout<<b;
    return 0;
}
```

【运行结果】

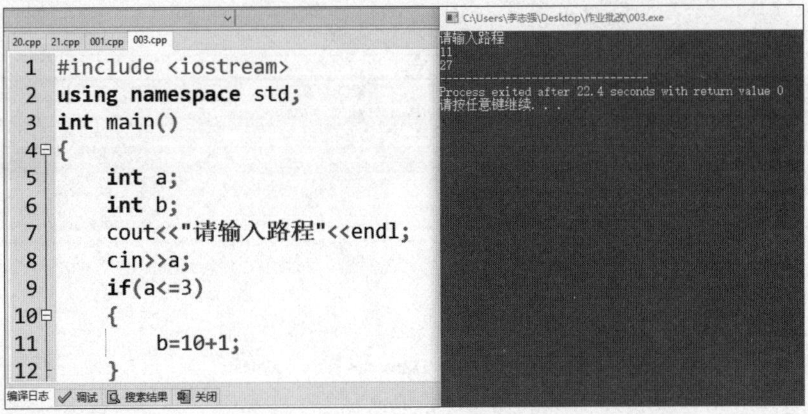

```
20.cpp 21.cpp 001.cpp 003.cpp
1 #include <iostream>
2 using namespace std;
3 int main()
4 {
5     int a;
6     int b;
7     cout<<"请输入路程"<<endl;
8     cin>>a;
9     if(a<=3)
10    {
11        b=10+1;
12    }
编译日志 调试 搜索结果 关闭
```

```
C:\Users\李志强\Desktop\作业批改\003.exe
请输入路程
11
27
--------------------------------
Process exited after 22.4 seconds with return value 0
请按任意键继续. . .
```

练习 3.4：判断成绩是否及格。

【题目描述】

给出小茗同学的语文和数学成绩，判断他是否有一门课不及格(成绩小于 60 分)。

【输入格式】

一行，包含两个为 0～100 的整数，分别是该生的语文成绩和数学成绩。

【输出格式】

一行，若该生恰好有一门课不及格，输出 1；有两门课不及格输出 2；两门都及格输出 0。

【输入样例】

```
56 75
```

【输出样例】

```
1
```

【思路分析】

本题可以先判断两门都及格和两门都不及格的情况，剩下就是一门不及格的情况。也可以直接先判断恰好一门及格的情况，再判断两门都及格和两门都不及格的情况。因此写法不唯一。但判断时都是有一个以上条件的，因此需要使用逻辑运算符“&&”或者“||”。

【参考程序 1】

```
#include<iostream>
using namespace std;
int main()
{
    int a,b;
    cin>>a>>b;
    if(a>=60 && b>=60) cout<<0<<endl;
    else if(a<60 && b<60) cout<<2<<endl;
```

```
    else cout<<1<<endl;
    return 0;
}
```

【参考程序 2】

```
#include<iostream>
using namespace std;
int main()
{
    int a,b;
    cin>>a>>b;
    if(a<60 && b>=60 || a>=60 && b<60) cout<<1<<endl;
    else if(a<60 && b<60) cout<<2<<endl;
    else cout<<0<<endl;
    return 0;
}
```

【运行结果】

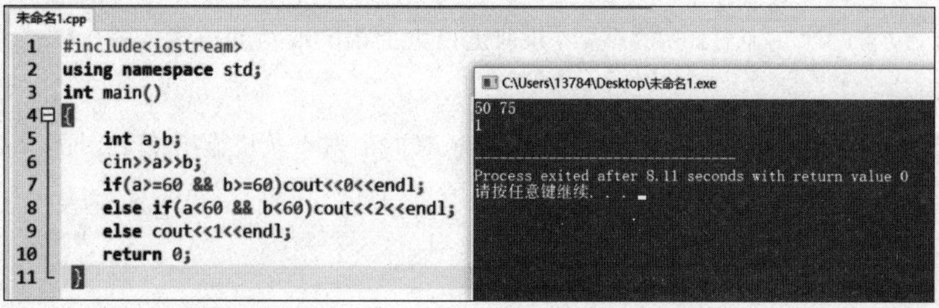

```
未命名1.cpp
1  #include<iostream>
2  using namespace std;
3  int main()
4  {
5      int a,b;
6      cin>>a>>b;
7      if(a>=60 && b>=60)cout<<0<<endl;
8      else if(a<60 && b<60)cout<<2<<endl;
9      else cout<<1<<endl;
10     return 0;
11 }
```

```
C:\Users\13784\Desktop\未命名1.exe
50 75
1
--------------------------------
Process exited after 8.11 seconds with return value 0
请按任意键继续. . .
```

练习 3.5：骑车与走路。

【题目描述】

小茗同学终于考上了大学，大学校园非常大，没有自行车，上课办事会很不方便。但实际上，并非去办任何事情都是骑车快，因为骑车总要找车、开锁、停车、锁车等，这要耽误一些时间.假设找到自行车，开锁并骑上自行车的时间为 27 秒；停车锁车的时间为 23 秒；步行每秒行走 1.2 米，骑车每秒行走 3.0 米。请判断走不同的距离去办事，是骑车快还是走路快。(需要使用 double 型，表示小数)

【输入格式】

一行，包含一个整数，表示一次办事要行走的距离，单位为米。

【输出格式】

一行，如果骑车快，输出一行"Bike"；如果走路快，输出一行"Walk"；如果一样快，输出一行"All"。

【输入样例】

```
100
```

【输出样例】

```
All
```

【思路分析】

本题需先计算出步行和骑车所用时间，注意骑车时间是包括停车锁车的时间和开锁并骑上自行车的时间。之后就是比较两者的时间。根据比较情况输出不同的英文单词。

【参考程序】

```
#include<iostream>
using namespace std;
int main()
{
    double x,B,W;
    cin>>x;
    B=x * 2+ (23+27) * 6
    W=x * 5;
    if(B==W)     cout<<"All"<<endl;
    else if(W<B) cout<<"Walk"<<endl;
    else cout<<"Bike"<<endl;
    return 0;
}
```

【运行结果】

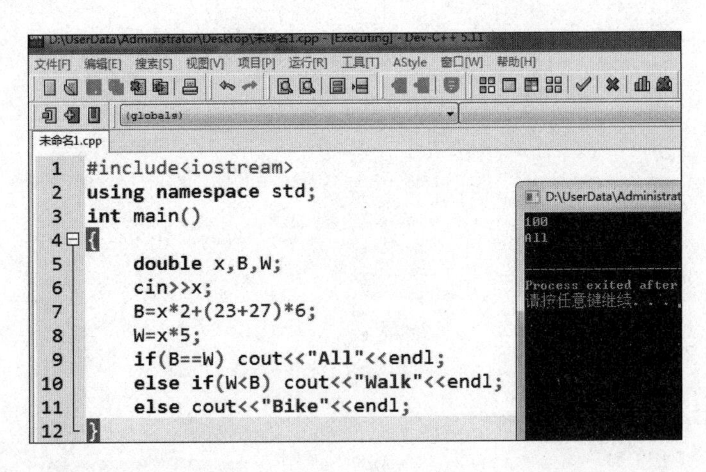

练习 3.6：社会实践活动。

【题目描述】

在社会实践活动中有三项任务分别是：种树、采茶、送水。依据小组人数及男生、女生人数决定小组的接受任务，人数小于 10 人的小组负责送水(输出 water)，人数大于或等于

10 人且男生多于女生的小组负责种树(输出 tree),人数大于或等于 10 人且男生不多于女生的小组负责采茶(输出 tea)。输入小组男生人数、女生人数,输出小组接受的任务。

【输入格式】

一行两个空格隔开的数,表示小组中男生和女生的人数(男生在前,女生在后。)。

【输出格式】

一行,输出对应的任务。

【输入样例】

```
5 6
```

【输出样例】

```
tea
```

【思路分析】

本题定义两个变量表示男生和女生的人数,可以先判断总人数是否小于 10,小于 10 则输出"water",大于或等于 10 则再判断男生和女生人数的大小。也可以将判断总人数和男生和女生人数的大小放在一个 if 语句的判断条件里,用逻辑符号连接。

【参考程序 1】

```
#include<iostream>
using namespace std;
int main()
{
    int a,b;
    cin>>a>>b;
    if((a+b)<10) cout<<"water"<<endl;
    else
    {
        if(a>b) cout<<"tree"<<endl;
        else cout<<"tea"<<endl;
    }
    return 0;
}
```

【参考程序 2】

```
#include<iostream>
using namespace std;
int main()
{
    int a,b;
    cin>>a>>b;
    if(a+b>=10 && a>b) cout<<"tree"<<endl;
```

```
    else if(a+b>=10 && a<=b)cout<<"tea"<<endl;
    else
    {
        cout<<"water"<<endl;
    }
    return 0;
}
```

【运行结果】

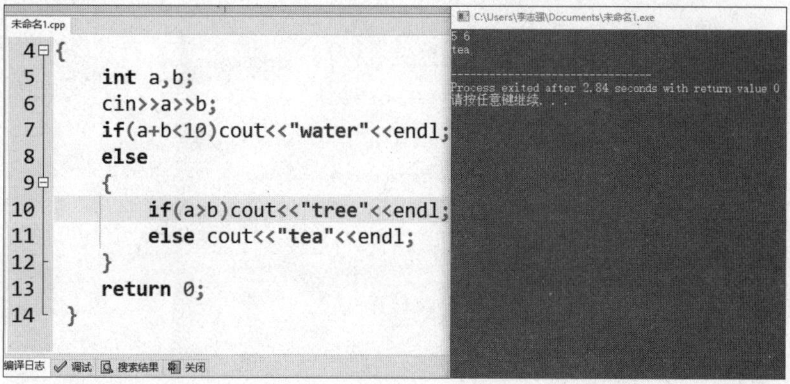

```
未命名1.cpp
4 {
5      int a,b;
6      cin>>a>>b;
7      if(a+b<10)cout<<"water"<<endl;
8      else
9      {
10         if(a>b)cout<<"tree"<<endl;
11         else cout<<"tea"<<endl;
12     }
13     return 0;
14 }
```

```
C:\Users\李志强\Documents\未命名1.exe
5 6
tea

--------------------------------
Process exited after 2.84 seconds with return value 0
请按任意键继续. . .
```

练习 3.7：成绩等级。

【题目描述】

现在成绩等级分为 A、B、C、D，编写一个程序，输入成绩等级，就会显示相应的评语，A 是“很棒”，B 是“做得好”，C 是“您通过了”，D 是“继续加油”。如果输入其他字符，则显示“无效的成绩”。（使用 switch 语句。）

【输入格式】

一行，输入成绩等级，用四个字母表示不同的成绩等级。

【输出格式】

一行，输出对应的评语。

【输入样例】

```
C
```

【输出样例】

```
您通过了
```

【思路分析】

本题中成绩等级分为 A、B、C、D 四个等级，是由字母表示的，因此需要注意表示成绩等级的变量应为字符型（char）。

【参考程序】

```
#include<iostream>
using namespace std;
int main()
{
    char grade;
    cin>>grade;
    switch(grade)
    {
        case 'A':cout<<"很棒"<<endl;break;
        case 'B':cout<<"做得好"<<endl;break;
        case 'C':cout<<"您通过了"<<endl;break;
        case 'D':cout<<"继续加油"<<endl;break;
        default:cout<<"无效的成绩"<<endl;
    }
    return 0;
}
```

【运行结果】

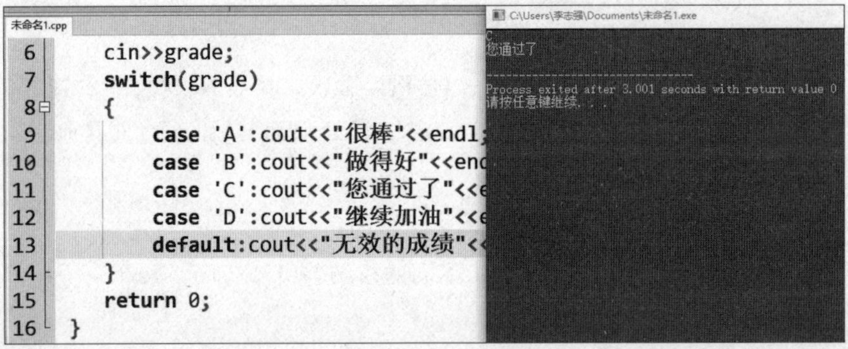

练习 3.8：星期几。

【题目描述】

输入 1 到 7 之内的数字，输出对应星期几。比如输入 1，则输出“星期一”，输入 7，则输出“星期日”。

【输入格式】

一行，输入 1 到 7 之间的数字。

【输出格式】

一行，输出数字对应的星期几。

【输入样例】

```
7
```

【输出样例】

星期日

【思路分析】

本题用来表示数字的变量可以是整型(int),也可以是字符型(char)。注意本题代码不需要 default。

【参考程序 1】

```
#include<iostream>
using namespace std;
int main()
{
    int num;
    cin>>num;
    switch(num)
    {
        case 1:cout<<"星期一"<<endl;break;
        case 2:cout<<"星期二"<<endl;break;
        case 3:cout<<"星期三"<<endl;break;
        case 4:cout<<"星期四"<<endl;break;
        case 5:cout<<"星期五"<<endl;break;
        case 6:cout<<"星期六"<<endl;break;
        case 7:cout<<"星期日"<<endl;break;
    }
    return 0;
}
```

【参考程序 2】

```
#include<iostream>
using namespace std;
int main()
{
    char num;
    cin>>num;
    switch(num)
    {
        case '1':cout<<"星期一"<<endl;break;
        case '2':cout<<"星期二"<<endl;break;
        case '3':cout<<"星期三"<<endl;break;
        case '4':cout<<"星期四"<<endl;break;
        case '5':cout<<"星期五"<<endl;break;
        case '6':cout<<"星期六"<<endl;break;
        case '7':cout<<"星期日"<<endl;break;
```

```
    }
    return 0;
}
```

【运行结果】

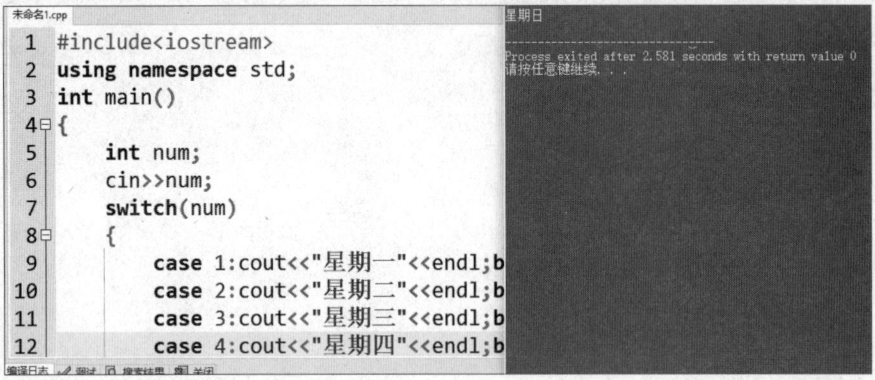

```
未命名1.cpp
1  #include<iostream>
2  using namespace std;
3  int main()
4  {
5      int num;
6      cin>>num;
7      switch(num)
8      {
9          case 1:cout<<"星期一"<<endl;b
10         case 2:cout<<"星期二"<<endl;b
11         case 3:cout<<"星期三"<<endl;b
12         case 4:cout<<"星期四"<<endl;b
```

```
星期日
--------------------------------
Process exited after 2.581 seconds with return value 0
请按任意键继续. . .
```

练习 3.9：颜色英文单词。

【题目描述】

输入不同的字母，输出对应的颜色的英文单词。输入“r”，输出“red”；输入“g”，输出“green”；输入“w”，输出“white”；输入“b”，则继续输入字母，若是“e”，则输出“blue”，若是“k”，则输出“black”；。输入其他字符显示“无法识别”。

【输入格式】

一行或两行，输入小写字母。

【输出格式】

一行，输出相应颜色的英文单词。

【输入样例】

```
b
e
```

【输出样例】

```
blue
```

【思路分析】

本题特殊之处在于输入 b 时，还需继续输入字母进行判断，根据输入的情况输出不同的单词。因此需要两个字符变量。case 'b'后面需要嵌入一个 if 语句。

【参考程序】

```
#include<iostream>
using namespace std;
int main()
```

```
{
    char color,ch;
    cin>>color;
    switch(color)
    {
        case 'r':cout<<"red"<<endl;break;
        case 'g':cout<<"green"<<endl;break;
        case 'w':cout<<"white"<<endl;break;
        case 'b':cin>>ch;if(ch=='e')cout<<"blue"<<endl;
                             else if(ch=='k')cout<<"black"<<endl;break;
        default:cout<<"无法识别"<<endl;
    }
    return 0;
}
```

【运行结果】

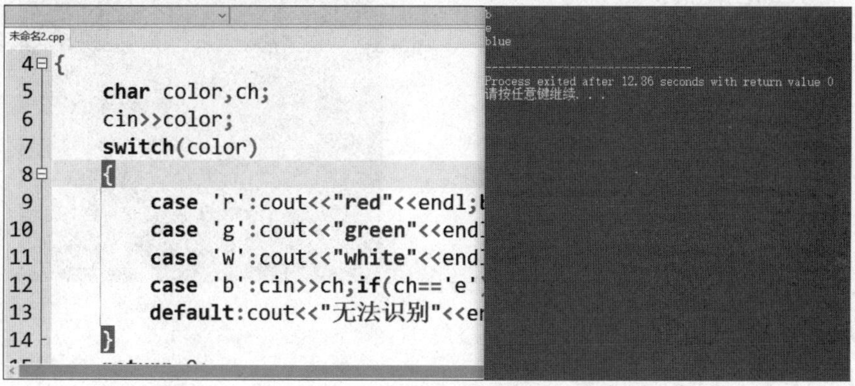

练习 4.1：输出如图所示的图形。

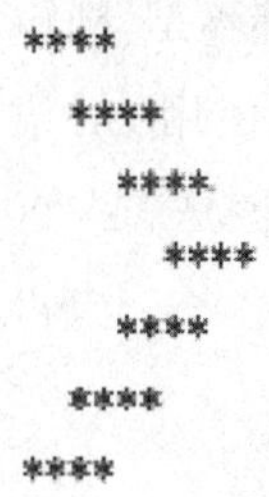

【思路分析】

本题需要找出重复的部分并用字符串变量表示。很显然“****”是重复多次的，需注意的是隐含的空格也是有重复的。

【参考程序】

```
#include<bits/stdc++.h>
using namespace std;
```

```
int main()
{
    string s="****",s1="  ",s2="    ",s3="      ";
    cout<<s<<endl;
    cout<<s1<<s<<endl;
    cout<<s2<<s<<endl;
    cout<<s3<<s<<endl;
    cout<<s2<<s<<endl;
    cout<<s1<<s<<endl;
    cout<<s<<endl;
    return 0;
}
```

【运行结果】

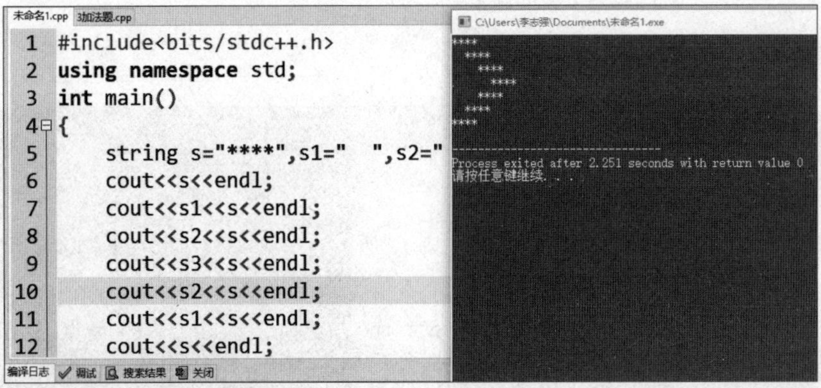

练习 4.2：大小写字母转换。

【题目描述】

编写一个程序，实现大小写字母的转换。如果输入的是大写字母，则转换为小写字母；如果是小写字母，则转换为大写字母，如果都不是，则输出“不是大小写字母”。例如输入 A，则输出 a；输入 b，则输出 B。提示：输入字母使用 cin 语句，大小写字母的判断及转换考虑通过 ASCII 码值的方式，大写字母的 ASCII 码值是 65～90，小写字母的 ASCII 码值是 97～122。

【输入格式】

一行，输入小写字母或大写字母。

【输出格式】

一行，输出对应的大写字母或小写字母。

【输入样例】

```
d
```

【输出样例】

```
D
```

【思路分析】

大写字母与小写字母之间的 ASCII 码值相差 32，通过判断输入的字母的 ASCII 码值来确定字母类型，使用 if-else 语句结构执行不同字母类型的处理代码。如果是大写字母，则字符变量加 32，再输出；否则减 32，再输出。

【参考程序】

```
#include<bits/stdc++.h>
using namespace std;
int main()
{
    char c1;
    cin>>c1;
    if (c1>=65&&c1<=90)
    {
        c1=c1+32;
        cout<<c1;
    }
    else if (c1>=97&&c1<=122)
    {
        c1=c1-32;
        cout<<c1;
    }
    else
        cout<<"不是大小写字母";
    return 0;
}
```

【运行结果】

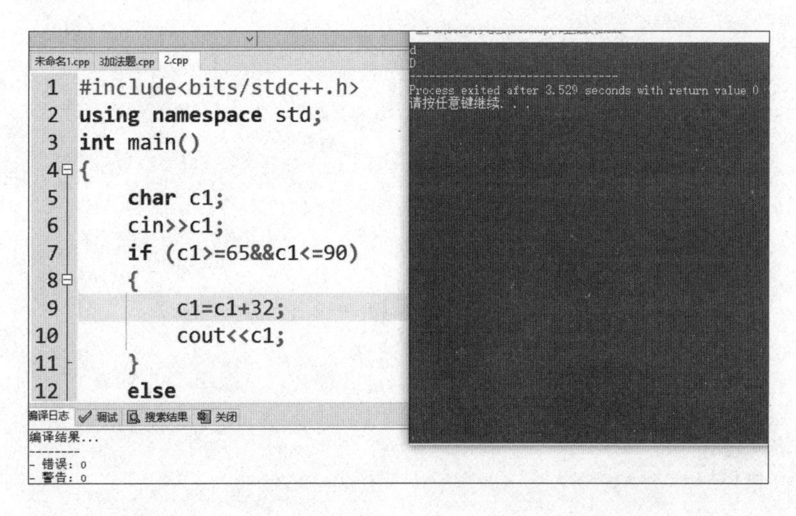

练习 4.3：恺撒密码。

【题目描述】

在密码学中，恺撒密码是一种最简单且最广为人知的加密技术。它是一种替换加密的技术，明文中的所有字母都在字母表上向后（或向前）按照一个固定数目进行偏移后被替换成密文。例如，当偏移量是 3 的时候，所有的字母 A 将被替换成 D，B 变成 E，以此类推。这个加密方法是以恺撒的名字命名的，当年恺撒曾用此方法与其将军们进行联系。

原字母：A B C D E F G H I J K L M N O P Q R S T U V W X Y Z

加密之后：D E F G H I J K L M N O P Q R S T U V W X Y Z A B C

【输入格式】

一行，输入大写字母。

【输出格式】

一行，输出加密后的大写字母。

【输入样例】

```
X
```

【输出样例】

```
A
```

【思路分析】

恺撒密码对于前面的 23 个字母处理较为简单，只要 ASCII 码值加 3 即可。需要注意的是后面的三个字母 X，Y，Z，处理之后会变为 A，B，C，因此需要注意相应 ASCII 码值的变化。

【参考程序】

```
#include<bits/stdc++.h>
using namespace std;
int main()
{
    char c1;
    cin>>c1;
    if (c1>='A'&&c1<='W')
    {
        c1=c1+3;
        cout<<c1;
    }
    else
        if (c1>='X'&&c1<='Z')
        {
            c1=c1-23;
            cout<<c1;
        }
```

```
    return 0;
}
```

【运行结果】

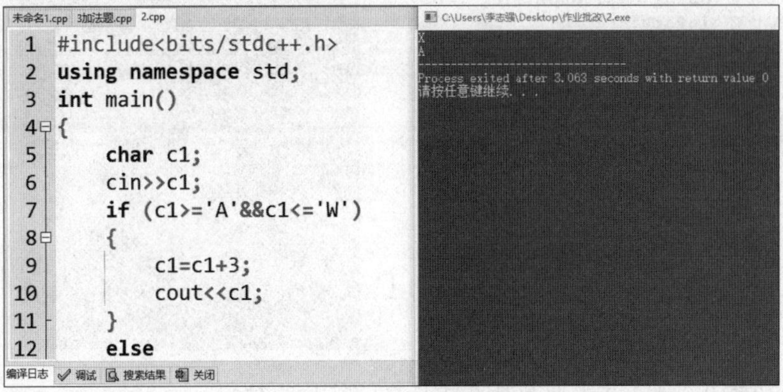

```
未命名1.cpp  3加法题.cpp  2.cpp
1  #include<bits/stdc++.h>
2  using namespace std;
3  int main()
4  {
5      char c1;
6      cin>>c1;
7      if (c1>='A'&&c1<='W')
8      {
9          c1=c1+3;
10         cout<<c1;
11     }
12     else
编译日志  调试  搜索结果  关闭
```

```
C:\Users\李志强\Desktop\作业批改\2.exe
X
A
--------------------------------
Process exited after 3.063 seconds with return value 0
请按任意键继续. . .
```

练习 4.4：计算机随机出 10 道 1～100 的加法题，每道题输出之后，输入自己计算的结果，再输出自己计算的结果和计算机计算的结果(使用 for 语句)。

【思路分析】

本题需要使用 for 语句来解决，重复的部分是产生随机数、输出算式、输入结果、输出结果这一系列过程的代码，执行 10 次即可。

【参考程序】

```
#include<bits/stdc++.h>
using namespace std;
int main()
{
    int a,b,c,d;
    srand(time(0));
    for(int i=1;i<=10;i++)
    {
      a=rand()%100+1;
      b=rand()%100+1;
      c=a+b;
      cout<<a<<"+"<<b<<"=";
      cin>>d;
      cout<<"你的答案:"<<d<<endl;
      cout<<"正确答案:"<<c<<endl;
    }
    return 0;
}
```

【运行结果】

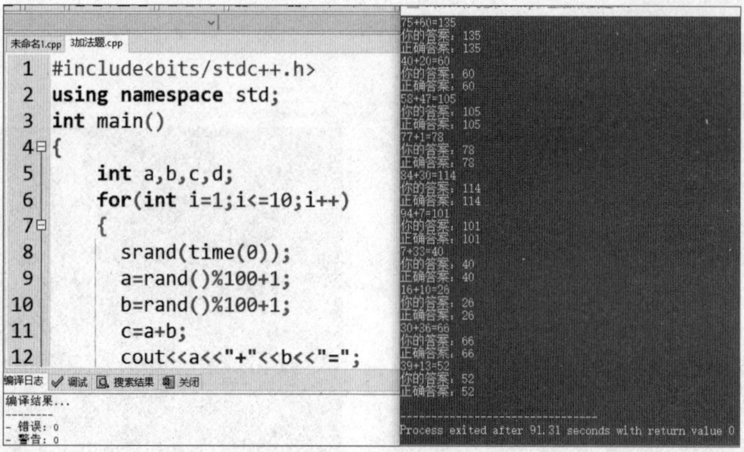

练习 4.5：输出 1～100 中尾数是 7 或是 7 的倍数的数。

【思路分析】

本题需要考虑怎么选出尾数是 7 或是 7 的倍数的数。对于尾数为 7，可以使用取余的方式，通过对 10 取余，判断余数是否为 7；而 7 的倍数，可以通过对 7 进行取余，若余数为 0，则符合条件。接下来就是从 1 开始依次进行判断，符合条件即输出。

【参考程序】

```
#include<bits/stdc++.h>
using namespace std;
int main()
{
    for(int i=1; i<=100; i++)
    {
        if(i %10 ==7 || i %7 ==0)
            cout<<i<<endl;
    }
    return 0;
}
```

【运行结果】

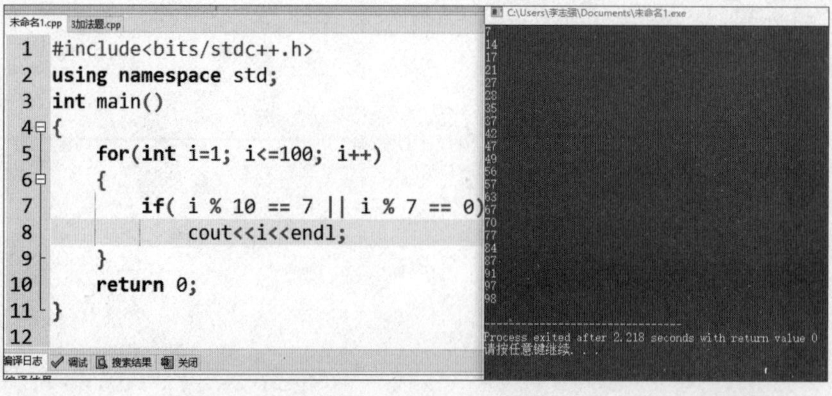

练习 4.6：统计数字出现的次数。

【题目描述】

依次输入 5 个正整数，每个数都是大于或等于 1 且小于或等于 10。统计其中 1、5 和 10 出现的次数。

【输入格式】

五个整数(大于或等于 1 且小于或等于 10，用空格隔开。)。

【输出格式】

三个数字(用空格隔开。)。

【输入样例】

```
1 5 8 10 5
```

【输出样例】

```
1 2 1
```

【思路分析】

本题需要明确的第一点就是怎么依次输入五个数，是通过定义五个变量来进行输入吗？显然不是，否则 for 语句就没有使用意义了。那需要怎么做呢？将输入语句放入 for 语句当中，此时只需用一个变量存储输入的数据。本题第二个需要明确的点是怎么统计 1、5、10 出现的次数。我们需要使用三个变量来计数。比如 s1、s2、s3，当判断输入的数等于 1 时，则 s1 加 1，输入的数等于 5 时，则 s2 加 1，输入的数等于 10 时，则 s3 加 1。注意 s1、s2、s3 初值应赋值为 0。最后输出 s1、s2、s3。

【参考程序】

```
#include<bits/stdc++.h>
using namespace std;
int main()
{
    int k,a;        //k 表示输入数的个数，本题输入 5
    int s1=0,s2=0,s3=0;
    cin>>k;
    for(int i=1; i<=k; i++)
    {
        cin>>a;
        if(a==1)
            s1++;
        if(a==5)
            s2++;
        if(a==10)
            s3++;
```

```
    }
    cout<<s1<<" "<<s2<<" "<<s3;
    return 0;
}
```

【运行结果】

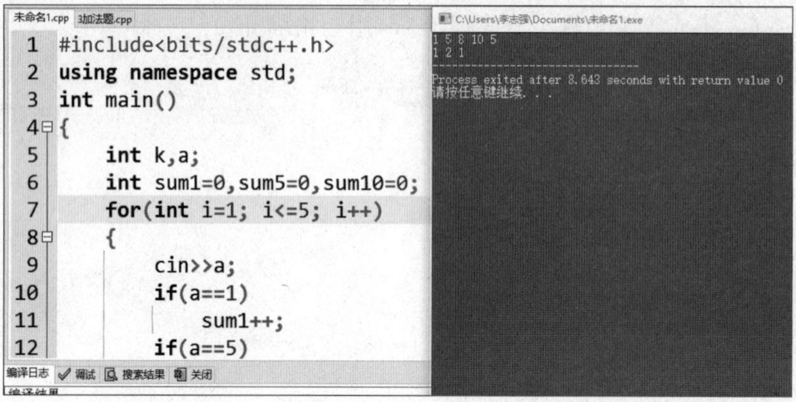

```
1  #include<bits/stdc++.h>
2  using namespace std;
3  int main()
4  {
5      int k,a;
6      int sum1=0,sum5=0,sum10=0;
7      for(int i=1; i<=5; i++)
8      {
9          cin>>a;
10         if(a==1)
11             sum1++;
12         if(a==5)
```

```
1 5 8 10 5
1 2 1
--------------------------------
Process exited after 8.643 seconds with return value 0
请按任意键继续. . .
```

练习 5.1：在屏幕上打印下面的图形。

```
11111
55555
99999
```

【思路分析】

本题需要找出数字的规律。输出三行，则循环运行三次。每一行上的数字都是五个一样的数字。第一行数字是 1，第二行数字是 5，比第一行大 4，第三行是 9，比第二行同样大 4。因此可以考虑设置循环变量初值为 1，终值为 9，循环增量为 4；每次循环输出 5 个循环变量的值即可。

【参考程序】

```
#include<bits/stdc++.h>
using namespace std;
int main()
{
    int i;
    for(i=1;i<=9;i+=4)
    {
        cout<<i<<i<<i<<i<<i<<endl;
    }
    return 0;
}
```

【运行结果】

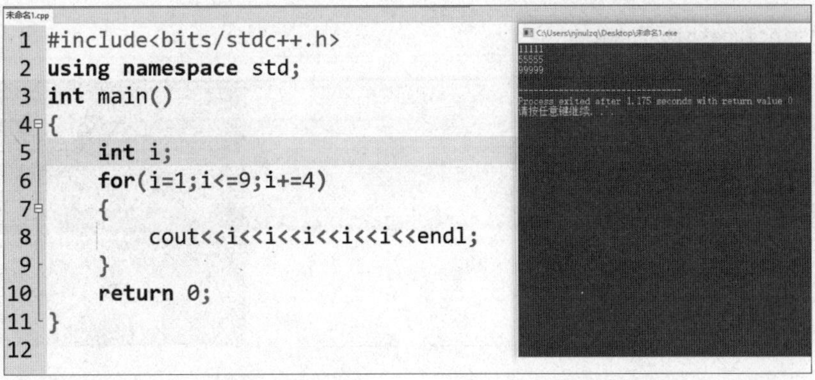

未命名1.cpp

```
1  #include<bits/stdc++.h>
2  using namespace std;
3  int main()
4  {
5      int i;
6      for(i=1;i<=9;i+=4)
7      {
8          cout<<i<<i<<i<<i<<i<<endl;
9      }
10     return 0;
11 }
12
```

C:\Users\njnulzq\Desktop\未命名1.exe

```
11111
55555
99999
--------------------------------
Process exited after 1.175 seconds with return value 0
请按任意键继续. . .
```

练习 5.2：在屏幕打印下面的图形。

```
1 2 3 4 5
2 3 4 5 6
3 4 5 6 7
4 5 6 7 8
5 6 7 8 9
```

【思路分析】

本题输出 5 行，循环应该执行 5 次。每一行上后一个数字比前一个数字大 1。当循环第一次时，打印第一行且第一个数字为 1，循环第二次时打印第二行且第一个数字为 2，依次类推，循环第五次时打印第五行且第一个数字为 5。因此设置循环变量初值为 1，终值为 5，循环增量为 1；每次循环输出第一个数为循环变量的值，后面四个数依次逐渐加 1。

【参考程序】

```
#include<bits/stdc++.h>
using namespace std;
int main()
{
    int i;
    for(i=1;i<=5;i++)
    {
        cout<<i<<" "<<i+1<<" "<<i+2<<" "<<i+3<<" "<<i+4<<endl;
    }
    return 0;
}
```

【运行结果】

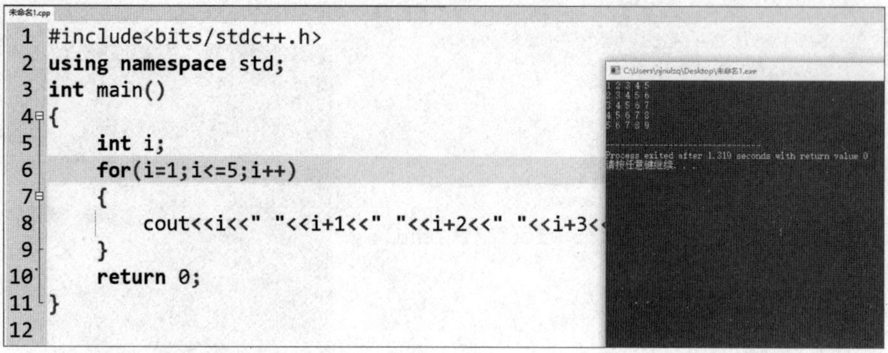

```
未命名1.cpp
1  #include<bits/stdc++.h>
2  using namespace std;
3  int main()
4  {
5      int i;
6      for(i=1;i<=5;i++)
7      {
8          cout<<i<<" "<<i+1<<" "<<i+2<<" "<<i+3<<
9      }
10     return 0;
11 }
12
```

```
1 2 3 4 5
2 3 4 5 6
3 4 5 6 7
4 5 6 7 8
5 6 7 8 9
--------------------------------
Process exited after 1.319 seconds with return value 0
请按任意键继续. . .
```

练习 5.3：在屏幕打印下面的图形。

```
1 2 3 4 5
2 4 6 8 10
3 6 9 12 15
4 8 12 16 20
5 10 15 20 25
```

【思路分析】

本题输出 5 行，循环应该执行 5 次。当循环第一次时，打印第一行且第一个数为 1，后面四个数依次加 1，循环第二次时打印第二行且第一个数为 2，后面四个数依次加 2，依次类推，循环第五次时打印第五行且第一个数为 5，后面四个数依次加 5。因此每次循环输出第一个数为循环变量的值，后面四个数依次逐渐乘以循环变量的值。

【参考程序】

```
#include<bits/stdc++.h>
using namespace std;
int main()
{
    int i;
    for(i=1;i<=5;i++)
    {
        cout<<i<<" "<<2*i<<" "<<3*i<<" "<<4*i<<" "<<5*i<<endl;
    }
    return 0;
}
```

【运行结果】

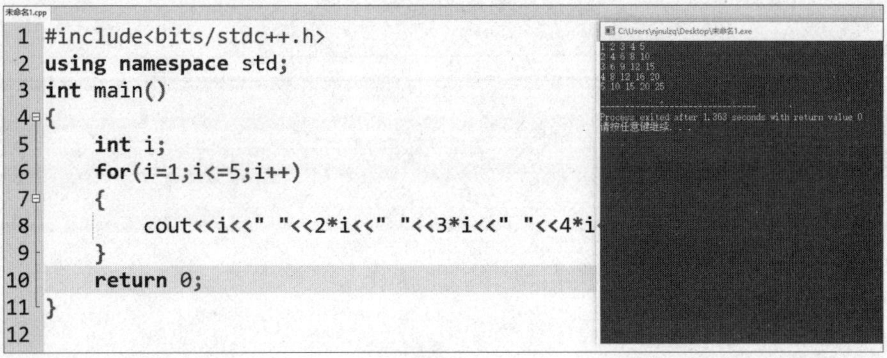

```
1 #include<bits/stdc++.h>
2 using namespace std;
3 int main()
4 {
5     int i;
6     for(i=1;i<=5;i++)
7     {
8         cout<<i<<" "<<2*i<<" "<<3*i<<" "<<4*i
9     }
10    return 0;
11 }
12
```

```
1 2 3 4 5
2 4 6 8 10
3 6 9 12 15
4 8 12 16 20
5 10 15 20 25

--------------------------------
Process exited after 1.363 seconds with return value 0
请按任意键继续. . .
```

练习 5.4：倒置等腰三角形。

【题目描述】

打印倒置的等腰三角形，输入整数 n，输出 n 行由“ * ”组成的倒置等腰三角形。

【输入格式】

一行一个整数 n。

【输出格式】

n 行由“ * ”组成的倒置等腰三角形。

【样例输入】

```
4
```

【样例输出】

```
*******
 *****
  ***
   *
```

【思路分析】

考虑使用 for 语句的嵌套，外层 for 语句是外循环，里层 for 语句是内循环。外循环控制输出行数，内循环控制列数。本题需要注意的是除了输出“ * ”外，还有空格需要输出，且每一行先输出空格，之后再输出“ * ”(星号)。先看行，输出 n 行，因此外循环的循环变量(设为 i)初值为 1，终值为 n，增量为 1。对于内循环来说，既要输出空格，又要输出“ * ”，因此需要两个 for 语句。先看空格部分。第一行，亦即 i=1 时，空格数是 0 个；第二行，i=2，空格数是 1 个；第三行，i=3，空格数是 2 个，依次类推，第 n 行，i=n，空格数是 n−1 个。因此每行上的空格数应是外循环的循环变量 i 减去 1。即输出空格的 for 语句循环 i−1 次。因此代码可以写成 for(j=1;j<i;j++){cout<<" ";}(j 为内循环的循环变量)。接下来输出星号。第一行，亦即 i=1 时，星号数是 2 * n−1 个；第二行，i=2，星号数是 2 * (n−1) −1 个；第三行，i=3，星号数是 2 * (n−2)−1 个，依次类推，第 n 行，i=n，星号数是 2 * (n

－(i－1))－1 个。因此每行上的星号数应是 2＊(n－(i－1))－1＝2＊(n－i)＋1。即输出星号的 for 语句循环 2＊(n－i)＋1 次。最后注意换行 cout<<endl;。

【参考程序】

```
#include<bits/stdc++.h>
using namespace std;
int main()
{
    int i,j,n;
    cin>>n;
    for(i=1;i<=n;i++)
    {
        for(j=1;j<i;j++)
        {
            cout<<" ";
        }
        for(j=1;j<=2*(n-i)+1;j++)
        {
            cout<<"*";
        }
        cout<<endl;
    }
    return 0;
}
```

【运行结果】

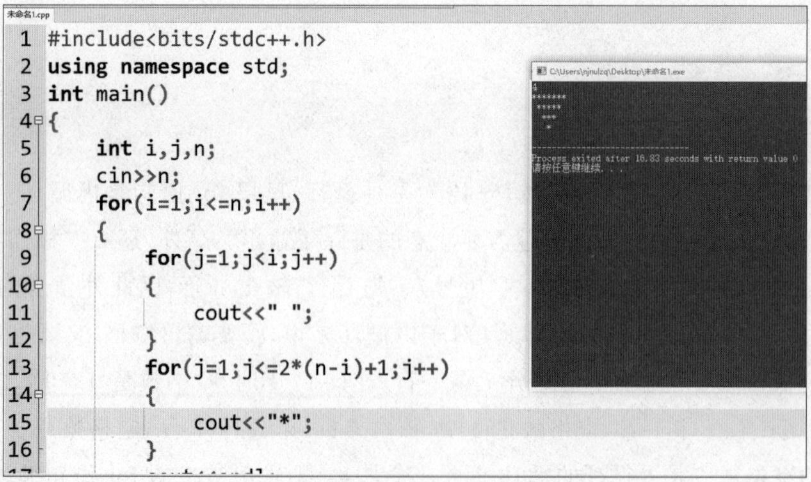

```
1  #include<bits/stdc++.h>
2  using namespace std;
3  int main()
4  {
5      int i,j,n;
6      cin>>n;
7      for(i=1;i<=n;i++)
8      {
9          for(j=1;j<i;j++)
10         {
11             cout<<" ";
12         }
13         for(j=1;j<=2*(n-i)+1;j++)
14         {
15             cout<<"*";
16         }
```

练习 5.5：数字金字塔。

【题目描述】

尝试打印数字金字塔，输入行数 m，请输出满足如下规律的图形(同一行数字之间留 3

个空格)。

```
      1
    2   2
  3   3   3
4   4   4   4
……
```

【输入格式】

输入行数 m。

【输出格式】

输出 m 行数字图形。

【样例输入】

```
3
```

【样例输出】

```
    1
  2   2
3   3   3
```

【思路分析】

本题是输出数字,共输出 m 行。每行上既有数字又有空格,因此采用 for 语句嵌套的方法。外循环的循环变量(设为 i)初值为 1,终值为 m,增量为 1。内循环需要先控制左边空格的输出,注意数字之间有三个空格。我们从最后一行往上看,第 m 行,亦即 i=m 时,空格数是 0 个;第 m−1 行,i=m−1,空格数是 2 个;第 m−2 行,i=m−2,空格数是 4 个,依次类推,第 1 行,i=1,空格数是 2*(m−1)个。因此每行上的空格数应是 2*(m−i)。即输出空格的 for 语句循环 2*(m−i)次。接下来是输出数字部分,数字部分除了数字之外还有数字之间的三个空格需要注意。第一行,亦即 i=1 时,数字个数是 1 个,且数值为 1;第二行,i=2,数字个数是 2 个,且数值为 2;第三行,i=3,数字个数是 3 个且数值为 3,依次类推,第 n 行,i=n,数字个数是 n 个,且数值为 n。因此每行上的数字个数应是 i 个,数值也是 i。注意输出一个数字后面需要再输出三个空格。

【参考程序】

```
#include<bits/stdc++.h>
using namespace std;
int main()
{
    int i,j,m;
    cin>>m;
```

```
    for(i=1;i<=m;i++)
    {
        for(j=1;j<=2*(m-i);j++)
        {
            cout<<" ";
        }
        for(j=1;j<=i;j++)
        {
            cout<<i<<"   ";
        }
        cout<<endl;
    }
    return 0;
}
```

【运行结果】

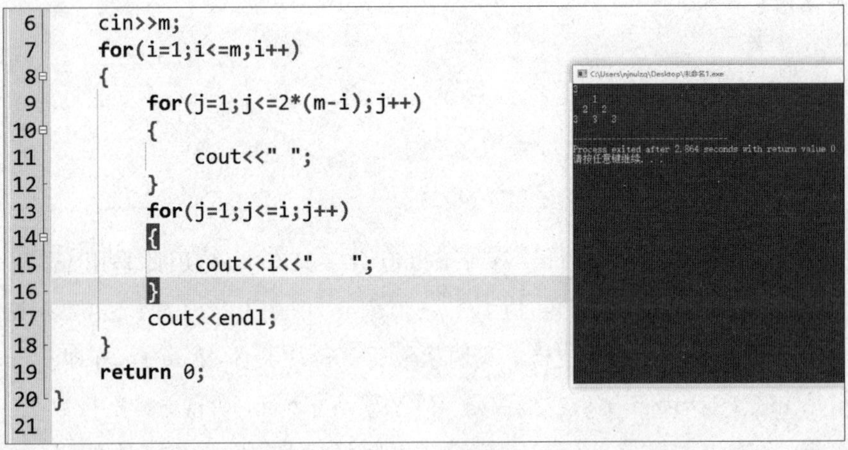

```
6       cin>>m;
7       for(i=1;i<=m;i++)
8       {
9           for(j=1;j<=2*(m-i);j++)
10          {
11              cout<<" ";
12          }
13          for(j=1;j<=i;j++)
14          {
15              cout<<i<<"   ";
16          }
17          cout<<endl;
18      }
19      return 0;
20  }
21
```

```
3
    1
  2   2
3   3   3

Process exited after 2.864 seconds with return value 0
请按任意键继续. . .
```

练习 5.6：九九乘法表。

【题目描述】

尝试打印出一个九九乘法表。

【样例输出】

```
1×1=1
1×2=2   2×2=4
1×3=3   2×3=6   3×3=9
1×4=4   2×4=8   3×4=12  4×4=16
1×5=5   2×5=10  3×5=15  4×5=20  5×5=25
1×6=6   2×6=12  3×6=18  4×6=24  5×6=30  6×6=36
1×7=7   2×7=14  3×7=21  4×7=28  5×7=35  6×7=42  7×7=49
1×8=8   2×8=16  3×8=24  4×8=32  5×8=40  6×8=48  7×8=56  8×8=64
1×9=9   2×9=18  3×9=27  4×9=36  5×9=45  6×9=54  7×9=63  8×9=72  9×9=81
```

【思路分析】

九九乘法表由下图演变而来：

```
*
* *
* * *
* * * *
* * * * *
* * * * * *
* * * * * * *
* * * * * * * *
* * * * * * * * *
```

只需将输出“*”的代码替换为输出算式的代码即可。

观察算式，当外循环变量 i=1 时，算式的两个乘数当中，左边的乘数为 1，右边乘数为 1；i=2 时，两个算式中，左边乘数从 1 开始，逐渐增加至 2，右边乘数为 2；i=3 时，三个算式中，左边乘数从 1 开始，逐渐增加至 3，右边乘数为 3；以此类推，i=9 时左边乘数从 1 开始，逐渐增加至 9，右边乘数为 9。因此左边乘数对应的是内循环的循环变量 j，右边乘数对应的是外循环的循环变量 i。

【参考程序】

```
#include<bits/stdc++.h>
using namespace std;
int main()
{
    int i,j;
    for(i=1;i<=9;i++)
    {
        for(j=1;j<=i;j++)
        {
            cout<<j<<"*"<<i<<"="<<i*j<<"   ";
        }
        cout<<endl;
    }
    return 0;
}
```

【运行结果】

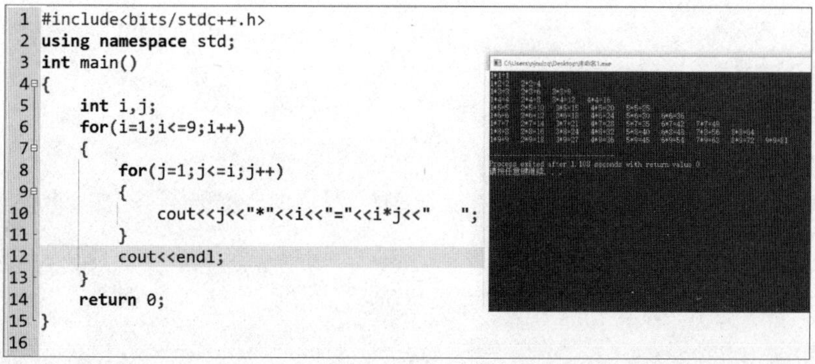

```
1  #include<bits/stdc++.h>
2  using namespace std;
3  int main()
4  {
5      int i,j;
6      for(i=1;i<=9;i++)
7      {
8          for(j=1;j<=i;j++)
9          {
10             cout<<j<<"*"<<i<<"="<<i*j<<"   ";
11         }
12         cout<<endl;
13     }
14     return 0;
15 }
16
```

练习 6.1：猴子吃桃问题。

【题目描述】

猴子第一天摘下若干个桃子，当即吃了一半，还不过瘾，又多吃了一个。第二天早上又将剩下的桃子吃掉一半，又多吃一个。以后每天早上都吃了前一天剩下的一半零一个。到第 n 天早上想再吃时，见只剩下一个桃子了。求第一天共摘多少桃子。

【输入格式】

整数 n，$1 \leqslant n \leqslant 20$。

【输出格式】

一个整数，表示第一天摘的桃子数。

【输入样例】

```
10
```

【输出样例】

```
1534
```

【思路分析】

本题需要找出猴子吃桃子的规律，并用表达式表述出来，再根据第 n 天只剩一个桃子的条件推出第一天的桃子数。我们很清楚地知道，总共需要推算 n－1 次。因此可以考虑 for 语句。

【参考程序】

```
#include<bits/stdc++.h>
using namespace std;
int main()
{
    int n,i,s=1;
    cin>>n;
    for(i=1;i<=n-1;i++)
    {
        s=(s+1) * 2;
    }
    cout<<s;
    return 0;
}
```

【运行结果】

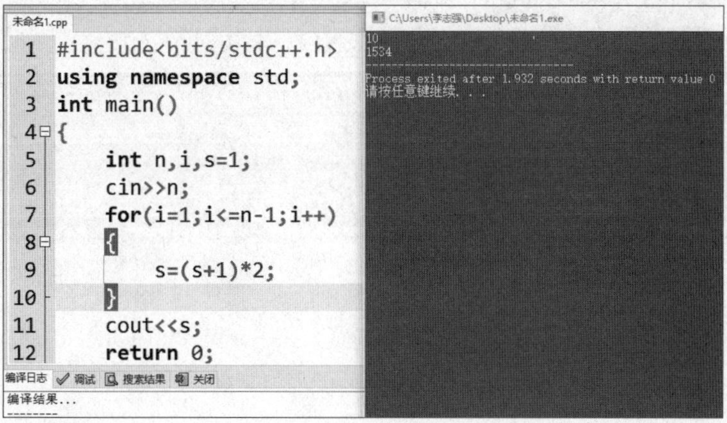

```
未命名1.cpp
1  #include<bits/stdc++.h>
2  using namespace std;
3  int main()
4  {
5      int n,i,s=1;
6      cin>>n;
7      for(i=1;i<=n-1;i++)
8      {
9          s=(s+1)*2;
10     }
11     cout<<s;
12     return 0;
编译日志 调试 搜索结果 关闭
编译结果...
```

```
C:\Users\李志强\Desktop\未命名1.exe
10
1534
--------------------------------
Process exited after 1.932 seconds with return value 0
请按任意键继续. . .
```

练习 6.2：密码问题。

【题目描述】

输入密码进行登录，密码为 888，总共有 5 次机会。如果输入的不是 888，则输出“密码错误”，且提示还有几次机会，要求继续输入，如果输入了 888，则输出“登录成功”。如果输入 5 次还没成功，则输出“请 30 分钟后再试”。

【输入输出格式】

输入密码，按回车，输出相应的提示信息。

【输入输出样例】

```
8
密码错误还有 4 次机会
88
密码错误还有 3 次机会
888
登录成功
```

【思路分析】

本题判断输入的数值是否为 888，总共有 5 次机会。因此使用 for 语句执行五次循环。如果输入密码为 888，则输出“登录成功”，直接跳出循环；否则提示还有几次机会，并需要重新输入，直到机会用完，输出“请 30 分钟后再试”。

【参考程序】

```
#include<bits/stdc++.h>
using namespace std;
int main()
{
    int n,i,j;
    for(i=1;i<=5;i++)
```

```
    {
        cin>>n;
        if(n==888)
        {
            cout<<"登录成功";
            break;
        }
        else
        {
            cout<<"密码错误";
            j=5-i;
            if(j==0)
                cout<<"请 30 分钟后再试";
            else
                cout<<"还有"<<j<<"次机会"<<endl;
        }
    }
    return 0;
}
```

【运行结果】

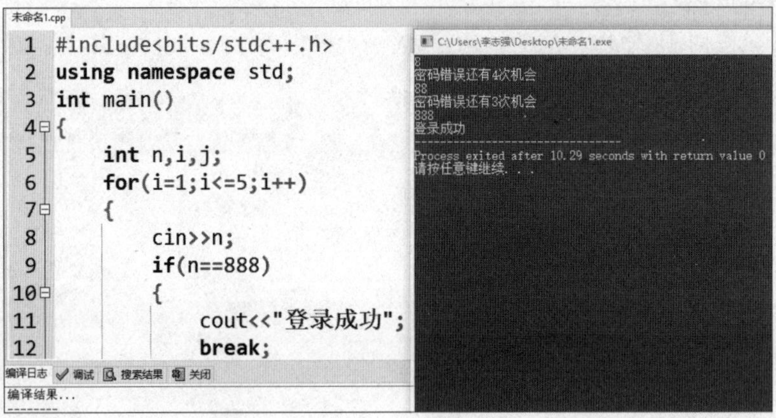

```
8
密码错误还有4次机会
88
密码错误还有3次机会
888
登录成功
--------------------------------
Process exited after 10.29 seconds with return value 0
请按任意键继续. . .
```

练习 6.3：完数。

【题目描述】

一个数如果恰好等于它的所有真因数之和，这个数就称为“完数”。例如：6 的真因数有 1、2、3；因为 1+2+3 等于 6，所以 6 是“完数”。编写程序判断输入的数是不是完数，如果是，则输出 YES，否则输出 NO。

【输入格式】

n，$1<n\leqslant 10\,000$。

【输出格式】

如果 n 是完数，则输出 YES，否则输出 NO。

【输入样例】

```
6
```

【输出样例】

```
YES
```

【思路分析】

本题实质是求出 n 可以被多少个数整除，注意不包括自身。然后将这些数加起来，判断是否等于其自身。用循环列举该数可能的因子，通过判断再累加求和。

【参考程序】

```
#include<bits/stdc++.h>
using namespace std;
int main()
{
    int i,n,s=0;
    cin>>n;
    for(i=1;i<n;i++)
    {
        if(n%i==0)
        {
            s=s+i;
        }
    }
    if(s==n)
        cout<<"YES";
    else
        cout<<"NO";
    return 0;
}
```

【运行结果】

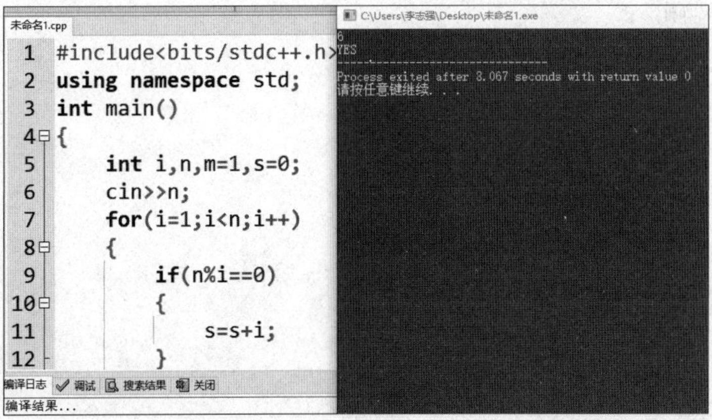

练习 6.4：宰相的麦子。

【题目描述】

相传古印度宰相达依尔，是国际象棋的发明者。有一次，国王因为他的贡献要奖励他，问他想要什么。达依尔说："陛下，请您按棋盘的格子赏赐我一点小麦吧，第一小格赏我 1 粒，第二小格赏我 2 粒，第三小格赏我 4 粒，……，后面一格的麦子都比前一格赏的麦子增加一倍，只要把棋盘上全部的 64 个小格都按这样的方法得到的麦子都赏赐给我，我就心满意足了。"国王听了宰相这个"小小"的要求，马上同意了。

结果在给宰相麦子时，国王发现他要付出的比自己想象的要多得多，于是进行了计算，结果令他大惊失色。国王的计算结果是多少粒麦子呢，18446744073709551615 颗麦粒，如果一颗麦粒 0.1 克重，则总重 1844674407370955.1615 千克，就是全世界的粮食都拿来，也不可能放满 64 个格子。

现在假设粮食总量只有三十万千克，问最多能堆满几个格子？

【输入格式】

无。

【输出格式】

三十万千克麦子最多能堆满的格子数。

【输入样例】

```
无。
```

【输出样例】

```
31
```

【思路分析】

本题是根据条件求结果，因此采用 while 循环语句。假设变量 s 表示总的麦粒数，n 表示格子中的麦粒数，i 表示第几个格子。采用逐一累加判断的方式，每加一次 n，判断一次，同时 n 也要变为 2 倍，i 加 1，直到 s 大于总的麦粒数(题目中是重量，注意转化)。此时注意 i 需要减去 1，再输出 i。

【参考程序】

```
#include<bits/stdc++.h>
using namespace std;
int main()
{
    int n=1,s=0,i=0;
    while(s<=3000000000)
    {
        s=s+n;
        n=n*2;
```

```
        i++;
    }
    i--;
    cout<<i;
    return 0;
}
```

【运行结果】

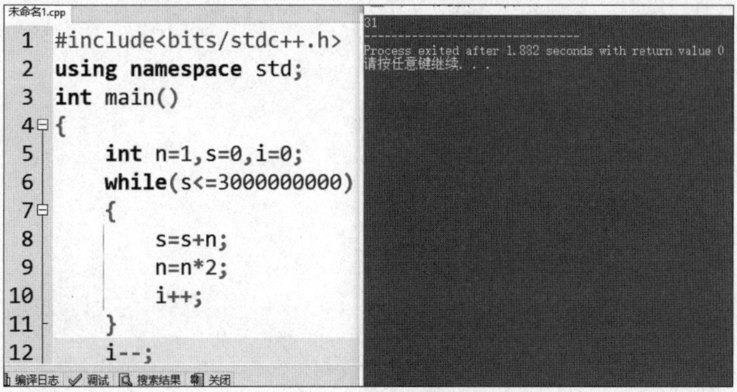

```
未命名1.cpp
1  #include<bits/stdc++.h>
2  using namespace std;
3  int main()
4  {
5      int n=1,s=0,i=0;
6      while(s<=3000000000)
7      {
8          s=s+n;
9          n=n*2;
10         i++;
11     }
12     i--;
```

```
31
--------------------------------
Process exited after 1.882 seconds with return value 0
请按任意键继续. . .
```

练习 6.5：逛超市。

【题目描述】

闲来无事，小明准备去逛超市。超市里，鸡蛋的价格是每斤 6 元，鱼肉的价格是每斤 5 元。二者都可以补充蛋白质。

现在小明有 100 元，请你为养生狂人小明列举出所有满足条件的购买组合（鸡蛋的数量和鱼肉的数量必须为整数且大于或等于 1，且刚好花完 100 块钱）。

【输入格式】

无。

【输出格式】

满足条件的购买组合（每行一个，鸡蛋的数量在前，鱼肉的数量在后，空格隔开）。

【输入样例】

```
无
```

【输出样例】

```
5 14
10 8
15 2
```

【思路分析】

本题需要找出所有可能组合。假设鸡蛋数为 egg，鱼的数量为 fish。鸡蛋数应是 1～16（因为 100 除以 6 得到 16）。我们从鸡蛋数为 1 开始，到 16 截止。首先判断鸡蛋数是否在

1～16 的范围，接着判断剩余的钱能否刚好用来买鱼，即是否能够被 5 整除，如果能，则求出鱼的数量，输出鸡蛋和鱼的数量。之后鸡蛋数加 1，重复以上语句，直到循环结束。

【参考程序】

```
#include<bits/stdc++.h>
using namespace std;
int main()
{
    int egg=1,fish;
    while(egg>=1&&egg<=16)
    {
        if((100-egg*6)%5==0)
        {
            fish=(100-egg*6)/5;
            cout<<egg<<" "<<fish<<endl;
        }
        egg++;
    }
    return 0;
}
```

【运行结果】

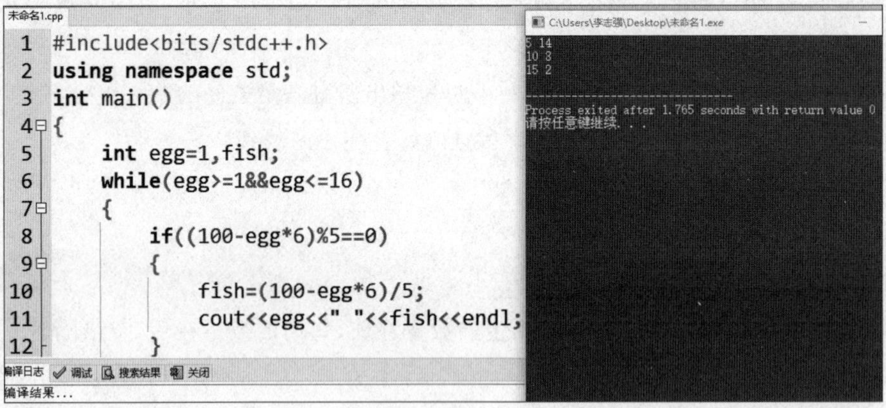

练习 6.6：质数问题。

【题目描述】

只能被 1 和自身整除的数称为质数。求 1～1000(包括 1000)之内有多少个质数。

【输入格式】

无。

【输出格式】

1000 以内质数个数。

【输入样例】

无

【输出样例】

```
168
```

【思路分析】

如需求 1～1000 之内的质数，只需用 for 语句让待判断的数从 2 开始(1 不是质数)一直变到 1000，重复执行判断质数的代码。使用一个变量 s 统计质数的个数。注意 2 是质数，需要特殊处理。尤其需要注意的是用来表示被整除的数 i 在每次 for 循环开始之时都应重新赋值为 2。最后输出 s。

【参考程序】

```
#include<bits/stdc++.h>
using namespace std;
int main()
{
    int i=2,n,s=0;
    for(n=2;n<=1000;n++)
    {
        i=2;
        if(n==2)s++;
        while((i<=sqrt(n)+1) && (n%i !=0))
        {
            i++;
        }
        if(i>sqrt(n)+1) s++;
    }
    cout<<s;
    return 0;
}
```

【运行结果】

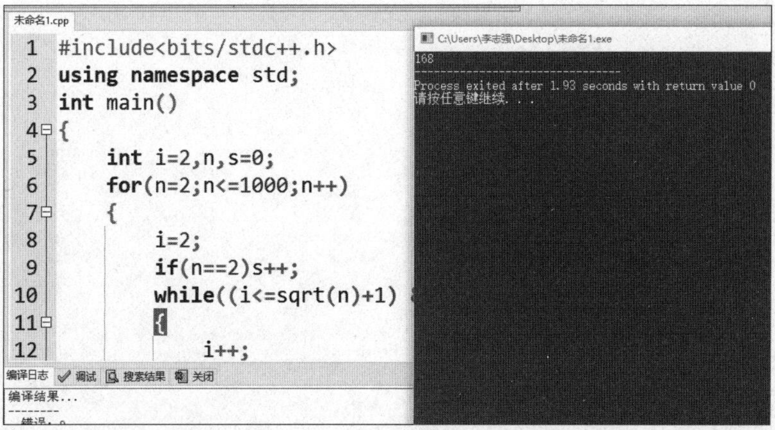

练习 6.7:“韩信点兵”故事。

【题目描述】

在中国数学史上,广泛流传着一个“韩信点兵”的故事:韩信是汉高祖刘邦手下的大将,他英勇善战,智谋超群,为汉朝建立了卓越的功劳。据说韩信的数学水平也非常高超,他在点兵的时候,为了知道有多少兵,同时又能保住军事机密,便让士兵排队报数:

按从 1 至 5 报数,记下最末一个士兵报的数为 1;

再按从 1 至 6 报数,记下最末一个士兵报的数为 5;

再按从 1 至 7 报数,记下最末一个士兵报的数为 4;

最后按从 1 至 11 报数,记下最末一个士兵报的数为 10。

请编写程序计算韩信至少有多少兵。

【输入格式】

无。

【输出格式】

一行仅一个数,韩信至少拥有的士兵人数。

【输入样例】

无

【输出样例】

```
2111
```

【思路分析】

本题实质还是取余数的应用。假设士兵人数为 i,一般从 1 开始,判断 i 取余 5 是否为 1,i 取余 6 是否为 5,i 取余 7 是否为 4,i 取余 11 是否为 10,如果都满足,则 i 为所求的数。否则 i 加 1,重新以上判断。

【参考程序】

```
#include<bits/stdc++.h>
using namespace std;
int main()
{
    int i;
    i=1;
    while(i%5!=1 || i%6!=5 || i%7!=4 || i%11!=10)
    {
        i++;
    }
    cout<<i;
    return 0;
}
```

【运行结果】

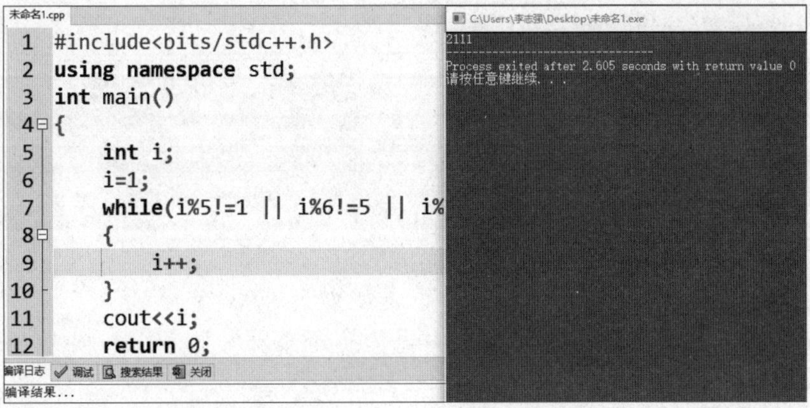

```
未命名1.cpp
1  #include<bits/stdc++.h>
2  using namespace std;
3  int main()
4  {
5      int i;
6      i=1;
7      while(i%5!=1 || i%6!=5 || i%
8      {
9          i++;
10     }
11     cout<<i;
12     return 0;
编译日志 调试 搜索结果 关闭
编译结果...
```

```
C:\Users\李志强\Desktop\未命名1.exe
2111
--------------------------------
Process exited after 2.605 seconds with return value 0
请按任意键继续. . .
```

练习 6.8：数字 x 出现的次数。

【题目描述】

试计算在区间 1 到 n 的所有整数中，数字 x(0≤x≤9)共出现了多少次？例如，在 1 到 11 中，即在 1、2、3、4、5、6、7、8、9、10、11 中，数字 1 出现了 4 次。

【输入格式】

输入共 1 行，包含 2 个整数 n、x，之间用一个空格隔开。1≤n≤1 000 000，0≤x≤9。

【输出格式】

输出共 1 行，包含一个整数，表示 x 出现的次数。

【输入样例】

```
11 1
```

【输出样例】

```
4
```

【思路分析】

个位数比较容易处理，主要是两位数、三位数等多位数怎么处理。这里涉及一个怎么把多位数上的每位数提取出来的问题。个位上的数字可以通过对 10 求余得到，十位上的数字则通过降位，即先除以 10，此时个位上的数字被去掉，原来的数字位数少了一位，十位变为个位了，百位变十位了，依次类推。再对 10 求余即可得到十位上的数字。其他位上的数字也是通过先降位(除以 10)再对 10 求余的方式依次得到。直到除以 10 为 0。因此提取各个位数上数字可以通过 while 循环实现。while 循环外面加一个 for 循环。for 循环变量 i 从 1 到 n，再定义一个变量 t，将 for 语句循环变量的值赋给 t。接下来对 t 各个位数上的数字逐一提取，逐一判断是否等于 x，定义一个变量 s，统计次数。注意当 t/10 等于 0 时，跳出 while 循环。t 此时是一个个位数，还需判断是否等于 x。最后输出 s。

【参考程序】

```
#include<bits/stdc++.h>
using namespace std;
int main()
{
    int i,n,x,s=0,t;
    cin>>n>>x;
    for(i=1;i<=n;i++)
    {
        t=i;
        while(t/10!=0)
        {
            if(t%10==x)s++;
            t=t/10;
        }
        if(t==x)s++;
    }
    cout<<s;
    return 0;
}
```

【运行结果】

练习 6.9：水仙花数。

【题目描述】

一个三位数如果恰好等于它的各个位数上的数字的三次方之和，这个数就称为“水仙花数”。例如 1＊1＊1＋5＊5＊5＋3＊3＊3＝153。编写程序输出所有的水仙花数。

【输入格式】

无。

【输出格式】

输出所有的水仙花数。

【输入样例】

无

【输出样例】

```
153
370
371
407
```

【思路分析】

本题首先需要确定穷举的范围,题目中没有明说,但通过三位数这个信息可以知道数字范围应是100～999。难点在于怎么得到各个位数上的数字,这里需要运用除的运算和取余的运算。最后只需判断各个位数的数字的三次方之和是否等于数字本身,如果是,则输出该数。

【参考程序】

```
#include<bits/stdc++.h>
using namespace std;
int main()
{
    int i,a,b,c;
    for(i=100;i<1000;i++)
    {
        a=i/100;
        b=(i-100*a)/10; //百位另外一种提取方式:b=i/10%10
        c=i%10;
        if((a*a*a+b*b*b+c*c*c)==i)
            cout<<i<<endl;
    }
    return 0;
}
```

【运行结果】

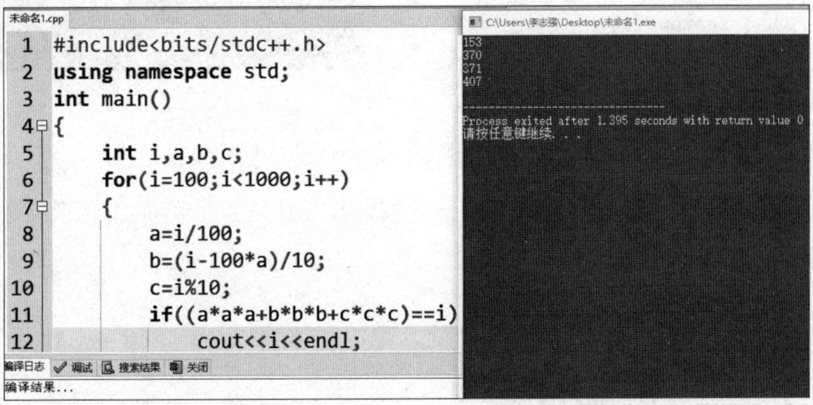

```
未命名1.cpp
1  #include<bits/stdc++.h>
2  using namespace std;
3  int main()
4  {
5      int i,a,b,c;
6      for(i=100;i<1000;i++)
7      {
8          a=i/100;
9          b=(i-100*a)/10;
10         c=i%10;
11         if((a*a*a+b*b*b+c*c*c)==i)
12             cout<<i<<endl;
编译日志 调试 搜索结果 关闭
编译结果...
```

```
C:\Users\李志强\Desktop\未命名1.exe
153
370
371
407
--------------------------------
Process exited after 1.395 seconds with return value 0
请按任意键继续. . .
```

练习 7.1：输入 5 个数存储在数组 b 中，计算 5 个数之和及平均值。

【思路分析】

本题主要是一维数组的基础操作，首先定义一个可以存储 5 个元素的数组 b，我们可以在 for 循环时，就进行边输入边累加的方法。接下来求平均值时，可以定义一个变量 average 来存储 s/5 的结果，也可以将 s/5 这个表达式直接写在输出语句中，cout<<s<<" "<<s/5。

【参考程序】

```
#include<iostream>
using namespace std;
int main()
{
    int b[5],i,s=0;
    for(i=0;i<5;i++)
    {
        cin>>b[i];
        s=s+b[i];
    }
    cout<<s<<" "<<s/5;
    return 0;
}
```

【运行结果】

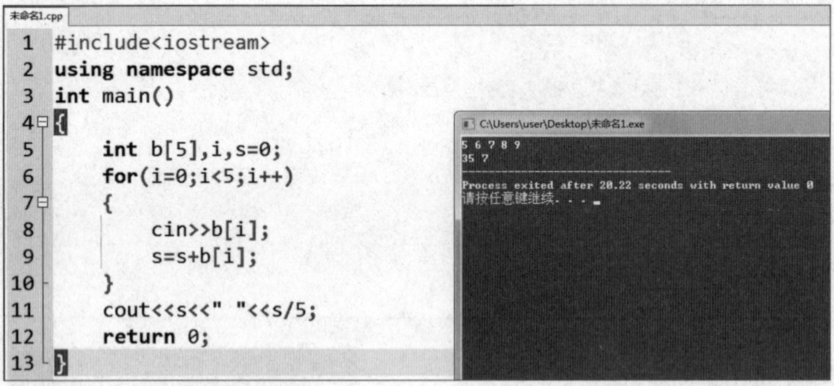

```
未命名1.cpp
1  #include<iostream>
2  using namespace std;
3  int main()
4  {
5      int b[5],i,s=0;
6      for(i=0;i<5;i++)
7      {
8          cin>>b[i];
9          s=s+b[i];
10     }
11     cout<<s<<" "<<s/5;
12     return 0;
13 }
```

```
C:\Users\user\Desktop\未命名1.exe
5 6 7 8 9
35 7
--------------------------------
Process exited after 20.22 seconds with return value 0
请按任意键继续. . .
```

练习 7.2：计算日子。

【题目描述】

今年是 2020 年，小茗同学想设计一个能计算几月几日是 2020 年的第几天的小工具。

【输入格式】

仅一行，包括月和日。

【输出格式】

仅一行，输出 2020 年的第几天。

【样例输入】

```
4 22
```

【样例输出】

```
第 113 天
```

【思路分析】

本题要求的是几月几号是 2020 年的第几天，那么首先要把输入的月份前面的月份天数累加起来，然后加上输入的日期号，那这个结果就是我们最终输出的 2020 年的第几天。

每个月的天数基本固定，那么我们可以定义一个数组 a 来存储每个月的天数，int a[13]＝{0,31,29,31,30,31,30,31,31,30,31,30,31}，若是第一个月，只需要看是几号就知道是 2020 年的第几天。

我们可以定义变量 m 表示月份，d 表示日期号，s 表示最终的天数。例如：4 月，就应该从 a[0]＋a[1]＋a[2]＋a[3]，前 3 个月的天数累加，那么这个累加就可以通过循环来执行，下标从 0 开始到 3，现在月份是 m，那么代码表示的话：i＝0;i＜m 或者 i＝0;i＜＝m－1，循环累加的值赋给 s，然后 s 再加上 d 的值重新赋值给 s，最后输出 s 的值，注意其中汉字需要原样输出。

【参考程序】

```
#include<iostream>
using namespace std;
int main()
{
    int a[13]={0,31,29,31,30,31,30,31,31,30,31,30,31},m,d,s=0;
    cin>>m>>d;
    for(int i=0;i<m;i++)
        s=s+a[i];
    s=s+d;
    cout<<"第"<<s<<"天";
    return 0;
}
```

【运行结果】

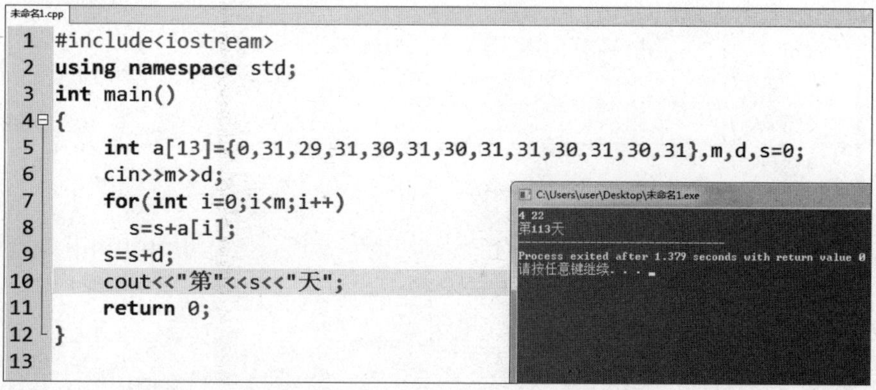

```
未命名1.cpp
1  #include<iostream>
2  using namespace std;
3  int main()
4  {
5      int a[13]={0,31,29,31,30,31,30,31,31,30,31,30,31},m,d,s=0;
6      cin>>m>>d;
7      for(int i=0;i<m;i++)
8        s=s+a[i];
9      s=s+d;
10     cout<<"第"<<s<<"天";
11     return 0;
12 }
13
```

```
C:\Users\user\Desktop\未命名1.exe
4 22
第113天
--------------------------------
Process exited after 1.379 seconds with return value 0
请按任意键继续. . .
```

练习 7.3：歌手投票。

【题目描述】

学校推出 10 名歌手，这 10 位歌手用 1～10 进行编号。并设置投票箱让 13 位同学写下自己喜爱的歌手编号来投票。请你统计一下每位歌手的最终得票数。

【输入格式】

仅一行，输入 13 位同学的投票结果，以一个空格隔开。

【输出格式】

仅一行，输出 10 位歌手的最终得票，以一个空格隔开。

【样例输入】

```
2 8 1 2 6 4 5 9 3 10 5 3 2
```

【样例输出】

```
1 3 2 1 2 1 0 1 1 1
```

【思路分析】

本题需要分清楚数组的元素，既可以只定义一个数组来存储 10 位歌手的最终得票，也可以定义两个数组，分别存储 13 位同学的投票结果以及 10 位歌手的最终得票，这里我们采用只定义一个数组的方法。

定义一个数组 a 存储 10 位歌手的最终得票，初值均为 0，再定义一个变量 k 来表示投票的歌手编号，为了符合我们的思维逻辑，循环可以从 1 开始到 13，边输入边统计歌手的得票，数组 a 的下标应该和 k 是一致的，因此累加的时候代码为 a[k]++，最后通过循环输出 10 位歌手的得票情况。

【参考程序】

```
#include<iostream>
using namespace std;
int main()
{
    int a[11]={0},k;
    for(int i=1;i<=13;i++)
    {
        cin>>k;
        a[k]++;
    }
    for(k=1;k<=10;k++)
        cout<<a[k]<<" ";
    cout<<endl;
    return 0;
}
```

【运行结果】

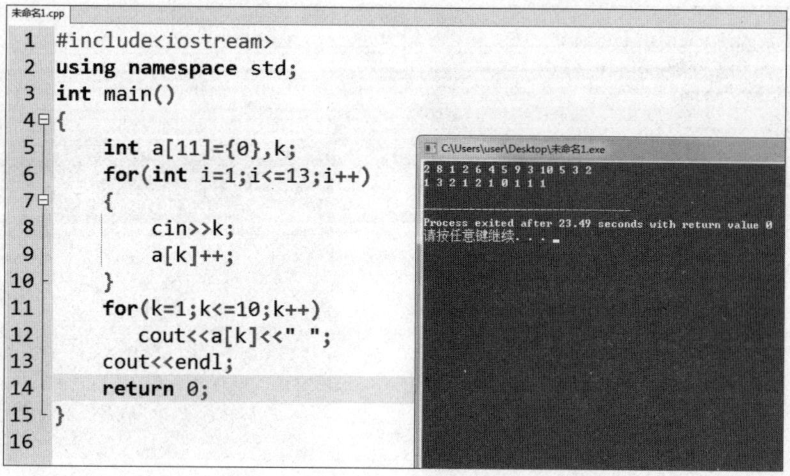

```
未命名1.cpp
1  #include<iostream>
2  using namespace std;
3  int main()
4  {
5      int a[11]={0},k;
6      for(int i=1;i<=13;i++)
7      {
8          cin>>k;
9          a[k]++;
10     }
11     for(k=1;k<=10;k++)
12        cout<<a[k]<<" ";
13     cout<<endl;
14     return 0;
15 }
16
```

```
C:\Users\user\Desktop\未命名1.exe
2 8 1 2 6 4 5 9 3 10 5 3 2
1 3 2 1 2 1 0 1 1 1

--------------------------------
Process exited after 23.49 seconds with return value 0
请按任意键继续. . .
```

练习 7.4：输入 5 个数存储在数组 b 中，输出 5 个数中的最大值和最小值。

【思路分析】

本题与练习 7.1 类似，定义一个数组 b 存储 5 个元素，以及最大值 max 和最小值 min，然后将 b[0]分别赋值给 max 和 min，接下来通过循环进行比较，这时循环的初始值应该从 1 开始，如果 b[i]>max，就把 b[i]赋值给 max，如果 b[i]<min，就把 b[i]赋值给 min，最后输出最大值和最小值，注意用空格隔开。

【参考程序】

```
#include<iostream>
using namespace std;
int main()
{
    int b[5],i,max,min;
    for(i=0;i<5;i++)
        cin>>b[i];
    max=b[0];min=b[0];
    for(i=1;i<5;i++)
    {
        if(b[i]>max) max=b[i];
        if(b[i]<min) min=b[i];
    }
    cout<<max<<" "<<min<<endl;
    return 0;
}
```

【运行结果】

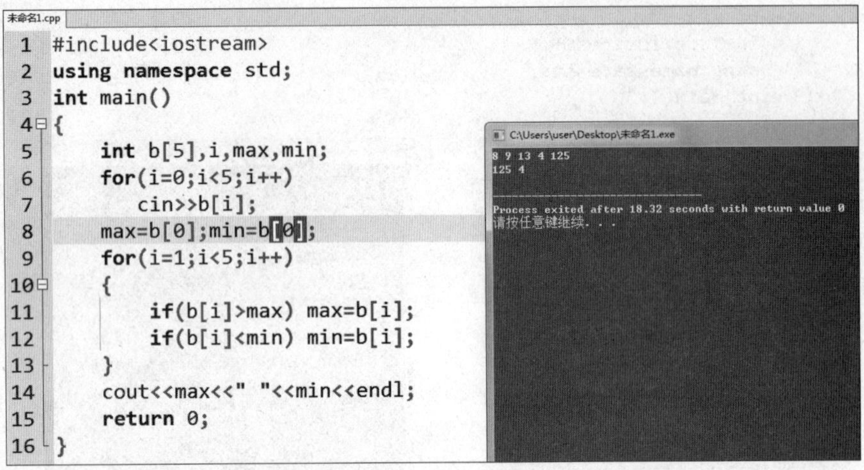
未命名1.cpp
#include<iostream>
using namespace std;
int main()
{
int b[5],i,max,min;
for(i=0;i<5;i++)
cin>>b[i];
max=b[0];min=b[0];
for(i=1;i<5;i++)
{
if(b[i]>max) max=b[i];
if(b[i]<min) min=b[i];
}
cout<<max<<" "<<min<<endl;
return 0;
}
C:\Users\user\Desktop\未命名1.exe
8 9 13 4 125
125 4
Process exited after 18.32 seconds with return value 0
请按任意键继续. . .

练习 7.5：最大值和最小值的差。

【题目描述】

输出一个整数序列中最大的数和最小的数的差。

【输入格式】

第 1 行为 m，表示整数个数，整数个数不会大于 10 000。

第 2 行为 m 个整数，分别以空格隔开，每个整数不大于 10 000。

【输出格式】

m 个数中最大值和最小值的差。

【样例输入】

```
5
2 5 7 4 2
```

【样例输出】

```
5
```

【思路分析】

本题在定义变量上，比上一题多定义了一个表示整数个数的变量 m，通过输入语句输入变量 m 的值，最后输出的结果应该是 max－min 的值，可以直接将 max－min 这个表达式写在输出语句中，也可以专门定义一个变量来存储 max－min 的值。

【参考程序】

```
#include<iostream>
using namespace std;
int main()
{
    int b[10001],m,i,max,min;
```

```
    cin>>m;
    for(i=0;i<m;i++)
        cin>>b[i];
    max=b[0];min=b[0];
    for(i=1;i<m;i++)
    {
        if(b[i]>max) max=b[i];
        if(b[i]<min) min=b[i];
    }
    cout<<max-min<<endl;
    return 0;
}
```

【运行结果】(下面程序截图以 m=5 为例)

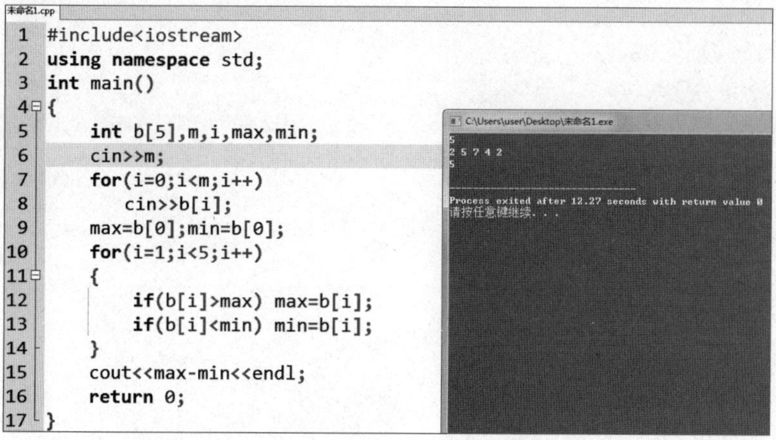

未命名1.cpp

```
1  #include<iostream>
2  using namespace std;
3  int main()
4  {
5      int b[5],m,i,max,min;
6      cin>>m;
7      for(i=0;i<m;i++)
8          cin>>b[i];
9      max=b[0];min=b[0];
10     for(i=1;i<5;i++)
11     {
12         if(b[i]>max) max=b[i];
13         if(b[i]<min) min=b[i];
14     }
15     cout<<max-min<<endl;
16     return 0;
17 }
```

C:\Users\user\Desktop\未命名1.exe

```
5
2 5 7 4 2
5

--------------------------------
Process exited after 12.27 seconds with return value 0
请按任意键继续. . .
```

练习 7.6:青年歌手大奖赛——评委会打分。

【题目描述】

青年歌手大奖赛中,评委会给参赛选手打分。选手得分规则为去掉一个最高分和一个最低分,然后计算平均得分,请编程输出某选手的得分。

【输入格式】

输入数据占两行,第一行的数是 n($2 \leqslant n \leqslant 100$),表示评委的人数。

第二行是 n 个评委的打分。

【输出格式】

对于每组输入数据,输出选手的得分,每组输出占一行。

【样例输入】

```
3
98 99 97
```

【样例输出】

```
98
```

【思路分析】

根据题目意思，可以先求得选手的总分，然后用总分减去最高分和最低分，最后除以剩余评委的人数。

定义一个变量 n 表示评委人数，数组 a 表示评委的打分，s 来表示选手的总分，输入评委人数，然后通过循环边输入评委的打分，边进行统计。接着用“打擂台法”进行比较，找出最高分以及最低分。可以直接将算式放在输出语句中，也可以再定义两个变量来表示去掉最高分和最低分后的选手总分以及评委人数，将两个变量相除就可以得到结果了。

【参考程序】

```
#include<iostream>
using namespace std;
int main()
{
    int a[100],n,max,min,s=0;
    cin>>n;
    for(int i=0;i<n;i++)
    {
        cin>>a[i];
        s=s+a[i];
    }
    max=a[0];min=a[0];
    for(int i=1;i<n;i++)
    {
        if(a[i]>max) max=a[i];
        if(a[i]<min) min=a[i];
    }
    cout<<(s-max-min)/(n-2)<<endl;
    return 0;
}
```

【运行结果】

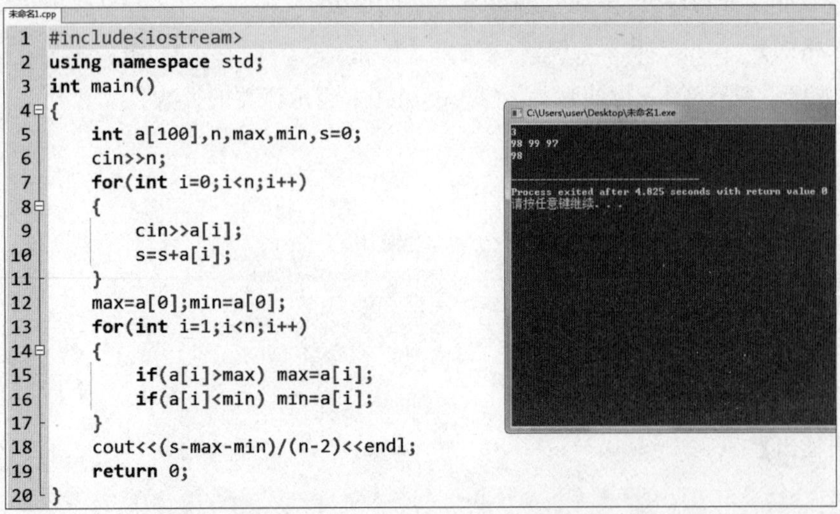

```
未命名1.cpp
1  #include<iostream>
2  using namespace std;
3  int main()
4  {
5      int a[100],n,max,min,s=0;
6      cin>>n;
7      for(int i=0;i<n;i++)
8      {
9          cin>>a[i];
10         s=s+a[i];
11     }
12     max=a[0];min=a[0];
13     for(int i=1;i<n;i++)
14     {
15         if(a[i]>max) max=a[i];
16         if(a[i]<min) min=a[i];
17     }
18     cout<<(s-max-min)/(n-2)<<endl;
19     return 0;
20 }
```

```
C:\Users\user\Desktop\未命名1.exe
3
98 99 97
98

Process exited after 4.825 seconds with return value 0
请按任意键继续. . .
```

练习 7.7：数据的交换输出。

【题目描述】

输入 n(n<100)个数，找出其中最小的数，将它与最前面的数交换后输出这些数。

【输入格式】

输入数据占两行，第一行输入整数 n，表示这个测试实例的数值的个数。

第二行输入 n 个测试的整数。

【输出格式】

对于每组输入数据，输出交换后的数列，每组输出占一行。

【样例输入】

```
4
8 3 7 9
```

【样例输出】

```
3 8 7 9
```

【思路分析】

本题的前一部分思路和前面找最大值、最小值是一样的，通过循环找出最小值，但是本题要求将最小值与前面第一个数进行交换。第一个数用数组来表示应该是 a[0]，所以在我们通过比较寻找最小值的同时，要把最小值的下标记录下来。可以定义一个变量 m，用来存储最小值的下标 i，循环结束后用 swap 函数将 a[m]与 a[0]进行交换，最后重新输出数组 a 中的值。

【参考程序】

```
#include<iostream>
using namespace std;
int main()
{
    int n,a[100],i,min,m;
    cin>>n;
    for(i=0;i<n;i++)
        cin>>a[i];
    min=a[0];
    for(i=1;i<n;i++)
        if(a[i]<min)
        {
            min=a[i];
            m=i;
        }
    swap(a[m],a[0]);
    for(i=0;i<n;i++)
```

```
        cout<<a[i]<<" ";
    return 0;
}
```

【运行结果】

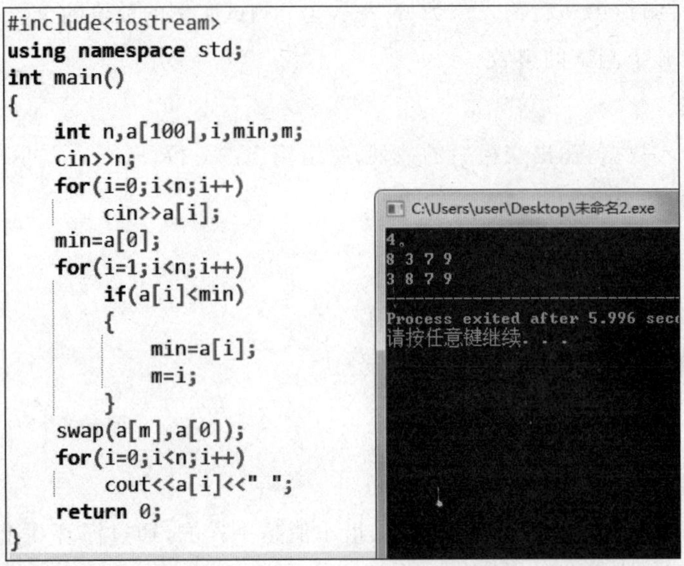

```
#include<iostream>
using namespace std;
int main()
{
    int n,a[100],i,min,m;
    cin>>n;
    for(i=0;i<n;i++)
        cin>>a[i];
    min=a[0];
    for(i=1;i<n;i++)
        if(a[i]<min)
        {
            min=a[i];
            m=i;
        }
    swap(a[m],a[0]);
    for(i=0;i<n;i++)
        cout<<a[i]<<" ";
    return 0;
}
```

```
C:\Users\user\Desktop\未命名2.exe
4
8 3 7 9
3 8 7 9
--------------------------------
Process exited after 5.996 sec
请按任意键继续. . .
```

练习 7.8：旗手。

【题目描述】

导游往往喜欢从所带的旅游团中选一个身高最高的游客，站在旅游团的前面帮着拿旅行社的旗帜。现在给定 n 个游客的身高（均为正整数），将身高最高的游客（如果身高最高的游客不唯一，那么选择最前面的那一个）和第一个游客调换位置，再依次输出他们的身高。

【输入格式】

第一行一个正整数 n，1≤n≤10000，表示有 n 个游客。

第二行包含 n 个正整数，之间用一个空格隔开，表示 n 个游客的身高。

【输出格式】

一行 n 个正整数，每两个数之间用一个空格隔开，表示调换位置后各个位置上游客的身高。

【样例输入】

```
6
160 155 170 175 172 164
```

【样例输出】

```
175 155 170 160 172 164
```

【思路分析】

本题是寻找身高最高的游客，即先求最大值，记位对应数组下标，然后与第一位游客进行交换。

【参考程序】

```
#include<iostream>
using namespace std;
int main()
{
    int n,max,pos,a[10001];
    cin>>n;
    for(int i=0;i<n;i++)
        cin>>a[i];
    for(int i=0;i<n;i++)
        if(a[i]>max)
        {
            max=a[i];
            pos=i;
        }
    swap(a[0],a[pos]);
    for(int i=0;i<n;i++)
        cout<<a[i]<<" ";
    cout<<endl;
    return 0;
}
```

【运行结果】

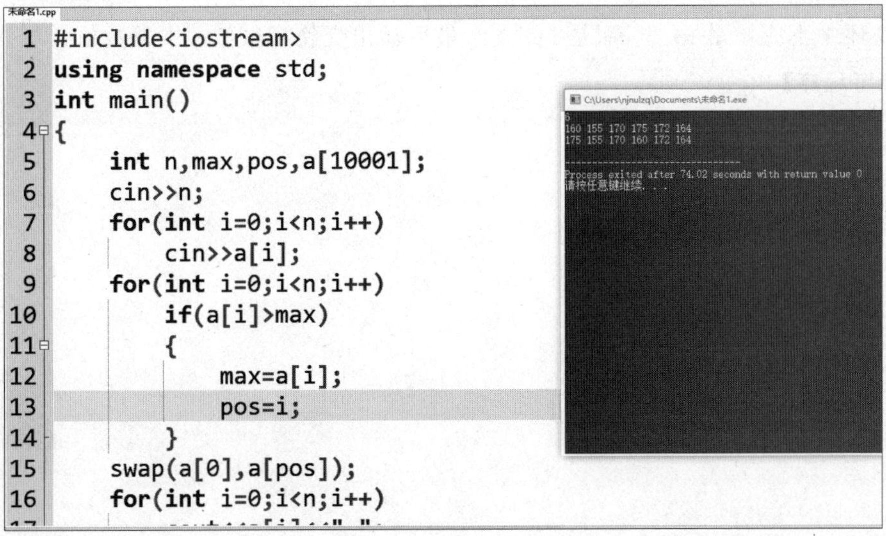

练习 7.9：数字交换。

【题目描述】

给定 n(是偶数)个数，n 不超过 100，他们的输入编号从左到右是 1,2,3,…,n，希望你交换他们次序输出，交换规则是编号 1 和编号 2 交换，编号 3 和编号 4 交换，依次类推，编号 n－1 和 n 交换。

【输入格式】

第一行一个整数 n。

第二行 n 个整数。

【输出格式】

输出交换后的结果。

【样例输入】

```
4
1 2 3 4
```

【样例输出】

```
2 1 4 3
```

【思路分析】

本题主要就是数组中的数值两两交换，需要注意的是题目中明确数组下标从 1 开始，所以在用 for 循环进行输入数值的时候，就要从 1 开始到 n 结束。并且本题中告诉我们交换的规律是 n－1 和 n 交换，n 代表了输入的整数个数，所以重新定义变量 i 来表示下标，因此数组中两两交换的数值下标为 i－1 和 i，由于 i＝2 时，是编号 1 和编号 2 进行交换，i＝4 时，编号 3 和编号 4 进行交换，所以 i 应当从 2 开始到 n 结束，i 每次都是加 2，因此 for 循环中不应该是 i＋＋，而是 i＝i＋2，最后输出交换后数组 a 中的数值。

【参考程序】

```cpp
#include<iostream>
using namespace std;
int main()
{
    int n,a[100],i;
    cin>>n;
    for(i=1;i<=n;i++)
        cin>>a[i];
    for(i=2;i<=n;i=i+2)
        swap(a[i-1],a[i]);
    for(i=1;i<=n;i++)
        cout<<a[i]<<" ";
    return 0;
}
```

【运行结果】

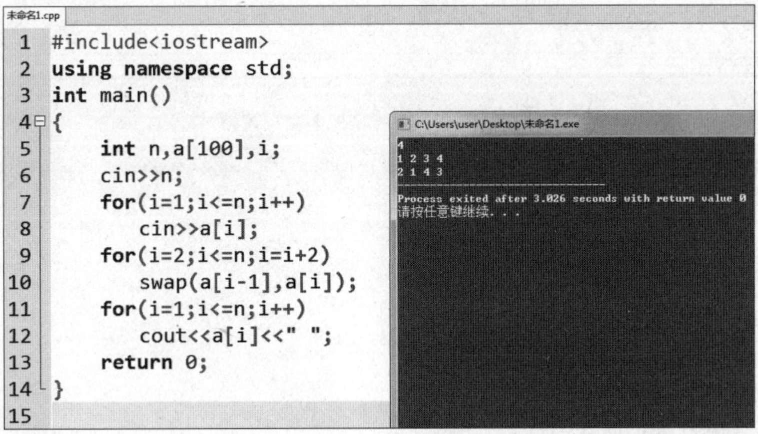

```
1  #include<iostream>
2  using namespace std;
3  int main()
4  {
5      int n,a[100],i;
6      cin>>n;
7      for(i=1;i<=n;i++)
8          cin>>a[i];
9      for(i=2;i<=n;i=i+2)
10         swap(a[i-1],a[i]);
11     for(i=1;i<=n;i++)
12         cout<<a[i]<<" ";
13     return 0;
14 }
15
```

```
4
1 2 3 4
2 1 4 3
--------------------------------
Process exited after 3.026 seconds with return value 0
请按任意键继续. . .
```

练习 8.1：插队问题。

【问题描述】

有 n 个人（每个人有一个唯一的编号，用 1～n 的整数表示）在一个水龙头前排队准备接水，现在第 n 个人有特殊情况，经过协商，大家允许他插队到第 x 个位置，输出第 x 个人插队后的排队情况。

【输入格式】

第一行一个正整数 n，表示有 n 个人，$2<n\leqslant 100$。

第二行包含 n 个整数，之间用空格隔开，表示排在队伍中的第 1～第 n 个人的编号。

第三行 1 个整数 x，表示第 n 个人插队的位置，$1\leqslant x<n$。

【输出格式】

一行包含 n 个正整数，之间用一个空格隔开，表示插队后的情况。

【输入样例】

```
7
7 2 3 4 5 6 1
3
```

【输出样例】

```
7 2 1 3 4 5 6
```

【思路分析】

n 个人的排队情况可以用数组 a 表示，a[i]表示排在第 i 个位置上的人。使用数组时注意下标的取值，不要越界。然后重复执行：a[i+1]=a[i]，其中 i 从 n 到 x，将第 x 个位置开始的人往后移一位。最后再执行 a[x]=a[n+1]，输出 a[1]至 a[n]。

【参考程序】

```
#include<bits/stdc++.h>
using namespace std;
int main()
{
    int n,i,x,a[102];
    cin>>n;
    for(i=1;i<=n;i++)
    {
        cin>>a[i];
    }
    cin>>x;
    for(i=n;i>=x;i--)
    {
        a[i+1]=a[i];
    }
    a[x]=a[n+1];
    for(i=1;i<=n;i++)
    {
        cout<<a[i]<<" ";
    }
    return 0;
}
```

【运行结果】

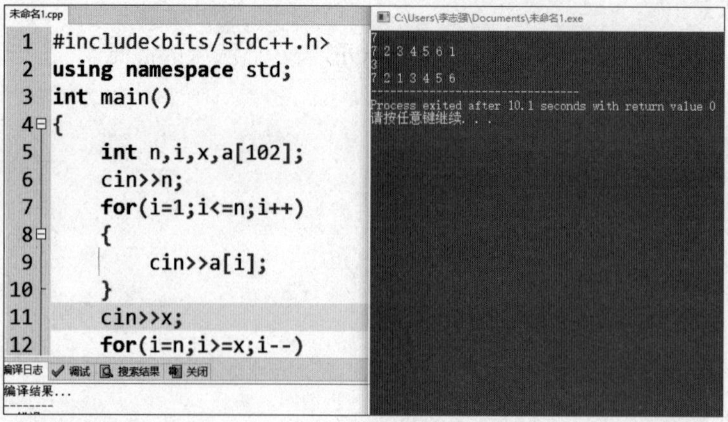

练习 8.2：题库添题 1。

【问题描述】

为了提高大家的数学水平，数学老师请信息老师建立了一个校内题库。题库中共有 n 道题，第 i 道题目的难易程度用 di 来表示，这 n 道题根据由易到难的顺序已排好。现在老师决定插入 m 道难度都为 d 的题到题库中，题库中的题仍然按由易到难的顺序排好。

【输入格式】

第一行包含两个整数 n 和 m。用空格隔开。

第二行包含 n 个整数,之间用空格隔开,表示题库中每道题的难度 di。

第三行包含 1 个整数,表示待插入的题目难度 d。

$1 \leqslant n \leqslant 100$, $1 \leqslant m \leqslant 100$, $1 \leqslant di \leqslant 100$, $1 \leqslant d \leqslant 100$

【输出格式】

一行,包含 n+m 个整数,之间用一个空格隔开,表示插入后题库的试题难度情况。

【输入样例】

```
5 2
1 1 2 3 7
3
```

【输出样例】

```
1 1 2 3 3 3 7
```

【思路分析】

本题与我们的课堂练习不同之处在于插入的元素个数不固定,可能是一个,也可能是多个。但确定插入位置的方法是一样的,即 d 与 di 逐一比较。插入 m 个数据,需要空出 m 个位置。因此插入位置的元素到最后一个元素都要往后移动 m 个位置。这样就可以完成题目要求了。

【参考程序】

```
#include<bits/stdc++.h>
using namespace std;
int main()
{
    int di[101];
    int i,k=0;
    int n,m,d;
    cin>>n>>m;
    for(i=1;i<=n;i++)cin>>di[i];
    cin>>d;
    for(i=1;i<=n;i++)
    {
        if(d<di[i])
        {
            k=i;
            break;
        }
        else
        {
```

```
                continue;
            }
        }
        if(k==0)
        {
            for(i=n+1;i<=n+m;i++)
            {
                di[i]=d;
            }
        }
        else
        {
            for(i=n;i>=k;i--)
            {
                di[i+m]=di[i];
            }
            for(i=k;i<k+m;i++)
            {
                di[i]=d;
            }
        }
        for(i=1;i<=n+m;i++)
        {
            cout<<di[i]<<" ";
        }
        return 0;
}
```

【运行结果】

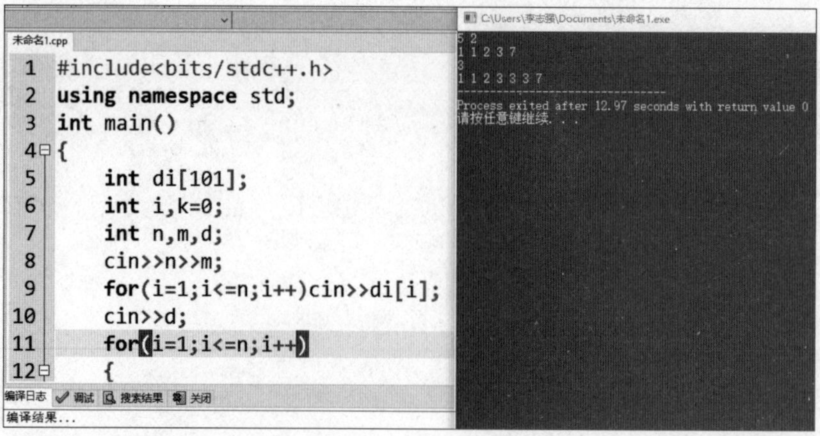

```
未命名1.cpp
1  #include<bits/stdc++.h>
2  using namespace std;
3  int main()
4  {
5      int di[101];
6      int i,k=0;
7      int n,m,d;
8      cin>>n>>m;
9      for(i=1;i<=n;i++)cin>>di[i];
10     cin>>d;
11     for(i=1;i<=n;i++)
12     {
编译日志  调试  搜索结果  关闭
编译结果...
```

```
C:\Users\李志强\Documents\未命名1.exe
5 2
1 1 2 3 7
3
1 1 2 3 3 3 7
--------------------------------
Process exited after 12.97 seconds with return value 0
请按任意键继续. . .
```

练习 8.3：题库添题 2。

【问题描述】

为了提高大家的程序设计水平，谢老师建立了一个校内题库。题库中共有 n 道题，第 i

道题目的难易程度用 ti 表示，这 n 道题根据由易到难的顺序已排好。现在老师决定插入 m 道难度为 dj 的题到题库中，题库中的题仍然由易到难的顺序排好。

【输入格式】

第一行包含两个用空格隔开的整数 n 和 m。

第二行包含 n 个用空格隔开的正整数 ti，表示题库中每道题的难度。

第三行包含 m 个用空格隔开的正整数 dj，表示待插入的每道题的难度。

1≤n≤1000，1≤m≤1000，1≤ti≤100，1≤dj≤100

【输出格式】

一行若干个用空格隔开的正整数，表示插入后题库的试题难度情况。

【输入样例】

```
5 2
1 1 2 3 7
1 3
```

【输出样例】

```
1 1 1 2 3 3 7
```

【思路分析】

本题要求插入 m 道难度为 dj 的题到题库中，即插入的题量不固定，插入试题的难度也不固定。可以定义另一个数组用来存放插入的试题的难易程度，设为 dj[m]。将数组 dj 中的元素逐一插入到题库中，最后将新得到的数组输出即可。也可以一边读入数据一边插入，不用 dj 数组，程序请读者自行完成。

【参考程序】

```
#include<bits/stdc++.h>
using namespace std;
int main()
{
    int ti[1001],dj[1001];
    int i,j,k=0;
    int n,m,d;
    cin>>n>>m;
    for(i=1;i<=n;i++)cin>>ti[i];
    for(i=1;i<=m;i++)cin>>dj[i];
    for(j=1;j<=m;j++)
    {
        k=0;
        for(i=1;i<=n;i++)
        {
            if(dj[j]<ti[i])
```

```
            {
                k=i;
                break;
            }
            else
            {
                continue;
            }
        }
        if(k==0)
        {
            ti[++n]=dj[j];
        }
        else
        {
            for(i=n;i>=k;i--)
            {
                ti[i+1]=ti[i];
            }
            ti[k]=dj[j];
            n++;
        }
    }
    for(i=1;i<=n;i++)
    {
        cout<<ti[i]<<" ";
    }
    return 0;
}
```

【运行结果】

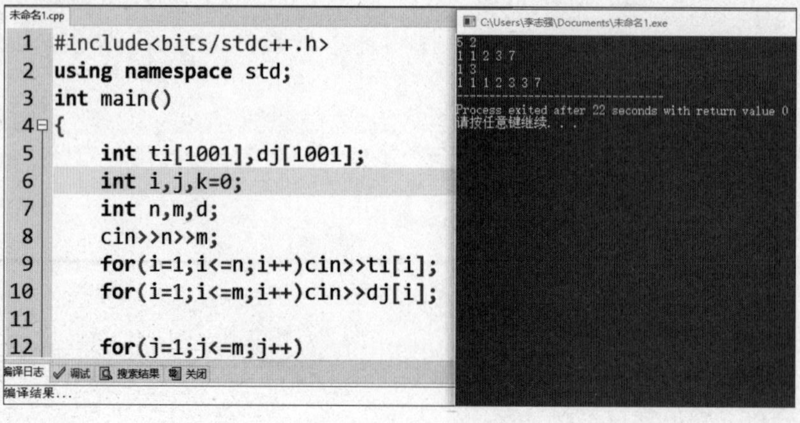

```
未命名1.cpp
1  #include<bits/stdc++.h>
2  using namespace std;
3  int main()
4  {
5      int ti[1001],dj[1001];
6      int i,j,k=0;
7      int n,m,d;
8      cin>>n>>m;
9      for(i=1;i<=n;i++)cin>>ti[i];
10     for(i=1;i<=m;i++)cin>>dj[i];
11
12     for(j=1;j<=m;j++)
编译日志 调试 搜索结果 关闭
编译结果...
```

```
C:\Users\李志强\Documents\未命名1.exe
5 2
1 1 2 3 7
1 3
1 1 1 2 3 3 7
--------------------------------
Process exited after 22 seconds with return value 0
请按任意键继续. . .
```

练习 8.4：排队接水。

【问题描述】

有 n 个人(每个人有一个唯一的编号,用 1～n 的整数表示)在一个水龙头前排队准备接水,现在第 x 个人有特殊情况离开了队伍,求第 x 个人离开队伍后的排队情况。

【输入格式】

第一行 1 个整数 n,表示有 n 个人,$2<n\leqslant 1000$。

第二行包含 n 个整数,之间用空格隔开,表示排在队伍中的第 1 个到第 n 个人的编号。

第三行包含 1 个整数 x,表示第 x 个人离开队伍,$1\leqslant x\leqslant n$。

【输出格式】

一行,包含 n−1 个整数,之间用一个空格隔开,表示第 x 个人离开队伍后的排队情况。

【输入样例】

```
5
7 4 6 5 3
2
```

【输出样例】

```
7 6 5 3
```

【思路分析】

本题只需将第 x 个位置以后的元素依次往前移一位,数组长度减一,输出数组即可。

【参考程序】

```
#include<bits/stdc++.h>
using namespace std;
int main()
{
    int n,x,i,j,q[1001];
    cin>>n;
    for(i=1;i<=n;i++)
    {
       cin>>q[i];
    }
    cin>>x;
    for(j=x;j<n;j++)
    {
       q[j]=q[j+1];
    }
    n--;
    for(i=1;i<=n;i++)
    {
```

```
        cout<<q[i]<<" ";
    }
    return 0;
}
```

【运行结果】

```
未命名1.cpp
1  #include<bits/stdc++.h>
2  using namespace std;
3  int main()
4  {
5      int n,x,i,j,q[1001];
6      cin>>n;
7      for(i=1;i<=n;i++)
8      {
9          cin>>q[i];
10     }
11     cin>>x;
12     for(j=x;j<n;j++)
编译日志 调试 搜索结果 关闭
编译结果...
--------
- 错误：0
```

```
C:\Users\李志强\Documents\未命名1.exe
5
7 4 6 5 3
2
7 6 5 3
--------------------------------
Process exited after 13.96 seconds with return value 0
请按任意键继续. . .
```

练习 8.5：西瓜。

【问题描述】

水果店老板进了一批西瓜，总共有 n 个，老板将小于 5 斤的西瓜挑出，只保留大于或等于 5 斤的西瓜。

【输入格式】

第一行包含一个正整数 n。

第二行包含 n 个整数，之间用空格隔开，表示西瓜的重量(以斤为单位)。

【输出格式】

一行包含若干正整数，之间用一个空格隔开，表示西瓜被挑出后的情况。

【输入样例】

```
10
7 5 6 4 8 5 3 7 6 4
```

【输出样例】

```
7 5 6 8 5 7 6
```

【思路分析】

本题实质上是挑选出大于或等于 5 的数组元素，小于 5 的元素则被删除。因此需要通过循环从头至尾顺序查找整个题库数组，遇到一个小于 5 的元素即删除，并将后面元素向前移动一位，数组元素个数减 1；注意此时有新元素到删除的位置，因此需要重新从删除的位置继续检索，此时控制查找位置的变量应先减去 1。之后继续检索，直到整个数组检索完毕为止。最后输出挑选后的数组。

【参考程序】

```
#include<bits/stdc++.h>
using namespace std;
int main()
{
    int n,i,j,q[1001];
    cin>>n;
    for(i=1;i<=n;i++)
    {
        cin>>q[i];
    }
    for(i=1;i<=n;i++)
    {
        if(q[i]<5)
        {
            for(j=i;j<n;j++)
            {
                q[j]=q[j+1];
            }
            n--;
            i--;
        }
    }
    for(i=1;i<=n;i++)
    {
        cout<<q[i]<<" ";
    }
    return 0;
}
```

【运行结果】

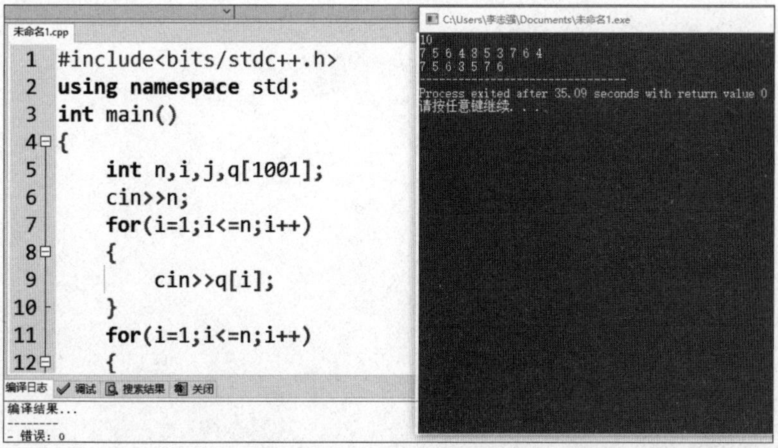

```
10
7 5 6 4 8 5 3 7 6 4
7 5 6 8 5 7 6
--------------------------------
Process exited after 35.09 seconds with return value 0
请按任意键继续. . .
```

练习 8.6：删除试题。

【问题描述】

题库中有 n 道编程试题，根据题号给定 n 道试题的难易程度（均为 1～10 之间的正整数），删除难度为 x 的试题。

【输入格式】

第一行包含两个正整数 n 和 x，之间用一个空格隔开。

第二行包含 n 个正整数，之间用一个空格隔开，表示每道题的难度。

1<n≤1000

【输出格式】

一行包含若干正整数，之间用一个空格隔开，表示删除难度为 x 的试题后题库中的试题情况。

【样例输入】

```
6 1
1 10 3 1 7 2
```

【样例输出】

```
10 3 7 2
```

【思路分析】

本题需要通过循环从头至尾检索整个题库数组，遇到一个难度为 x 的试题即刻删除，并将后面元素向前移动一位，数组元素个数减 1 控制查找位置的变量减 1；之后继续检索，直到整个题库检索完毕。最后输出删除试题后的数组。

【参考程序】

```
#include<bits/stdc++.h>
using namespace std;
int main()
{
    int n,x,i,j,q[1001];
    cin>>n>>x;
    for(i=1;i<=n;i++)
    {
        cin>>q[i];
    }
    for(i=1;i<=n;i++)
    {
        if(q[i]==x)
        {
            for(j=i;j<n;j++)
            {
```

```
                q[j]=q[j+1];
            }
            n--;
            i--;
        }
        else
        {
            continue;
        }
    }
    for(i=1;i<=n;i++)
    {
        cout<<q[i]<<" ";
    }
    return 0;
}
```

【运行结果】

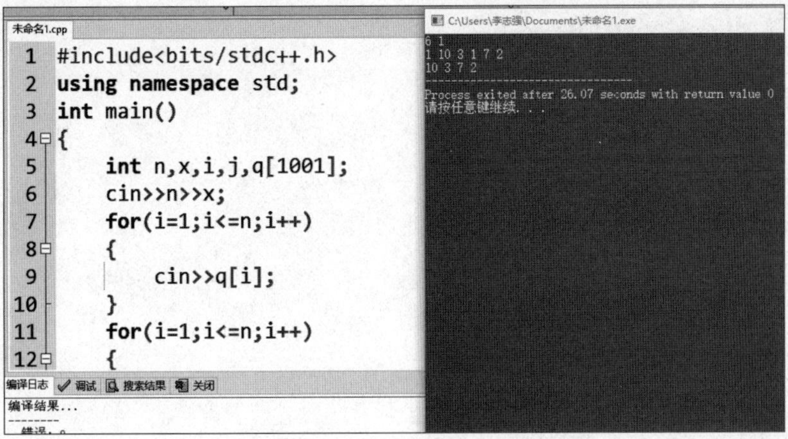

```
未命名1.cpp
1  #include<bits/stdc++.h>
2  using namespace std;
3  int main()
4  {
5      int n,x,i,j,q[1001];
6      cin>>n>>x;
7      for(i=1;i<=n;i++)
8      {
9          cin>>q[i];
10     }
11     for(i=1;i<=n;i++)
12     {
```

```
C:\Users\李志强\Documents\未命名1.exe
6 1
1 10 3 1 7 2
10 3 7 2
--------------------------------
Process exited after 26.07 seconds with return value 0
请按任意键继续. . .
```

练习 9.1：建立足球队。

【题目描述】

小茗的体育老师决定组建一支足球队，老师决定抽签选择队员。抽签时每个运动员都抽取一张写有抽签号的牌，最后老师再当众抽取一个号码，凡抽签号与老师所抽取的号码一致，则入选。最终输出这些运动员的抽签时的次序编号。

【输入格式】

输入共两行。

第一行包含运动员人数 n 和老师抽取的号码，以空格隔开。

第二行输入 n 个运动员人数的编号，以空格隔开。

【输出格式】

输出一行，与老师抽取的号码相同编号的运动员的位置。

【样例输入】

```
6 3
6 2 3 4 3 1
```

【样例输出】

3 5(表示上面输入的 6 个抽签号中两个 3 分别处于第三和第五的位置)

【思路分析】

本题用顺序查找进行求解。首先用一个数组 a 来存放队员的抽签号,然后用老师抽取的号码 x 与数组中的元素相比较,从第一个元素开始,依次与数组中的元素比较,如果数组中的某一个元素刚好就是老师抽取的号码,那么就输出该数的编号。

【参考代码】

```
#include<bits/stdc++.h>
using namespace std;
int a[10];
int main()
{
    int n,x;
    cin>>n>>x;
    for(int i=1;i<=n;i++)
      cin>>a[i];
    for(int i=1;i<=n;i++)
    {
       if(a[i]==x) cout<<i<<" ";
    }
    return 0;
}
```

【运行结果】

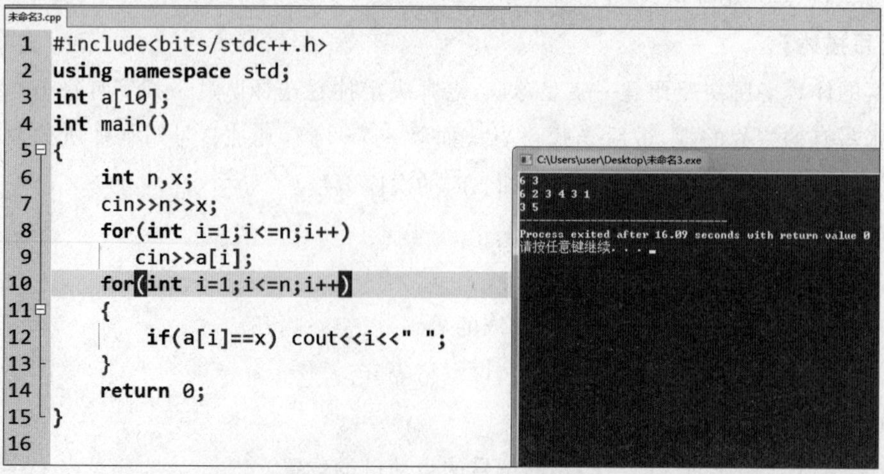

练习 9.2：最大值和最小值的差。

【题目描述】

输出一个整数序列中最大的数和最小的数的差。

【输入格式】

第 1 行为 m，表示整数个数，整数个数不会大于 10 000。

第 2 行为 m 个整数，分别以空格隔开，每个整数的绝对值不会大于 10 000。

【输出格式】

m 个数中最大值和最小值的差。

【输入样例】

```
5
2 5 7 4 2
```

【输出样例】

```
5
```

【思路分析】

本题的输入格式中告诉大家，整数 m 不会大于 10 000，因此，我们可以假设最大值为－10001，最小值为 10001。边输入一个数，边分别和 max 和 min 进行比较，如果大于 max，就把 a[i]赋值给 max，如果大于 min，就把 a[i]赋值给 min，最后输出 max－min 就可以。

【参考代码】

```
#include<bits/stdc++.h>
using namespace std;
int main()
{
    int a[1001],m,max=-10001,min=10001;
    cin>>m;
    for(int i=1;i<=m;i++)
    {
        cin>>a[i];
        if(a[i]>max) max=a[i];
        if(a[i]<min) min=a[i];
    }
    cout<<max-min<<endl;
    return 0;
}
```

【运行结果】

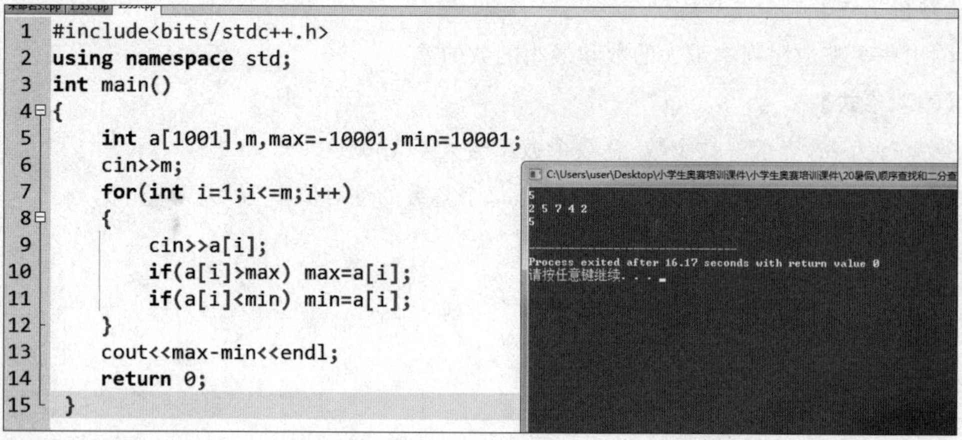

```cpp
#include<bits/stdc++.h>
using namespace std;
int main()
{
    int a[1001],m,max=-10001,min=10001;
    cin>>m;
    for(int i=1;i<=m;i++)
    {
        cin>>a[i];
        if(a[i]>max) max=a[i];
        if(a[i]<min) min=a[i];
    }
    cout<<max-min<<endl;
    return 0;
}
```

```
5
2 5 7 4 2
5

Process exited after 16.17 seconds with return value 0
请按任意键继续. . .
```

练习 9.3：整数去重。

【题目描述】

给定含有 n 个整数的序列，要求对这个序列进行去重操作。所谓去重，就是对这个序列中每个重复出现的数，只保留该数第一次出现的位置，删除其余位置。

【输入格式】

包含两行：

第 1 行包含一个正整数 n(1≤n≤20,000)，表示第 2 行序列中数字的个数。

第 2 行包含 n 个整数，每个整数之间以一个空格分开。每个整数大于或等于 10、小于或等于 100。

【输出格式】

一行，按照输入的顺序输出其中不重复的数字，每个整数之间用一个空格分开。

【输入样例】

```
5
10 12 93 12 75
```

【输出样例】

```
10 12 93 75
```

【问题分析】

在没有输入数据前，可以定义一个布尔型数组，即 bool b[20001]（布尔型的值只有 true 和 false 两种，常常用于标识真和假），然后将它的初识状态设为真，即 memset(b,true,sizeof(b))，然后将当前的数和后面每个数进行比对，如果相等，则标记为假，即 b[j]=false，最终输出的时候，只要判断标识数组是否为真，如果为真，就输出这个数。

【参考代码】

```
#include<bits/stdc++.h>
using namespace std;
int main()
{
    int n,a[20001];
    bool b[20001];
    cin>>n;
    memset(b,true,sizeof(b));
    for(int i=1;i<=n;i++)
        cin>>a[i];
    for(int i=1;i<n;i++)
    {
        for(int j=i+1;j<=n;j++)
        if(a[i]==a[j]) b[j]=false;
    }
    for(int i=1;i<=n;i++)
        if(b[i]==true) cout<<a[i]<<" ";
    cout<<endl;
    return 0;
}
```

【运行结果】

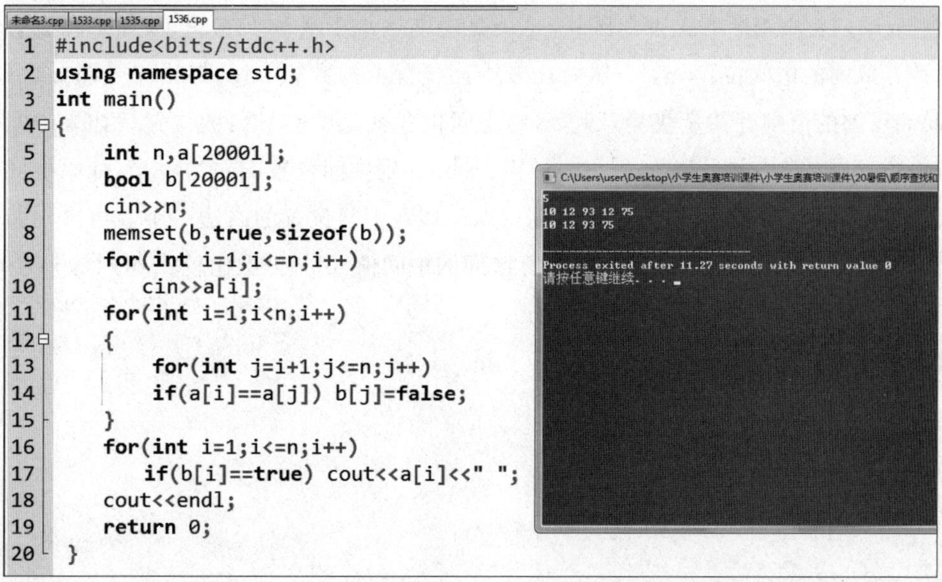

```
未命名3.cpp | 1533.cpp | 1535.cpp | 1536.cpp
1  #include<bits/stdc++.h>
2  using namespace std;
3  int main()
4  {
5      int n,a[20001];
6      bool b[20001];
7      cin>>n;
8      memset(b,true,sizeof(b));
9      for(int i=1;i<=n;i++)
10         cin>>a[i];
11     for(int i=1;i<n;i++)
12     {
13         for(int j=i+1;j<=n;j++)
14         if(a[i]==a[j]) b[j]=false;
15     }
16     for(int i=1;i<=n;i++)
17         if(b[i]==true) cout<<a[i]<<" ";
18     cout<<endl;
19     return 0;
20 }
```

```
C:\Users\user\Desktop\小学生奥赛培训课件\小学生奥赛培训课件\20暑假\顺序查找和
5
10 12 93 12 75
10 12 93 75
--------------------------------
Process exited after 11.27 seconds with return value 0
请按任意键继续. . .
```

练习 9.4：抽奖。

【题目描述】

公司举办年会，为了活跃气氛，设置了抽奖环节。参加聚会的每位员工都有一张带有号码的抽奖券。现在,主持人从小到大依次公布 n 个不同的获奖号码,小茗看着自己抽奖券上的号码 x 无比紧张。请编写一个程序,如果小茗获奖了,请输出他中奖的是第几个号码;如果没有中奖,请输出 0。

【输入格式】

第一行一个正整数 n,表示有 n 个获奖号码,2<n≤100。

第二行包含 n 个正整数,之间用一个空格隔开,表示依次公布的 n 个获奖号码。

第三行一个正整数 x,表示小茗抽奖券上的号码。1≤获奖号码,x<10000。

【输出格式】

一行一个整数,如果小茗中奖了,表示中奖的是第几个号码;如果没有中奖,则为 0。

【输入样例】

```
7
1 2 3 4 6 17 9555
3
```

【输出样例】

```
3
```

【思路分析】

本题用二分查找来解决。先定义一个有 n 个元素的数组,来存放抽奖号码。根据二分查找的定义,假设第一个抽奖号的下标为查找区间的左端点 left,最后一个抽奖号的下标为右端点 right。首先判断有无查找区间,也就是左端点小于或等于右端点,如果存在查找区间,则计算区间的中间位置 mid。然后比较中间位置上的数 a[mid]与获奖号码 x 比较,如果中间端点上的值刚好就是获奖号码 x,则中间位置就是中奖号码的位置。如果中间位置上的值 a[mid]大于中奖号码 x,则将右端点 right 移到中间位置的左边一个,如果中间位置上的值 a[mid]小于中奖号码 x,则将左端点 left 移到中间位置的右边一个。再次判断有无查找区间,若查找区间还存在,则重新计算区间的中间值 mid,再次比较a[mid]与 x 的关系。依次类推,直到找到中奖号码的位置为止。

【参考代码】

```
#include<bits/stdc++.h>
using namespace std;
int a[30];
int main(){
    int n;
    cin>>n;
    int left=1,right=n;
    int f=0;
    for(int i=1;i<=n;i++){
```

```
        cin>>a[i];
    }
    int x;
    cin>>x;
    while(left<=right){
        int mid=(left+right)/2;
        if(a[mid]==x)  {
            f=mid;
            break;
        }
        if(a[mid]<x)  left=mid+1;
        if(a[mid]>x)  right=mid-1;
    }
    if(f!=0)  cout<<f;
    else cout<<"0";
}
```

【运行结果】

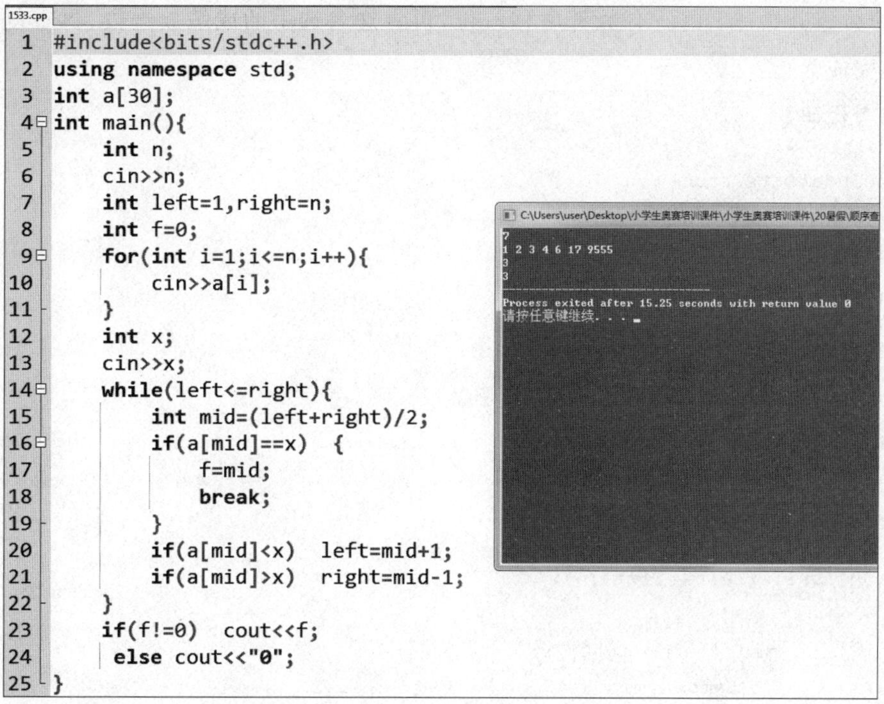

```
1533.cpp
1  #include<bits/stdc++.h>
2  using namespace std;
3  int a[30];
4  int main(){
5      int n;
6      cin>>n;
7      int left=1,right=n;
8      int f=0;
9      for(int i=1;i<=n;i++){
10         cin>>a[i];
11     }
12     int x;
13     cin>>x;
14     while(left<=right){
15         int mid=(left+right)/2;
16         if(a[mid]==x)  {
17             f=mid;
18             break;
19         }
20         if(a[mid]<x)  left=mid+1;
21         if(a[mid]>x)  right=mid-1;
22     }
23     if(f!=0)  cout<<f;
24      else cout<<"0";
25 }
```

```
C:\Users\user\Desktop\小学生奥赛培训课件\小学生奥赛培训课件\20暑假\顺序查
7
1 2 3 4 6 17 9555
3
3
--------------------------------
Process exited after 15.25 seconds with return value 0
请按任意键继续. . .
```

练习 9.5：卡拉 OK 海选。

【题目描述】

学校正在进行卡拉 OK 比赛的海选，每周六会有 10 名选手进行比赛，比赛后他们的成绩会汇总到一张总成绩表中，小茗作为这项活动的志愿者，他主要完成成绩的汇总工作。当他把一位选手的得分输入计算机，程序即能帮他把这位同学的得分添加到成绩汇总表里合适的位置，这张汇总表始终是按得分从高到低排列的，如果有相同的分数，后参赛的选手排在后面。你能帮他吗？

【输入格式】

仅一行，共 10 个数，代表 10 名选手的成绩。

【输出格式】

输出 10 个数，从高到低排列。

【样例输入】

```
10 5 11 6 9 14 2 8 7 13
```

【样例输出】

```
14 13 11 10 9 8 7 6 5 2
```

【问题分析】

本题明确告诉大家有 10 名选手，我们可以定义一个数组 a，并且输入 10 名选手的成绩，通过 for 循环来输入。输入的这名选手的成绩通过二分查找的方式，找到它的位置，然后从这个位置开始往后的所有数都后移一位，再将这名选手的成绩放进去，再重复这个过程，直至完成为止。

【参考代码】

```
#include<bits/stdc++.h>
using namespace std;
int main()
{
    int i,j,left,right,mid,t,temp;
    int a[1001];
    for(i=1;i<=10;i++)
    {
        cin>>a[i];
        temp=a[i]; t=i;
        left=1;right=i;
        while(left<=right)
        {
            mid=(left+right)/2;
            if(temp>a[mid])
            {
                for(j=t-1;j>=mid;j--,t--)
                a[t]=a[j];
                a[mid]=temp;
                right=mid-1;
            }
            else
```

```
                left=mid+1;
            }
        }
        for(i=1;i<=10;i++)
        cout<<a[i]<<" ";
}
```

【运行结果】

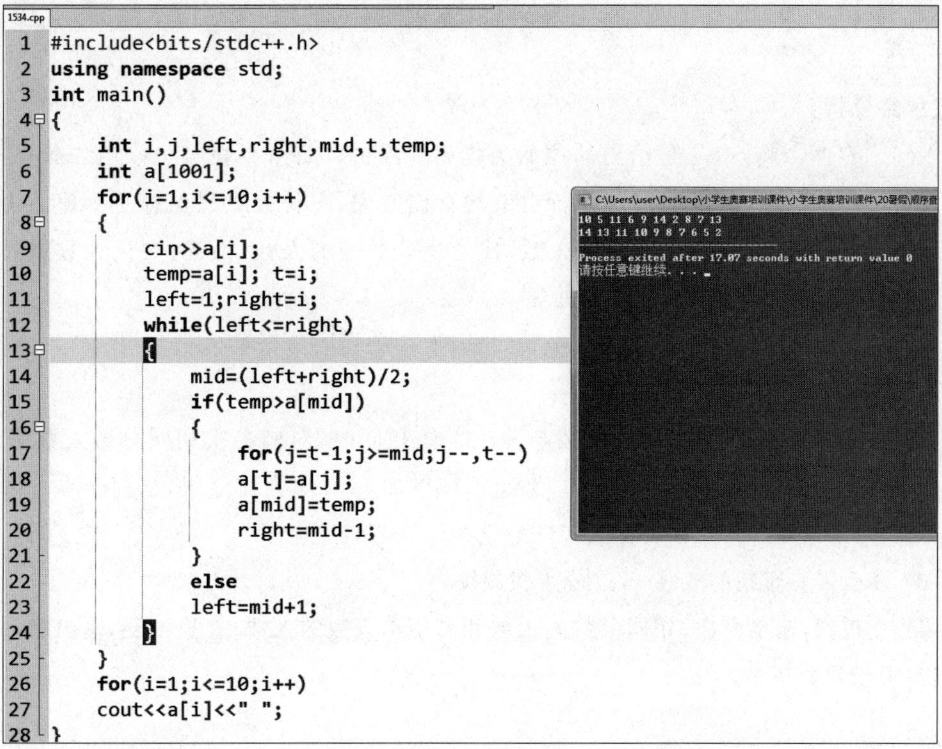

1534.cpp

```
#include<bits/stdc++.h>
using namespace std;
int main()
{
    int i,j,left,right,mid,t,temp;
    int a[1001];
    for(i=1;i<=10;i++)
    {
        cin>>a[i];
        temp=a[i]; t=i;
        left=1;right=i;
        while(left<=right)
        {
            mid=(left+right)/2;
            if(temp>a[mid])
            {
                for(j=t-1;j>=mid;j--,t--)
                a[t]=a[j];
                a[mid]=temp;
                right=mid-1;
            }
            else
            left=mid+1;
        }
    }
    for(i=1;i<=10;i++)
    cout<<a[i]<<" ";
}
```

```
10 5 11 6 9 14 2 8 7 13
14 13 11 10 9 8 7 6 5 2
--------------------------------
Process exited after 17.07 seconds with return value 0
请按任意键继续. . .
```

练习 9.6：中考排名。

【题目描述】

中考成绩出来了，许多考生想知道自己成绩排名情况，于是考试委员会找到了你，让你帮助其完成一个成绩查找程序，考生只要输入成绩，即可知道其排名及同分数的有多少人。

【输入】

第 1 行一个数 N(N≤10 000)；第 2 行一个数 K；第 3 行开始 N 个以空格隔开的从大到小排列的所有学生中考成绩(整数)，接着 K 个待查找的考生成绩。

【输出】

K 行，每行为一个待查找的考生的名次(不同分数的名次)、同分的人数、比考生分数高的人数。查找不到输出“fail!”。

【输入样例】

```
10
2
580 570 565 564 564 534 534 534 520 520
564 520
```

【输出样例】

```
4 2 3
6 2 8
```

【思路分析】

本问题有两个特点，一是给出的原始数据是有序的，因此，查找时可以用二分查找；二是有大量的相同分数，可以利用这一特点节约存储空间，每种分数只保存一个值。由于需要输出待查找的考生的名次、同分的人数、比考生分数高的人数，因此，在读入数据时要考虑，同分数据及高于当前分数的都要处理。

(1) 设数组 a 用于存放不同的分数值，b 用于存放相同分数的人数，s 用于存放高于此分数的人数。数组下标表示名次。

(2) 从高到低读入分数，当读入数与前一个数相同时，对应名次相同分数人数增 1，当读入数与前一个数不同时，名次增 1，即数组下标增加 1，存储当前分数，求高于本分数的人数并存储。

(3) 读入需要查找的成绩 x，二分查找成绩。

(4) 查找到，输出名次、相同分数的人数和高于本分数的人数；查找不到，输出“fail!”。

【参考代码】

```cpp
#include<bits/stdc++.h>
using namespace std;
int main()
{
    int a[10001],b[10001],s[10001];
    int n,k,x,low,high,mid=0,rank=0,mark,temp=-1;
    cin>>n>>k;
    memset(b,0,sizeof(b));
    for(int i=1;i<=n;i++)
    {
        cin>>mark;
        if(mark==temp) b[rank]+=1;
        else
        {
            a[++rank]=mark;s[rank]=i-1;b[rank]=1;
        }
```

```
        temp=mark;
    }
    for(int i=1;i<=k;i++)
    {
        cin>>x;
        low=1;high=rank;
        while(low<=high&&a[mid]!=x)
        {
            mid=(low+high)/2;
            if(a[mid]<x) high=mid-1;
            else low=mid+1;
        }
        if(a[mid]==x) cout<<mid<<" "<<b[mid]<<" "<<s[mid]<<endl;
        else cout<<"fail"<<endl;
    }
    return 0;
}
```

【运行结果】

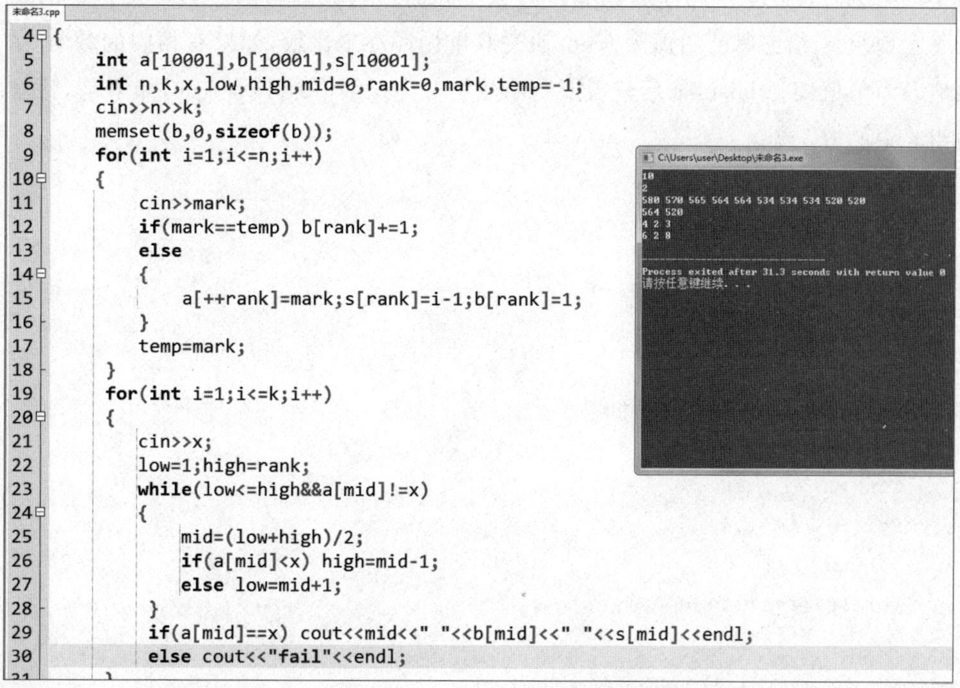

```
未命名3.cpp
 4 {
 5     int a[10001],b[10001],s[10001];
 6     int n,k,x,low,high,mid=0,rank=0,mark,temp=-1;
 7     cin>>n>>k;
 8     memset(b,0,sizeof(b));
 9     for(int i=1;i<=n;i++)
10     {
11         cin>>mark;
12         if(mark==temp) b[rank]+=1;
13         else
14         {
15             a[++rank]=mark;s[rank]=i-1;b[rank]=1;
16         }
17         temp=mark;
18     }
19     for(int i=1;i<=k;i++)
20     {
21         cin>>x;
22         low=1;high=rank;
23         while(low<=high&&a[mid]!=x)
24         {
25             mid=(low+high)/2;
26             if(a[mid]<x) high=mid-1;
27             else low=mid+1;
28         }
29         if(a[mid]==x) cout<<mid<<" "<<b[mid]<<" "<<s[mid]<<endl;
30         else cout<<"fail"<<endl;
```

```
C:\Users\user\Desktop\未命名3.exe
10
2
580 570 565 564 564 534 534 534 520 520
564 520
4 2 3
6 2 8

--------------------------------
Process exited after 31.3 seconds with return value 0
请按任意键继续. . .
```

练习 10.1：明明的调查。

【题目描述】

明明想在学校请一些同学一起来进行一项问卷调查，他先用计算机输入 N 个 1 到 1000 之间的整数（N≤100），对于其中重复的数字，只保留一个，把其余相同的数去掉，不同的数对应着不同的学生的学号。然后再把这些数从小到大排序，按照排好的顺序去找同学做调查。请你协助明明完成“去重”与“排序”操作。

【输入格式】

输入有两行，第一行为1个正整数，表示输入的整数的个数N。

第2行有N个用空格隔开的正整数，为所输入的整数。

【输出格式】

输出一行，为从小到大排好序的不相同的整数，用空格隔开。

【样例输入】

```
10
20 40 32 67 40 20 89 300 400 15
```

【样例输出】

```
15 20 32 40 67 89 300 400
```

【问题分析】

首先输入人数n，然后通过for循环输入n个学生的学号，再通过双重循环进行比较，按照从小到大进行排序。排完序后就要进行去重，也可以先去重再排序，都是一样的。可以定义一个数组b，给它赋初始值为true，通过双重循环逐个比较，如果有相同的数时，数组b中对应元素值就变为false，最后只需要判断数组b中元素值是不是true，如果是，就输出对应数组a中的值。

【参考代码】

```
#include<bits/stdc++.h>
using namespace std;
int main()
{
    int i,j,n,a[10001],temp,k;
    bool b[1001];
    cin>>n;
    for(i=1;i<=n;i++)
        cin>>a[i];
    for(i=2;i<=n;i++)
    {
        for(j=i-1;j>=1;j--)
            if(a[j]<a[i]) break;
        if(j!=i-1)
        {
            temp=a[i];
            for(k=i-1;k>j;k--)
```

```
                a[k+1]=a[k];
            a[k+1]=temp;
        }
    }
    memset(b,true,sizeof(b));
    for(int i=1;i<n;i++)
    {
        for(int j=i+1;j<=n;j++)
            if(a[i]==a[j]) b[j]=false;

    }
    for(int i=1;i<=n;i++)
        if(b[i]==true) cout<<a[i]<<" ";
    cout<<endl;
    return 0;
}
```

【运行结果】

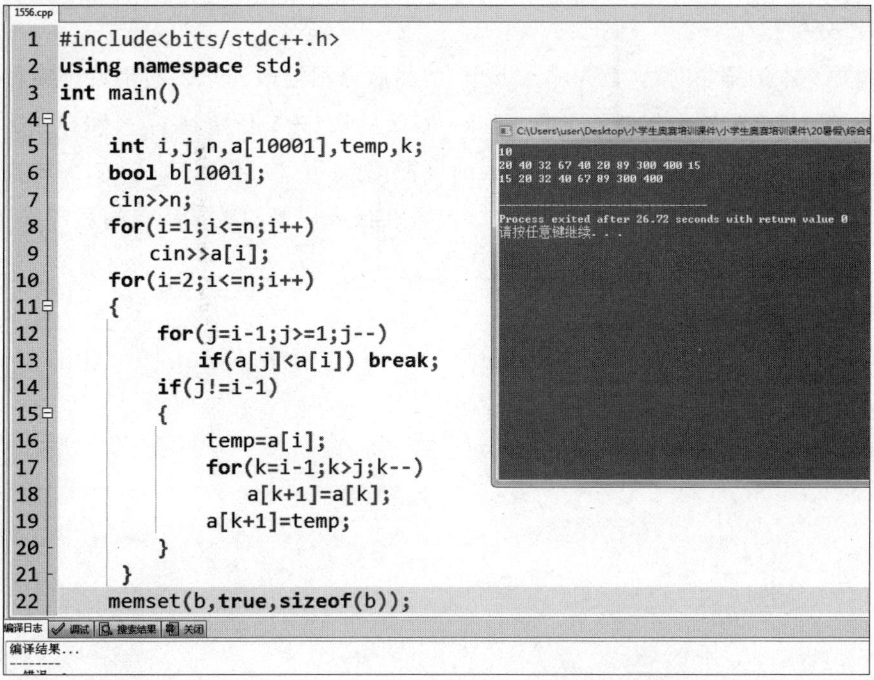

```
1556.cpp
1  #include<bits/stdc++.h>
2  using namespace std;
3  int main()
4  {
5      int i,j,n,a[10001],temp,k;
6      bool b[1001];
7      cin>>n;
8      for(i=1;i<=n;i++)
9          cin>>a[i];
10     for(i=2;i<=n;i++)
11     {
12         for(j=i-1;j>=1;j--)
13             if(a[j]<a[i]) break;
14         if(j!=i-1)
15         {
16             temp=a[i];
17             for(k=i-1;k>j;k--)
18                 a[k+1]=a[k];
19             a[k+1]=temp;
20         }
21     }
22     memset(b,true,sizeof(b));
```

```
10
20 40 32 67 40 20 89 300 400 15
15 20 32 40 67 89 300 400

--------------------------------
Process exited after 26.72 seconds with return value 0
请按任意键继续. . .
```

练习 10.2：年龄排序。

【题目描述】

给定 n 个居民的年龄(最多不超过 120)，请将它们按由小到大的顺序排序。

【输入格式】

第 1 行：整数 n，表示居民的人数($1 \leqslant n \leqslant 5 * 10^{\wedge}7$)。

接下来的 n 行：每行一个整数表示居民的年龄(1≤每个居民的年龄≤120)。

【输出格式】

共 n 行,排序后的年龄。

【样例输入】

```
5
60
11
20
12
67
```

【样例输出】

```
11
12
20
60
67
```

【思路分析】

本题是基本的排序问题,首先输入 n 个人,然后分别输入 n 个人的年龄。接着排序,先记录当前需要排序的这个年龄的下标,即 k=i,然后从 i+1 开始到 n,分别和 a[k]进行比较,如果 a[k]>a[j],那么就是找到了插入的位置,记录下这个位置,即 k=j,一轮找完后,如果插入的位置不是当前数的位置,就交换当前数和插入位置的数。所有的数都排完序后就输出。

【参考代码】

```
#include<bits/stdc++.h>
using namespace std;
int main()
{
    int a[500001],i,j,k,t,n;
    cin>>n;
    for(i=1;i<=n;i++)
        cin>>a[i];
    for(i=1;i<=n;i++)
    {
        k=i;
        for(j=i+1;j<=n;j++)
            if(a[k]>a[j]) k=j;
        if(k!=i)
        {
            t=a[i];
```

```
            a[i]=a[k];
            a[k]=t;
        }
    }
    for(int i=1;i<=n;i++)
        cout<<a[i]<<endl;
    return 0;
}
```

【运行结果】

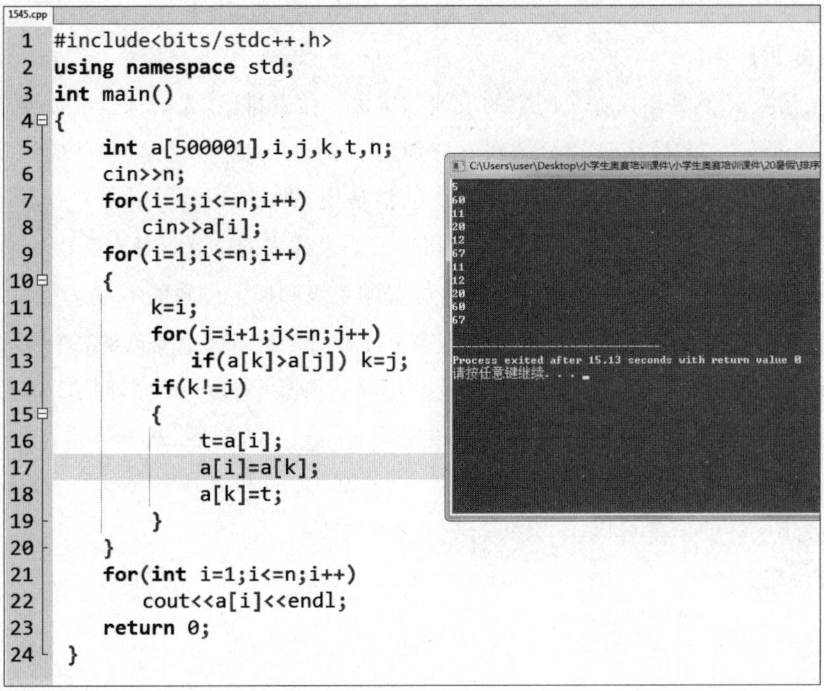

```
1545.cpp
1  #include<bits/stdc++.h>
2  using namespace std;
3  int main()
4  {
5      int a[500001],i,j,k,t,n;
6      cin>>n;
7      for(i=1;i<=n;i++)
8         cin>>a[i];
9      for(i=1;i<=n;i++)
10     {
11         k=i;
12         for(j=i+1;j<=n;j++)
13             if(a[k]>a[j]) k=j;
14         if(k!=i)
15         {
16             t=a[i];
17             a[i]=a[k];
18             a[k]=t;
19         }
20     }
21     for(int i=1;i<=n;i++)
22        cout<<a[i]<<endl;
23     return 0;
24  }
```

```
C:\Users\user\Desktop\小学生奥赛培训课件\小学生奥赛培训课件\20暑假\排序
5
60
11
20
12
67
11
12
20
60
67

--------------------------------
Process exited after 15.13 seconds with return value 0
请按任意键继续. . .
```

练习 10.3：排名。

【题目描述】

一年一度的学生程序设计比赛开始，组委会公布了所有学生的成绩，成绩按照分数从高到低排名，成绩相同按年级从低到高排序。现在主办方想知道排好序后每一位学生前有几位学生的年级低于他。

【输入格式】

第一行一个正整数 n，表示参赛的学生人数($1 \leqslant n \leqslant 200$)。

第二行至 n+1 行，每行有两个整数 s($0 \leqslant s \leqslant 400$)和 g($1 \leqslant g \leqslant 6$)。之间用一个空格隔开，s 表示学生的成绩，g 表示年级。

【输出格式】

输出 n 行，表示该学生前面年级比他低的学生人数。

【样例输入】

```
3
67 6
56 9
45 8
```

【样例输出】

```
0
1
1
```

【思路分析】

本题先输入 n，然后输入 n 个同学的成绩和年级。接着排序，先记录当前需要排序的这个年龄的下标，即 k=i，然后从 i+1 开始到 n 分别与 a[k]、b[k]进行排序，条件应该是成绩按高到低排，如果成绩相同则按年级从低到高。也就是说，即 if((a[j]>a[k])||(a[j]==a[k]&&b[j]<b[k])，就记录下这个数的位置，即 k=j，如果插入的位置不是当前数的位置，就交换当前位置的成绩和插入位置的成绩以及当前位置的年级和插入位置的年级。

再定义一个数组，专门记录从第 1 行到第 i 行有几个比 i 行年级低的，第一行永远是 0，因为它前面没有，所以 ans[1]=0，接下来就从第 2 行开始，所以 for 循环从 2 到 n，每次的初识状态都为 0，因此在 for 循环下面第一个语句是 ans[i]=0，然后，从 1 开始到 i 分别进行年级的比较，如果当前行的年级比前面行的年级小，则加一，即 if(b[i]>b[j])，ans[i]++。最后输出数组 ans 的值就可以了，且每行只有一个数。

【参考代码】

```
#include<bits/stdc++.h>
using namespace std;
int main()
{
    int a[201],b[201],ans[201];
    int i,j,k,n;
    cin>>n;
    for(i=1;i<=n;i++)
        cin>>a[i]>>b[i];
    for(i=1;i<=n;i++)
    {
        k=i;
        for(j=i+1;j<=n;j++)
            if((a[j]>a[k])||(a[j]==a[k]&&b[j]<b[k]))k=j;
        if(k!=i){swap(a[i],a[k]);swap(b[i],b[k]);}
    }
```

```
    ans[1] =0;
    for(i =2; i <=n; i++) {
        ans[i] =0;
        for(j =1; j <i; j++)
            if(b[i] >b[j]) ans[i]++;
    }
    for(i =1; i <=n; i++) cout <<ans[i] <<endl;
    return 0;
}
```

【运行结果】

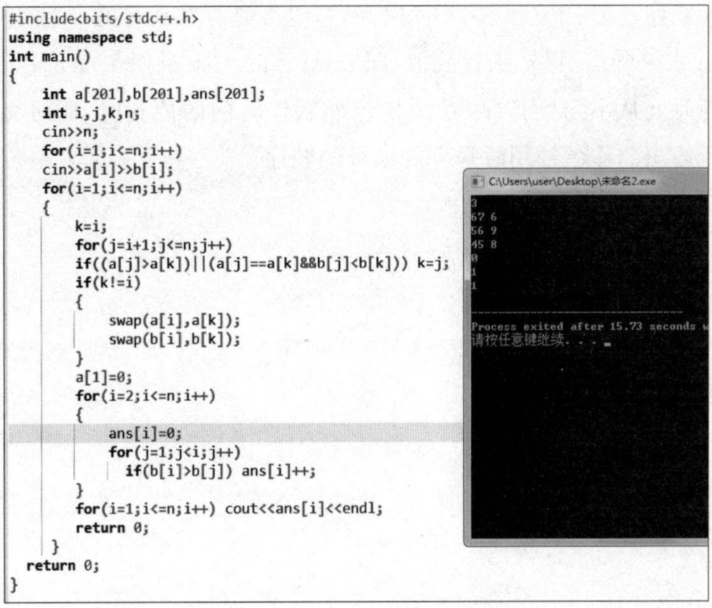

```
#include<bits/stdc++.h>
using namespace std;
int main()
{
    int a[201],b[201],ans[201];
    int i,j,k,n;
    cin>>n;
    for(i=1;i<=n;i++)
    cin>>a[i]>>b[i];
    for(i=1;i<=n;i++)
    {
        k=i;
        for(j=i+1;j<=n;j++)
        if((a[j]>a[k])||(a[j]==a[k]&&b[j]<b[k])) k=j;
        if(k!=i)
        {
            swap(a[i],a[k]);
            swap(b[i],b[k]);
        }
        a[1]=0;
        for(i=2;i<=n;i++)
        {
            ans[i]=0;
            for(j=1;j<i;j++)
              if(b[i]>b[j]) ans[i]++;
        }
        for(i=1;i<=n;i++) cout<<ans[i]<<endl;
        return 0;
    }
  return 0;
}
```

```
C:\Users\user\Desktop\未命名2.exe
3
67 6
56 9
45 8
0
1
1
--------------------------------
Process exited after 15.73 seconds w
请按任意键继续. . .
```

练习 10.4：蛋糕。

【题目描述】

小茗的朋友们一起去蛋糕店来买蛋糕，可是，发现那里是人山人海啊。这下可把店家给急坏了，因为人数过多，需求过大，所以人们要等好长时间才能拿到自己的蛋糕。由于每位客人订的蛋糕都是不同风格的，所以制作时间也都不同。老板为了最大限度的使每位客人尽快拿到蛋糕，因此他需要安排一个制作顺序，使每位客人的平均等待时间最少。这使他发愁了，于是他请你来帮忙安排一个制作顺序，使得每位客人的平均等待时间最少。

【输入格式】

两行。第一行是一个整数 n(1≤n≤1000)，表示有 n 种蛋糕等待制作。第二行有 n 个数，第 i 个数表示第 i 种蛋糕的制作时间。

【输出格式】

一行，有 n 个整数，整数间用空格隔开，行末没有空格，是蛋糕的制作顺序，每个数即是蛋糕的编号。

【输入样例】

```
8
4 5 3 3 1 4 6 7
```

【输出样例】

```
5 3 4 1 6 2 7 8
```

【问题分析】

要使每位客人的平均等待时间最少，就要使得制作蛋糕的时间最少的客人先拿，分别定义一个数组 a 来存放第 i 个蛋糕制作的时间，数组 b 是存放编号的，a 数组的值通过输入，而 b 数组的值通过一个 for 循环来存放值，即 for(i=1;i<=n;i++) b[i]=i;通过冒泡排序将制作蛋糕的时间从小到大排序，在交换蛋糕制作时间的位置时，同时交换制作蛋糕时间的编号。最后输出制作蛋糕用时最少的编号的顺序。

【参考代码】

```
#include <bits/stdc++.h>
using namespace std;
int a[1005];
int b[1005];
int main()
{
  int i,j,n;
  cin >>n;
  for (i =1;i <=n; i++)
    cin >>a[i];
  for (i =1;i <=n; i++)
    b[i] =i;
  for (i =1;i <n; i++)
  {
    for (j =1; j <=n-i; j++)
      if (a[j] >a[j+1]) {
          swap(a[j],a[j+1]);
          swap(b[j],b[j+1]);}
  }
  for (i =1; i <=n-1; i++)
    cout <<b[i] <<" ";
  cout <<b[n];
  return 0;
}
```

【运行结果】

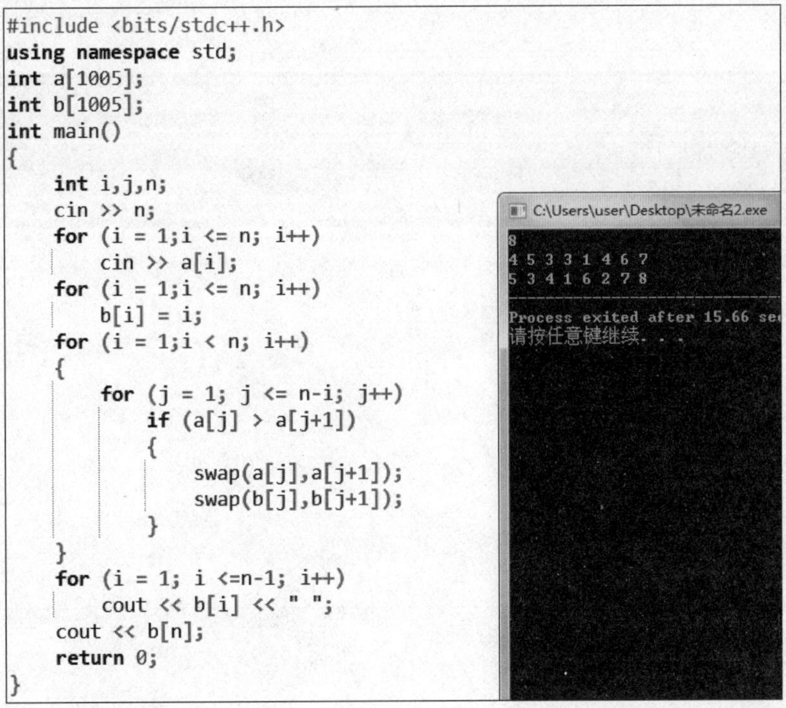

```
#include <bits/stdc++.h>
using namespace std;
int a[1005];
int b[1005];
int main()
{
    int i,j,n;
    cin >> n;
    for (i = 1;i <= n; i++)
        cin >> a[i];
    for (i = 1;i <= n; i++)
        b[i] = i;
    for (i = 1;i < n; i++)
    {
        for (j = 1; j <= n-i; j++)
            if (a[j] > a[j+1])
            {
                swap(a[j],a[j+1]);
                swap(b[j],b[j+1]);
            }
    }
    for (i = 1; i <=n-1; i++)
        cout << b[i] << " ";
    cout << b[n];
    return 0;
}
```

```
C:\Users\user\Desktop\未命名2.exe
8
4 5 3 3 1 4 6 7
5 3 4 1 6 2 7 8
--------------------------------
Process exited after 15.66 se
请按任意键继续. . .
```

练习 10.5：成绩排序。

【题目描述】

输入 10 个学生的成绩，并将 10 个学生的成绩按由大到小的顺序排序。

【输入格式】

10 整数表示 10 个学生的成绩(整数与整数间使用空格隔开)。

【输出格式】

10 个按由大到小排好序的成绩。

【样例输入】

```
20 30 40 50 60 70 80 90 91 95
```

【样例输出】

```
95 91 90 80 70 60 50 40 30 20
```

【问题分析】

根据题目定义一个数组，存放 10 个学生的成绩，然后按由大到小进行排序后输出。下面程序是采用的选择排序算法实现排序，请读者自行实现已学会的其他排序算法。

【参考代码】

```
#include<iostream>
```

```
using namespace std;
int main()
{
    int i,a[11],j;
    for(i=1;i<=10;i++)
        cin>>a[i];
    for(i=1;i<=10;i++)
    {
        for(j=i+1;j<=10;j++)
            if(a[i]<a[j]) swap(a[i],a[j]);
    }
    for(i=1;i<=10;i++)
        cout<<a[i]<<" ";
    cout<<endl;
}
```

【运行结果】

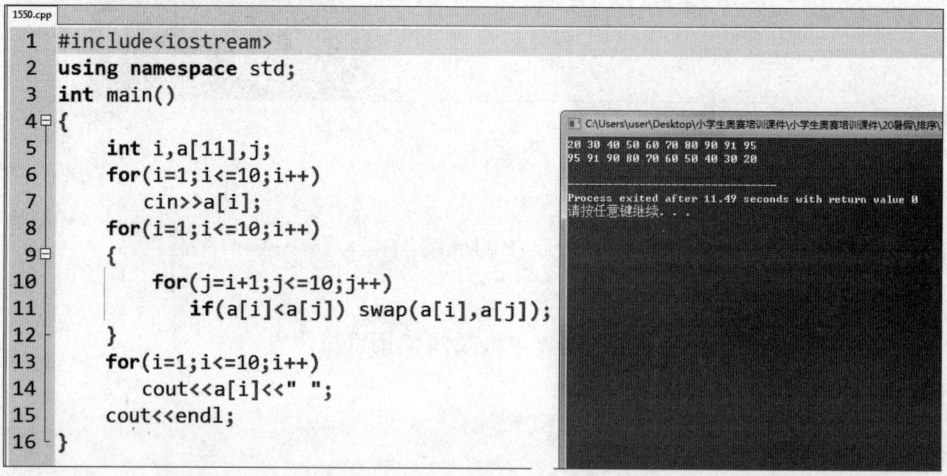

```
1550.cpp
1  #include<iostream>
2  using namespace std;
3  int main()
4  {
5      int i,a[11],j;
6      for(i=1;i<=10;i++)
7         cin>>a[i];
8      for(i=1;i<=10;i++)
9      {
10         for(j=i+1;j<=10;j++)
11             if(a[i]<a[j]) swap(a[i],a[j]);
12     }
13     for(i=1;i<=10;i++)
14        cout<<a[i]<<" ";
15     cout<<endl;
16 }
```

```
C:\Users\user\Desktop\小学生奥赛培训课件\小学生奥赛培训课件\20暑假\排序\
20 30 40 50 60 70 80 90 91 95
95 91 90 80 70 60 50 40 30 20

--------------------------------
Process exited after 11.49 seconds with return value 0
请按任意键继续. . .
```

练习 10.6：老鼠偷蛋糕。

【题目描述】

“小老鼠上灯台，偷油吃下不来……”是一句很古老的童谣。新时代到了，老鼠也从偷灯油改行偷蛋糕等高大上的食物了。某天老鼠队长，带着它的小兵来到了一农户家的房顶上。离房顶距离为 M 的柜子上有块蛋糕。为了得到这块蛋糕，老鼠队长真是费尽了心思。在尽量保证大部队安全的情况下。老鼠队长决定尽量派出最少的老鼠，让后一只老鼠拉着前一只老鼠的尾巴去偷柜子上的蛋糕。剩下的老鼠留下来保卫大家的安全。

现在共有 N 只老鼠，每只老鼠的长度为 Ai。请你帮老鼠队长计算一下，它最少需要派出几只老鼠去偷蛋糕呢？(若派出的老鼠长度之和大于或等于 M，则认为老鼠偷到蛋糕)。

【输入格式】

共 2 行

第 1 行：2 个用空格隔开的整数：N 和 M（1≤N≤50，1≤M≤5001≤N≤50，1≤M≤500）。

第 2 到 N+1 行：每行 1 个整数 Ai，表示老鼠的长度（1≤Ai≤61≤Ai≤6）。

【输出格式】

最少需要派出几只老鼠去偷蛋糕，如果派出所有老鼠都无法偷到蛋糕则输出－1。

【样例输入】

```
5 8
4
1
4
1
2
```

【样例输出】

```
2
```

【问题分析】

首先定义一个数组 a 来存放 n 个老鼠的长度，然后将老鼠的长度按大到小排列。全部排完后，就开始逐个累加老鼠的长度，且计算用了几个长度，然后将计算的长度和 m 比较，如果大于或等于 m，就输出计算的几个长度，并且结束循环，否则就输出－1。

【参考代码】

```
#include<iostream>
using namespace std;
int main()
{
    int i,j,a[1001],n,m,sum=0,s=0;
    bool flag=0;
    cin>>n>>m;
    for(i=1;i<=n;i++)
        cin>>a[i];
    for(i=1;i<=n;i++)
    {
        for(j=i+1;j<=n;j++)
            if(a[i]<a[j])
            {
                swap(a[i],a[j]);
            }
    }
```

```
    for(i=1;i<=n;i++)
    {
        sum=sum+a[i];
        s++;
        if(sum>=m)
        {
            flag=1;
            break;
        }
    }
    if(flag==1) cout<<s<<endl;
    else cout<<-1<<endl;
}
```

【运行结果】

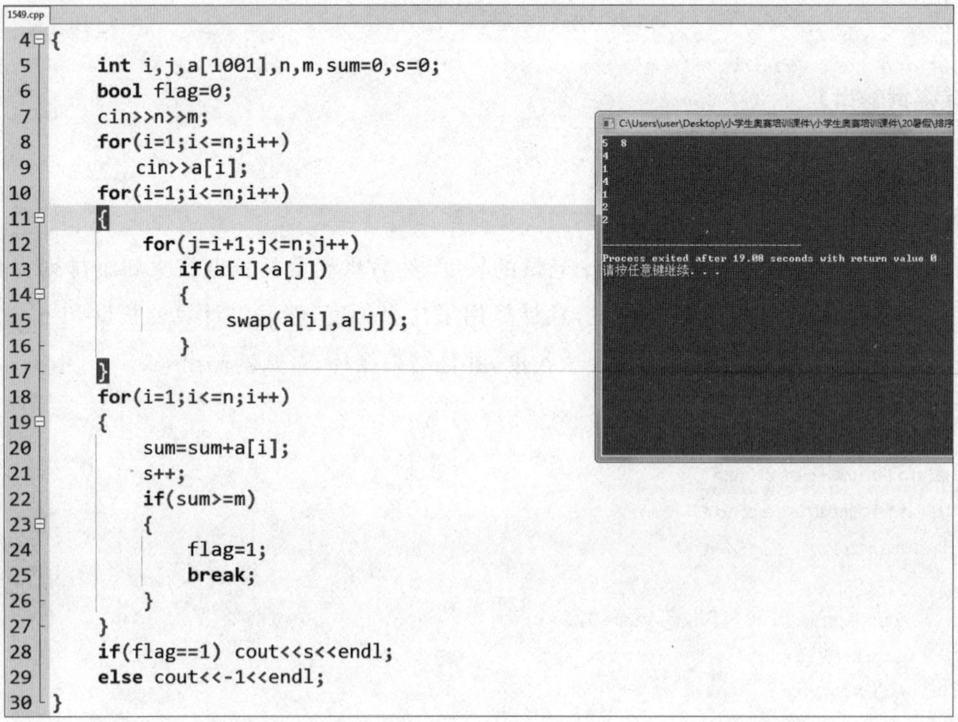

1549.cpp

```
 4 {
 5     int i,j,a[1001],n,m,sum=0,s=0;
 6     bool flag=0;
 7     cin>>n>>m;
 8     for(i=1;i<=n;i++)
 9        cin>>a[i];
10     for(i=1;i<=n;i++)
11     {
12         for(j=i+1;j<=n;j++)
13            if(a[i]<a[j])
14            {
15                swap(a[i],a[j]);
16            }
17     }
18     for(i=1;i<=n;i++)
19     {
20         sum=sum+a[i];
21         s++;
22         if(sum>=m)
23         {
24             flag=1;
25             break;
26         }
27     }
28     if(flag==1) cout<<s<<endl;
29     else cout<<-1<<endl;
30 }
```

```
5 8
4
1
4
1
2
2

--------------------------------
Process exited after 19.08 seconds with return value 0
请按任意键继续. . .
```

练习 11.1：成绩统计。

【题目描述】

输入 N 个同学的语文、数学、英语三科成绩，计算他们的总分，并统计出每个同学的名次，最后以表格的形式输出。

【输入格式】

第 1 行输入一个自然数 N，表示有 N 位同学。

第 2 到 N+1 行每行输入每个同学的语文、数学、英语成绩（整数）。

【输出格式】

输出 N 行,每行包含一个同学的三门成绩及总分,排名(每项之间用一个空格分隔)。

【样例输入】

```
3
90 98 95
88 99 90
89 99 96
```

【样例输出】

```
90 98 95 283 2
88 99 90 277 3
89 99 96 284 1
```

【思路分析】

定义一个二维数组,首先输入 n,表示有 n 个同学,然后输入 n 个学生的语文、数学、英语成绩,边输入边计算这位学生的总分,并且直接将计算出的总分存放到 a[i][4]中,然后在第 5 列存放排名,初值设为 1,通过循环比较总分,确定排名。最后输出 n 行 5 列的信息。

【参考程序】

```
#include<bits/stdc++.h>
using namespace std;
int a[10000][50];
int main()
{
    int i,j,n;
    cin>>n;
    for(i=1;i<=n;i++)
    {
        for(j=1;j<=3;j++)
        {
            cin>>a[i][j];
            a[i][4]+=a[i][j];
        }
    }
    for(i=1;i<=n;i++)
    {
        a[i][5]=1;
        for(j=1;j<=n;j++)
            if (a[i][4]<a[j][4]) a[i][5]++;
    }
    for(i=1;i<=n;i++)
```

```
    {
        for(j=1;j<=5;j++)
            cout<<a[i][j]<<" ";
        cout<<endl;
    }
}
```

【运行结果】

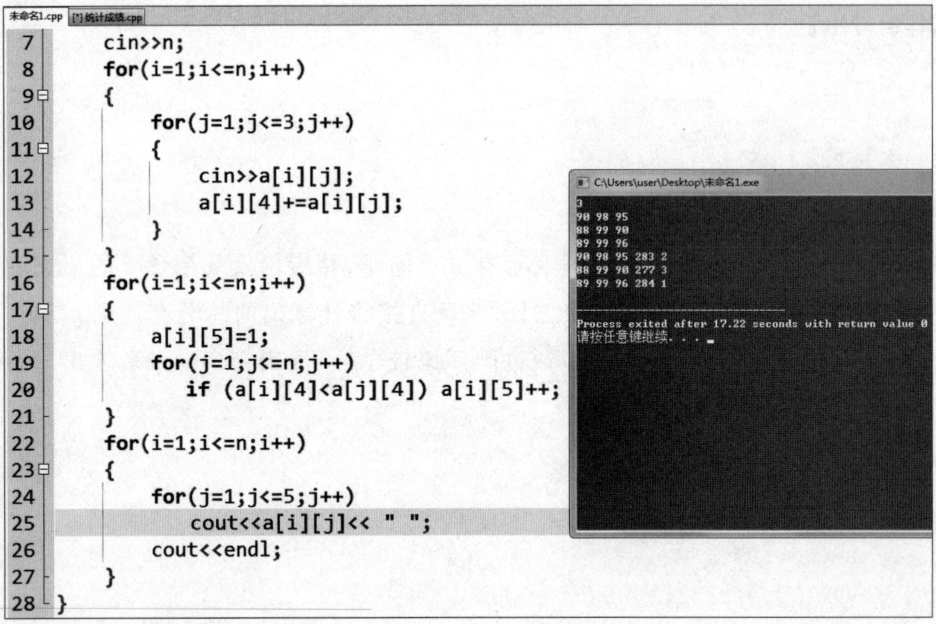

```
未命名1.cpp  [*] 统计成绩.cpp
7      cin>>n;
8      for(i=1;i<=n;i++)
9      {
10         for(j=1;j<=3;j++)
11         {
12             cin>>a[i][j];
13             a[i][4]+=a[i][j];
14         }
15     }
16     for(i=1;i<=n;i++)
17     {
18         a[i][5]=1;
19         for(j=1;j<=n;j++)
20            if (a[i][4]<a[j][4]) a[i][5]++;
21     }
22     for(i=1;i<=n;i++)
23     {
24         for(j=1;j<=5;j++)
25             cout<<a[i][j]<< " ";
26         cout<<endl;
27     }
28 }
```

```
C:\Users\user\Desktop\未命名1.exe
3
90 98 95
88 99 90
89 99 96
90 98 95 283 2
88 99 90 277 3
89 99 96 284 1

--------------------------------
Process exited after 17.22 seconds with return value 0
请按任意键继续. . .
```

练习 11.2：图像相似度。

【题目描述】

给出两幅相同大小的黑白图像(用 0-1 矩阵)表示，求它们的相似度。说明：若两幅图像在相同位置上的像素点颜色相同，则称它们在该位置具有相同的像素点。两幅图像的相似度定义为相同像素点数占总像素点数的百分比。

【输入格式】

第一行包含两个整数 m 和 n，表示图像的行数和列数，中间用单个空格隔开。$1\leqslant m\leqslant 100$，$1\leqslant n\leqslant 100$。

之后 m 行，每行 n 个整数 0 或 1，表示第一幅黑白图像上各像素点的颜色。相邻两个数之间用单个空格隔开。

之后 m 行，每行 n 个整数 0 或 1，表示第二幅黑白图像上各像素点的颜色。相邻两个数之间用单个空格隔开。

【输出格式】

一个实数，表示相似度(以百分比的形式给出)，精确到小数点后两位。

【样例输入】

```
3 3
1 0 1
0 0 1
1 1 0
1 1 0
0 0 1
0 0 1
```

【样例输出】

```
44.44
```

【思路分析】

定义两个二维数组 a,b,再定义一个变量 ans 且赋值为 0,将 a,b 中的相同位置的数组元素一一进行比较,如果相等,则 ans 加 1。最后将 ans 除以 m * n 即为所求的结果。注意题目要求以百分比的形式输出,因此要乘以 100。

【参考程序】

```
#include<bits/stdc++.h>
using namespace std;
int a[100][100];
int b[100][100];
int main()
{
   int n,m;
   float ans =0;
   cin >>n >>m;
   for (int i =1; i <=n; i++)
       for (int j =1; j <=m; j++)
           cin >>a[i][j];
    for (int i =1; i <=n; i++)
       for (int j =1; j <=m; j++)
           cin >>b[i][j];
    for (int i =1; i <=n; i++)
       for (int j =1; j <=m; j++)
           if (a[i][j]==b[i][j])   ans++;
         cout <<fixed <<setprecision(2)<<100 * ans/(n * m) <<endl;
}
```

【运行结果】

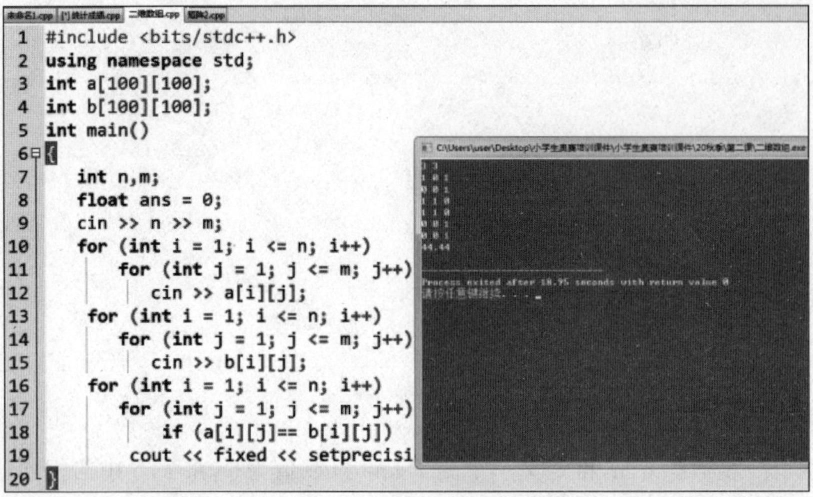

```
1  #include <bits/stdc++.h>
2  using namespace std;
3  int a[100][100];
4  int b[100][100];
5  int main()
6  {
7      int n,m;
8      float ans = 0;
9      cin >> n >> m;
10     for (int i = 1; i <= n; i++)
11         for (int j = 1; j <= m; j++)
12             cin >> a[i][j];
13      for (int i = 1; i <= n; i++)
14         for (int j = 1; j <= m; j++)
15             cin >> b[i][j];
16      for (int i = 1; i <= n; i++)
17         for (int j = 1; j <= m; j++)
18             if (a[i][j]== b[i][j])
19         cout << fixed << setprecisi
20 }
```

```
3 3
1 0 1
0 0 1
1 1 0
1 1 0
0 0 1
0 0 1
44.44

Process exited after 18.95 seconds with return value 0
请按任意键继续. . .
```

练习 11.3：杨辉三角形。

【题目描述】

杨辉三角形，又叫贾宪三角形。在欧洲，叫帕斯卡三角形。帕斯卡是在 1654 年发现这一规律的，比杨辉迟 393 年，比贾宪迟 600 年。打印杨辉三角形的前 n 行。杨辉三角形如下图：

```
1
1 1
1 2 1
1 3 3 1
1 4 6 4 1
```

【输入格式】

仅一行，输入 n，表示三角形的前几行。

【输出格式】

n 行，每行的每个数占 4 个字符(用 setw 函数，4 个字符即 setw(4))。

【样例输入】

```
6
```

【样例输出】

```
1
1   1
1   2   1
1   3   3   1
1   4   6   4   1
1   5  10  10   5   1
```

【思路分析】

观察数字三角形,可知最外层都是1,这些1的下标是否存在一定的规律呢?必然是的,其列下标为1或行列下列相等,满足这样的情况,都是1。里面的数字是其上方的数字加左上角的数字之和。

【参考程序】

```
#include<bits/stdc++.h>
using namespace std;
int a[100][100];
int main()
{
   int n;
   cin >>n;
   for (int i =1; i <=n; i++)
       for (int j =1; j <=i; j++)
       if (j ==1|| i ==j)  a[i][j] =1;
       else
           a[i][j]=a[i-1][j-1]+a[i-1][j];
    for (int i =1; i <=n; i++)
       { for (int j =1; j <=i; j++)
        cout <<setw(4) <<a[i][j];
        cout <<endl;
    }
}
```

【运行结果】

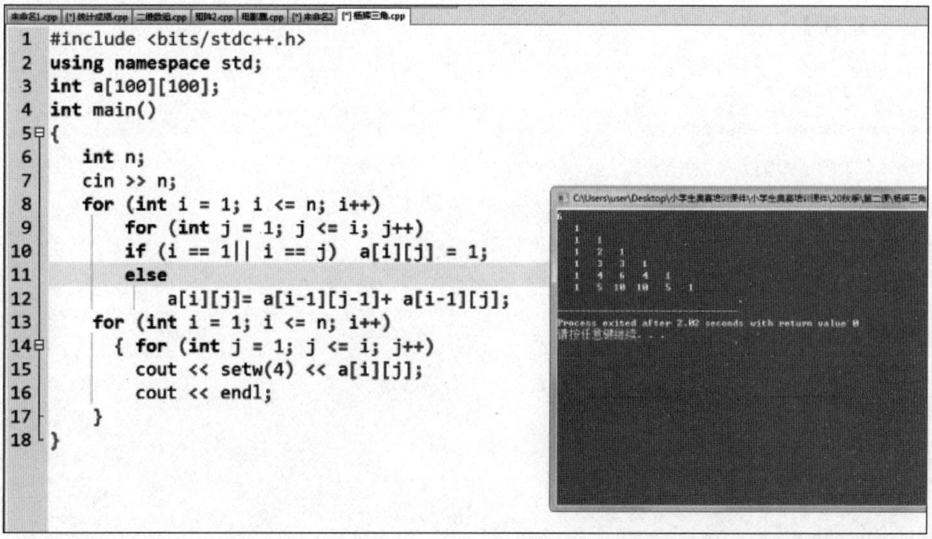

```
1  #include <bits/stdc++.h>
2  using namespace std;
3  int a[100][100];
4  int main()
5  {
6      int n;
7      cin >> n;
8      for (int i = 1; i <= n; i++)
9          for (int j = 1; j <= i; j++)
10         if (i == 1|| i == j)  a[i][j] = 1;
11         else
12             a[i][j]= a[i-1][j-1]+ a[i-1][j];
13      for (int i = 1; i <= n; i++)
14       { for (int j = 1; j <= i; j++)
15         cout << setw(4) << a[i][j];
16         cout << endl;
17      }
18 }
```

```
6
   1
   1   1
   1   2   1
   1   3   3   1
   1   4   6   4   1
   1   5  10  10   5   1

Process exited after 2.02 seconds with return value 0
请按任意键继续. . .
```

练习 11.4：拐角方阵。

【题目描述】

输入一个正整数 n，生成一个 n * n 的拐角方阵。

【输入格式】

一行一个正整数 n，1≤n≤20。

【输出格式】

共 n 行，每行 n 个正整数，每个正整数占 3 列。

【输入样例】

```
7
```

【输出样例】

```
1  1  1  1  1  1  1
1  2  2  2  2  2  2
1  2  3  3  3  3  3
1  2  3  4  4  4  4
1  2  3  4  5  5  5
1  2  3  4  5  6  6
1  2  3  4  5  6  7
```

【思路分析】

根据这个拐角方阵，我们可以发现所有数字“1”的下标中要么行下标为 1，要么列下标为 1；数字“2”的下标中要么行下标为 2，要么列下标为 2；数字“3”的下标中要么行下标为 3，要么列下标为 3……以此类推，数字“i”的下标中要么行下标为 i，要么列下标为 i。我们以对角线[i][i]的元素为中心，分别对第 i 行和 i 列同时赋值，就可以完成。

【参考程序】

```
#include<bits/stdc++.h>
using namespace std;
int a[100][100];
int main()
{
  int a[21][21],i,j,n;
  cin>>n;
  for(i=1;i<=n;i++)
  {
        a[i][i]=i;
        for(j=i+1;j<=n;j++)
        {
           a[i][j]=i;
           a[j][i]=i;
```

```
        }
    }
    for(i=1;i<=n;i++)
    {
            for(j=1;j<=n;j++)
            {
                cout<<setw(3)<<a[i][j];
            }
          cout<<endl;
    }
    return 0;
}
```

【运行结果】

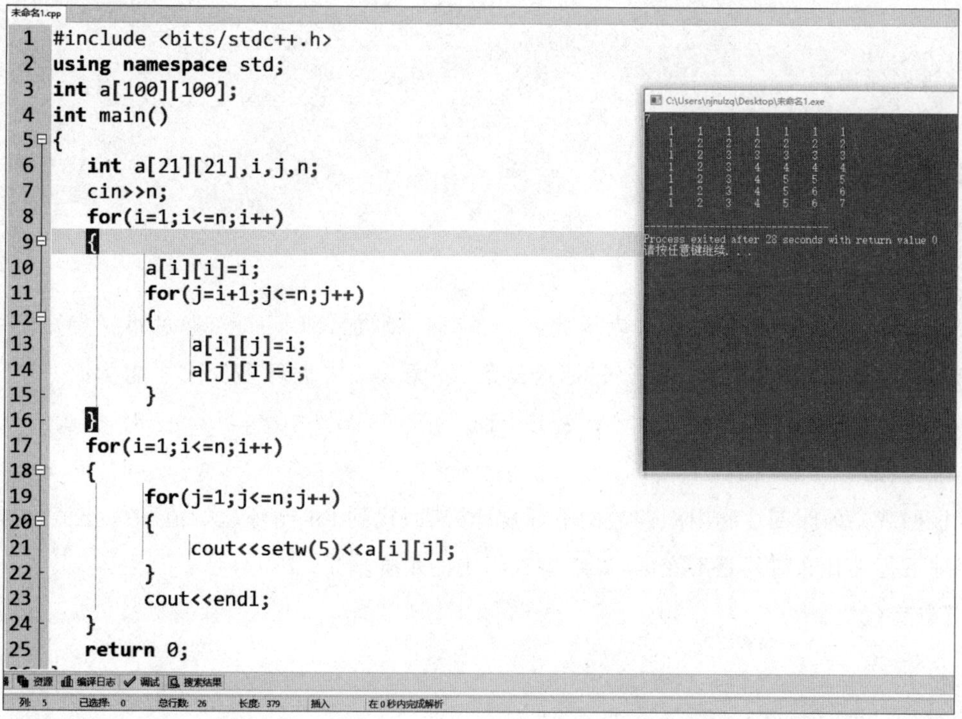

```
未命名1.cpp
1  #include <bits/stdc++.h>
2  using namespace std;
3  int a[100][100];
4  int main()
5  {
6      int a[21][21],i,j,n;
7      cin>>n;
8      for(i=1;i<=n;i++)
9      {
10         a[i][i]=i;
11         for(j=i+1;j<=n;j++)
12         {
13             a[i][j]=i;
14             a[j][i]=i;
15         }
16     }
17     for(i=1;i<=n;i++)
18     {
19         for(j=1;j<=n;j++)
20         {
21             cout<<setw(5)<<a[i][j];
22         }
23         cout<<endl;
24     }
25     return 0;
```

```
C:\Users\njnulzq\Desktop\未命名1.exe
7
    1    1    1    1    1    1    1
    1    2    2    2    2    2    2
    1    2    3    3    3    3    3
    1    2    3    4    4    4    4
    1    2    3    4    5    5    5
    1    2    3    4    5    6    6
    1    2    3    4    5    6    7

--------------------------------
Process exited after 28 seconds with return value 0
请按任意键继续. . .
```

练习 11.5：螺旋矩阵。

【题目描述】

一行 n 行 n 列的螺旋方阵按如下方法生成：从方阵的左上角(第 1 行第 1 列)出发，初始时向右移动；如果前方是未曾经过的格子，则继续前进；否则，右转。重复上述操作直至经过方阵中所有格子。根据经过的顺序，在格子中依次填入 1，2，…，n，便构成了一个螺旋矩阵。下面是一个 n＝4 的螺旋方阵。

1	2	3	4
12	13	14	5
11	16	15	6
10	9	8	7

编程输入一个正整数 n,生成一个 n*n 的螺旋方阵。

【输入格式】

一行一个正整数,1≤n≤20。

【输出格式】

共 n 行,每行 n 个正整数,每个正整数占 3 列。

【样例输入】

```
5
```

【样例输出】

```
  1  2  3  4  5
 16 17 18 19  6
 15 24 25 20  7
 14 23 22 21  8
 13 12 11 10  9
```

【思路分析】

根据题目定义一个变量 k 来表示数字,数字逐 1 增加,即 k++,通过将螺旋矩阵的四边依次赋值计算,需要 4 条 for 语句,那这 4 条 for 语句需要循环多少次才能构成一个 n 行 n 列的螺旋矩阵呢?当 n=3 时,需要 2 次,当 n 为 5 时,需要 3 次,当 n=7 时,需要 4 次,依次类推,共需(n+1)/2 次。

根据观察外圈四边和内圈四边的下标规律,从而找到 for 循环起始值和终止值,也能发现行列下标在什么时候是不变的,最终将数组中的矩阵输出。

【参考代码】

```
#include<bits/stdc++.h>
using namespace std;
int main()
{
    int n,i,j,a[101][101],k=1;
    cin>>n;
    for(i=1;i<=(n+1)/2;i++)
    {
        for(j=i;j<=n+1-i;j++)
            a[i][j]=k++;
        for(j=i+1;j<=n+1-i;j++)
            a[j][n+1-i]=k++;
```

```
        for(j=n-i;j>=i;j--)
            a[n+1-i][j]=k++;
        for(j=n-i;j>=i+1;j--)
            a[j][i]=k++;
    }
    for(i=1;i<=n;i++)
    {
      for(j=1;j<=n;j++)
          cout<<setw(3)<<a[i][j]<<" ";
      cout<<endl;
    }
}
```

【运行结果】

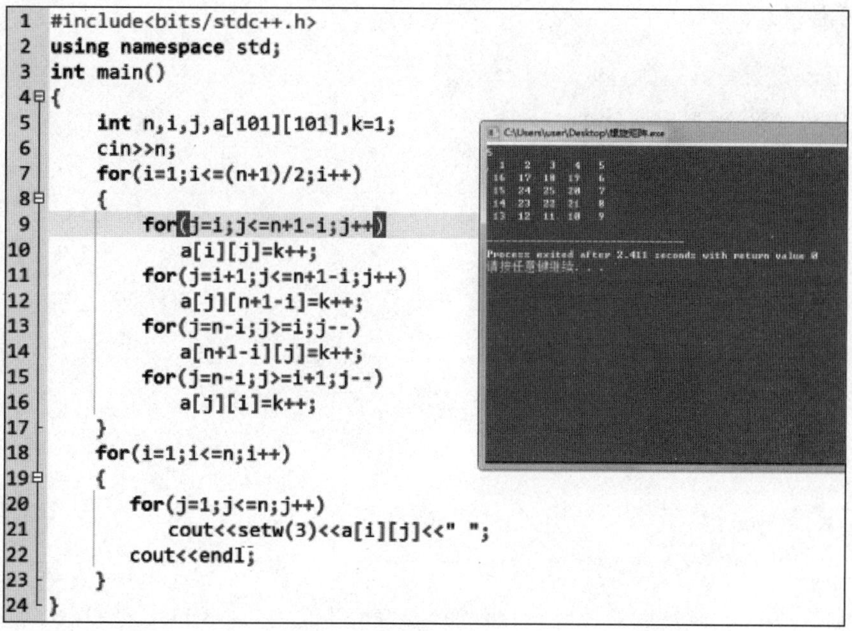

```
1  #include<bits/stdc++.h>
2  using namespace std;
3  int main()
4  {
5      int n,i,j,a[101][101],k=1;
6      cin>>n;
7      for(i=1;i<=(n+1)/2;i++)
8      {
9          for(j=i;j<=n+1-i;j++)
10             a[i][j]=k++;
11         for(j=i+1;j<=n+1-i;j++)
12             a[j][n+1-i]=k++;
13         for(j=n-i;j>=i;j--)
14             a[n+1-i][j]=k++;
15         for(j=n-i;j>=i+1;j--)
16             a[j][i]=k++;
17     }
18     for(i=1;i<=n;i++)
19     {
20        for(j=1;j<=n;j++)
21            cout<<setw(3)<<a[i][j]<<" ";
22        cout<<endl;
23     }
24 }
```

```
5
  1   2   3   4   5
 16  17  18  19   6
 15  24  25  20   7
 14  23  22  21   8
 13  12  11  10   9
--------------------------------
Process exited after 2.411 seconds with return value 0
请按任意键继续. . .
```

练习 11.6：蛇形矩阵。

【题目描述】

输入一个正整数 n,生成一个 n * n 的蛇形方阵。

【输入格式】

一行一个正整数 n,1≤n≤20。

【输出格式】

共 n 行,每行 n 个正整数,每个正整数占 3 列。

【样例输入】

```
5
```

【样例输出】

```
 1  2  6  7 15
 3  5  8 14 16
 4  9 13 17 22
10 12 18 21 23
11 19 20 24 25
```

【思路分析】

可以把蛇形矩阵看成一条一条平行于对角线的斜线(从右上到左下),每条斜线上的数的个数为1,2,3,…,n－1,n,n－1,…,3,2,1。每条斜线上的元素位置有一个重要特点：行号和列号相加为定值,从2到2＊n。同时,还可以分析出对称性,以最中间的斜线为界,左上角和右下角的两个区域里的所有数的位置都是对称的,满足a[i][j]＋a[n＋1－i][n＋1－j]等于n＊n＋1。因此只需模拟填出前n条斜线上的数字,另外的n－1条的元素值直接通过对称性来赋值。

【参考程序】

```
#include<bits/stdc++.h>
using namespace std;
int main()
{
    int n,i,j,k,t=0,a[21][21];
    cin>>n;
    for(k=1;k<=n;k++)
    {
        if(k%2)
        {
            for(j=1;j<=k;j++)
            {
                i=k+1-j;
                t++;
                a[i][j]=t;
                a[n+1-i][n+1-j]=n*n+1-t;
            }
        }
        else
        {
            for(j=k;j>=1;j--)
            {
                i=k+1-j;
                t++;
                a[i][j]=t;
                a[n+1-i][n+1-j]=n*n+1-t;
            }
        }
    }
```

```
    for(i=1;i<=n;i++)
    {
        for(j=1;j<=n;j++)
            cout<<setw(3)<<a[i][j];
        cout<<endl;
    }
    return 0;
}
```

【运行结果】

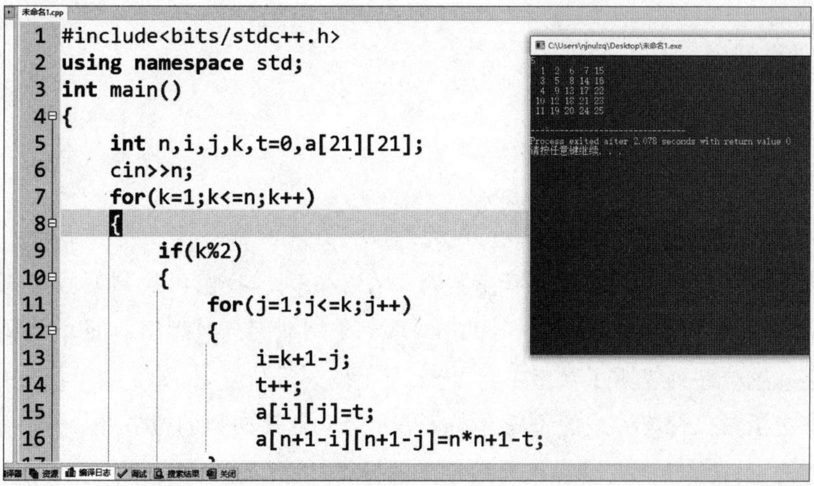

```
未命名1.cpp
1  #include<bits/stdc++.h>
2  using namespace std;
3  int main()
4  {
5      int n,i,j,k,t=0,a[21][21];
6      cin>>n;
7      for(k=1;k<=n;k++)
8      {
9          if(k%2)
10         {
11             for(j=1;j<=k;j++)
12             {
13                 i=k+1-j;
14                 t++;
15                 a[i][j]=t;
16                 a[n+1-i][n+1-j]=n*n+1-t;
```

```
C:\Users\njnulzq\Desktop\未命名1.exe
5
  1  2  6  7 15
  3  5  8 14 16
  4  9 13 17 22
 10 12 18 21 23
 11 19 20 24 25

--------------------------------
Process exited after 2.078 seconds with return value 0
请按任意键继续. . .
```

练习 11.7：拉丁方阵。

【题目描述】

一个 N×N 的拉丁正方形含有整数 1～N，且在任意的行或列中都不出现重复数据，一种可能的 6×6 拉丁正方形如下：

```
6   3   1   4   2   5
1   4   5   6   3   2
5   6   2   1   4   3
2   1   3   5   6   4
3   5   4   2   1   6
4   2   6   3   5   1
```

该拉丁方阵的产生方法是：当给出第一行数后，就决定了各数在以下各行的位置，比如第一行的第一个数为 6，则该数在 1～6 行的列数依次为 1,4,2,5,6,3，即第一行数为各数在每行中列数的索引表。请你写一个程序，产生按上述方法生成的拉丁方阵。

【输入格式】

第一行包含一个正整数，即方阵的阶数 N。第二行为该方阵的第一行即 N 个 1～N 间整数的一个排列，各数之间用空格分隔。

【输出格式】

包含 N 行，每行包括 N 个正整数，这些正整数之间用一个空格隔开。

【样例输入】

```
6
6 3 1 4 2 5
```

【样例输出】

```
6 3 1 4 2 5
1 4 5 6 3 2
5 6 2 1 4 3
2 1 3 5 6 4
3 5 4 2 1 6
4 2 6 3 5 1
```

【思路分析】

以样例为例，输入的 6 3 1 4 2 5，其实就是拉丁方阵的第一行。我们从数字 1 开始，确定其在矩阵中的位置。我们很容易看出数字 1 在第 3 列。我们再找到列号对应的数字 3，从 3 开始确定一个新的数字序列 3 1 4 2 5 6(取到末尾数字 5 时返回前面开始取值，总共还是 n 个数字)，这个序列表明了数字 1 在 1－n 行上的列号位置，比如 3 表示第一行第三列的位置是 1；1 表示第二行第一列的位置是 1；4 表示第三行第四列的位置是 1……数字 1 在矩阵中都放好之后，接着是数字 2。重复数字 1 的操作，以此类推，直至数字 n。

【参考代码】

```
#include<bits/stdc++.h>
using namespace std;
int main()
{
    int m,i,j,a[201][201],k=1,n;
    cin>>n;
    for(i=1;i<=n;i++)
        cin>>a[1][i];
    while(k<=n)
    {
        for(i=1;i<=n;i++)
            if(a[1][i]==k) j=i+1;
        for(i=2;i<=n;i++)
        {
            if(j>n) j=1;
            a[i][a[1][j]]=a[1][k];
            j=j+1;
        }
        k=k+1;
```

```
    }
    for(i=1;i<=n;i++)
    {
        for(j=1;j<=n;j++)
            cout<<a[i][j]<<" ";
        cout<<endl;
    }
    return 0;
}
```

【运行结果】

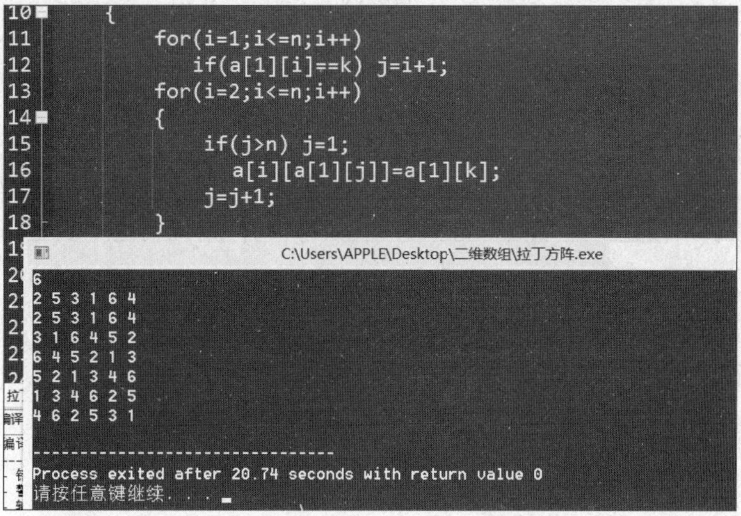

```
10    {
11        for(i=1;i<=n;i++)
12            if(a[1][i]==k) j=i+1;
13        for(i=2;i<=n;i++)
14        {
15            if(j>n) j=1;
16                a[i][a[1][j]]=a[1][k];
17            j=j+1;
18        }
```

```
C:\Users\APPLE\Desktop\二维数组\拉丁方阵.exe
6
2 5 3 1 6 4
2 5 3 1 6 4
3 1 6 4 5 2
6 4 5 2 1 3
5 2 1 3 4 6
1 3 4 6 2 5
4 6 2 5 3 1

--------------------------------
Process exited after 20.74 seconds with return value 0
请按任意键继续. . .
```

练习 11.8：马鞍数。

【题目描述】

有一个 n * m 的矩阵，要求编程序找出马鞍数，输出马鞍数的行下标和列下标以及这个马鞍数，如果没有找到，则输出“no exit”。马鞍数是指数阵 n * m 中在行上最小而在列上最大的数。（能求出所有的马鞍数。）

如：数阵 n * m，其中 n=5，m=5。

```
1 6 7 8 9
4 5 6 7 8
3 4 5 2 1
2 3 4 9 0
5 6 7 6 8
```

则第 5 行第 1 列的数字“5”即为该数阵的一个马鞍数。

【输入格式】

第一行输入 n 和 m 的值，表示有一个 n * m 的矩阵。

第二行至第 n+1 行是一个 n 行 m 列的矩阵。

【输出格式】

仅一行,即该数阵的所有马鞍数的行下标和列下标以及马鞍数,且以空格隔开。

【样例输入】

```
5 5
1 6 7 8 9
4 5 6 7 8
3 4 5 2 1
2 3 4 9 0
5 6 7 6 8
```

【样例输出】

```
5 1 5
```

【思路分析】

我们从第一行开始,先找出一行中最小的数,再与这个数所在列中的其他数进行比较,如果有比它大的数,则说明这个数不是马鞍数,如果没有,则说明这个数是马鞍数,输出其行下标和列下标以及它自身。之后再是第二行,第三行,…,第 n 行,重复以上操作。如果没有找到,则输出"no exit"。

【参考代码】

```
#include<iostream>
using namespace std;
int main()
{
    int n,m,a[101][101],min,mx;
    bool flag,flag2=true;
    cin>>n>>m;
    for(int i=1; i<=n; i++)
        for(int j=1; j<=m; j++)
            cin>>a[i][j];
    for(int i=1; i<=n; i++)
    {
        flag=true;
        min=a[i][1];mx=1;
        for(int j=2;j<=m;j++)
            if(a[i][j]<min) {min=a[i][j];mx=j;}
        for(int k=1;k<=m;k++)
        {
            if(a[k][mx]>min)
            {
                flag=false;break;
            }
        }
```

```
        if(flag)
        {
            cout<<i<<" "<<mx<<" "<<min;
            flag2=false;break;
        }
    }
    if(flag2) cout<<"no exit"<<endl;
    return 0;
}
```

【运行结果】

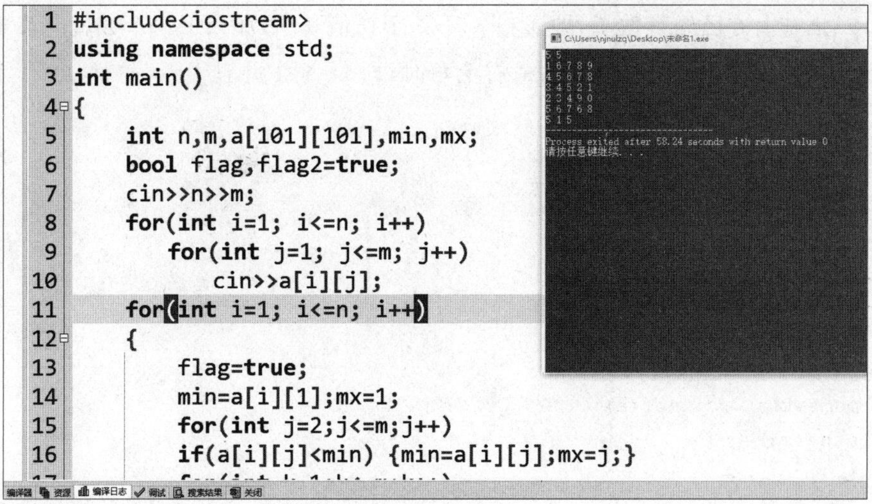

```
1  #include<iostream>
2  using namespace std;
3  int main()
4  {
5      int n,m,a[101][101],min,mx;
6      bool flag,flag2=true;
7      cin>>n>>m;
8      for(int i=1; i<=n; i++)
9          for(int j=1; j<=m; j++)
10             cin>>a[i][j];
11     for(int i=1; i<=n; i++)
12     {
13         flag=true;
14         min=a[i][1];mx=1;
15         for(int j=2;j<=m;j++)
16         if(a[i][j]<min) {min=a[i][j];mx=j;}
```

```
C:\Users\njnulzq\Desktop\未命名1.exe
5 5
1 6 7 8 9
4 5 6 7 8
3 4 5 2 1
2 3 4 9 0
5 6 7 6 8
5 1 5
--------------------------------
Process exited after 58.24 seconds with return value 0
请按任意键继续. . .
```

练习 11.9：n 阶奇数幻方。

【题目描述】

把正整数 1～n×n(n 为奇数)排成一个 n×n 方阵，使得方阵中的每一行、每一列以及两条对角线上的数之和都相等，这样的方阵称为“n 阶奇数幻方”。

编程输入 n，输出 n 阶奇数幻方。

【输入格式】

一个正整数 n，1≤n<20，n 为奇数。

【输出格式】

共 n 行，每行 n 个正整数，每个正整数占 5 列。

【输入样例】

```
5
```

【输出样例】

```
17   24   1    8   15
23    5   7   14   16
```

```
 4   6  13  20  22
10  12  19  21   3
11  18  25   2   9
```

【思路分析】

分析样例，n 阶奇数幻方可以按下列方法生成：先把数字 1 填在第一行的正中间 a[1][n/2+1]，然后用一个循环穷举 k，填入数字 2～n * n，每次先找位置再填数，找位置的规律如下：如果数 k 填在第 i 行第 j 列，那么一般情况下，下一个数 k+1 应该填在它的右上方，即第 i−1 行 j+1 列。但是有三种特殊情况：一是如果右上方无格子，也就是越界了(i−1=0 或 j+1=n+1)，那么就应该把下一个数放到第 n 行(i−1=0 时)或第 1 列(j+1=n+1 时)；二是右上方已经有数了，即 a[i][j]不等于初值 0 了，那么下一个数就应该填在 k 这个数的正下方；三是当 k 处于方阵的最右上角时，即 i==1 并且 j==n 时，k+1 就填在 k 的正下方。

【参考程序】

```
#include<bits/stdc++.h>
using namespace std;
int main()
{
    int n,i,j,k,a[21][21];
    memset(a,0,sizeof(a));
    cin>>n;
    i=1;
    j=n/2+1;
    a[i][j]=1;
    for(k=2;k<=n*n;k++)
    {
        if(a[i-1][j+1]!=0)i++;
        else if(i==1 && j==n)i++;
        else
        {
            i--;
            j++;
            if(i==0)i=n;
            if(j==n+1)j=1;
        }
        a[i][j]=k;
    }
    for(i=1;i<=n;i++)
    {
        for(j=1;j<=n;j++)
            cout<<setw(5)<<a[i][j];
        cout<<endl;
    }
```

```
    return 0;
}
```

【运行结果】

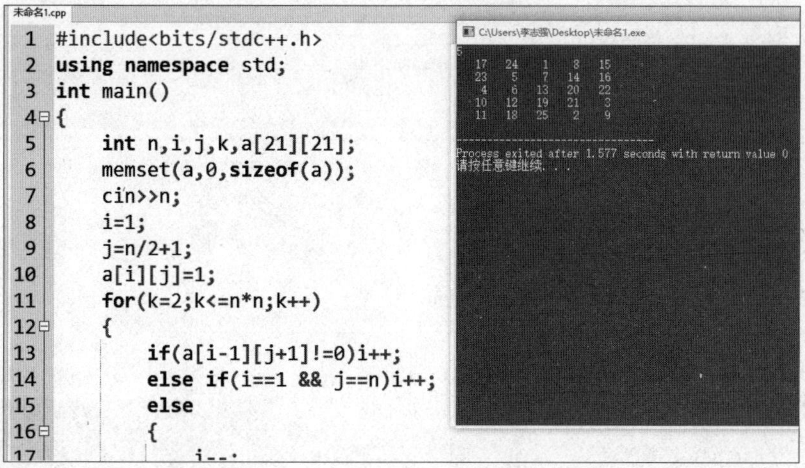

```
未命名1.cpp
1  #include<bits/stdc++.h>
2  using namespace std;
3  int main()
4  {
5      int n,i,j,k,a[21][21];
6      memset(a,0,sizeof(a));
7      cin>>n;
8      i=1;
9      j=n/2+1;
10     a[i][j]=1;
11     for(k=2;k<=n*n;k++)
12     {
13         if(a[i-1][j+1]!=0)i++;
14         else if(i==1 && j==n)i++;
15         else
16         {
17             i--;
```

```
C:\Users\李志强\Desktop\未命名1.exe
5
  17  24   1   8  15
  23   5   7  14  16
   4   6  13  20  22
  10  12  19  21   3
  11  18  25   2   9

--------------------------------
Process exited after 1.577 seconds with return value 0
请按任意键继续. . .
```

练习 12.1：输入一行字符，统计其中数字字符的个数。

【输入格式】

一行字符，总长度不超过 255。

【输出格式】

输出为 1 行，输出字符里面的数字字符的个数。

【输入样例】

```
I am 10 years old
```

【输出样例】

```
2
```

【思路分析】

将输入的字符存放到字符数组中，逐一判断数组中的字符是否处于'0'到'9'的范围，如果是，则说明判断的字符是数字字符，用来统计个数的变量 num 的值加 1。如果不是，则继续下一个字符。直至数组中字符判断结束，输出变量 num。

【参考程序】

```
#include<bits/stdc++.h>
using namespace std;
int main()
{
    char ch[256];
    int num=0;
```

```
    int len,i;
    gets(ch);
    len=strlen(ch);
    for(i=0;i<len;i++)
    {
        if(ch[i]>='0'&&ch[i]<='9')num++;
    }
    cout<<num;
    return 0;
}
```

【运行结果】

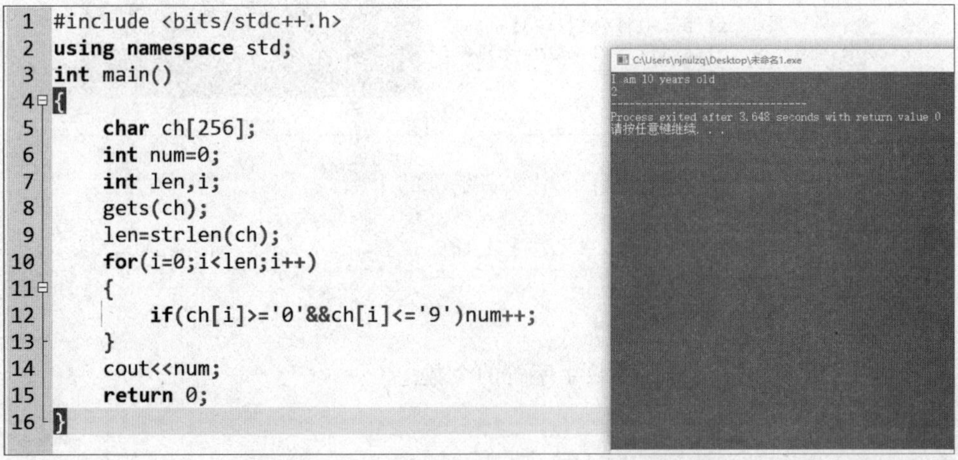

```
1  #include <bits/stdc++.h>
2  using namespace std;
3  int main()
4  {
5      char ch[256];
6      int num=0;
7      int len,i;
8      gets(ch);
9      len=strlen(ch);
10     for(i=0;i<len;i++)
11     {
12         if(ch[i]>='0'&&ch[i]<='9')num++;
13     }
14     cout<<num;
15     return 0;
16 }
```

```
C:\Users\njnulzq\Desktop\未命名1.exe
I am 10 years old
2
--------------------------------
Process exited after 3.648 seconds with return value 0
请按任意键继续. . .
```

练习 12.2：给定一行字符，在字符中找到第一个连续出现至少 k 次的字符。

【输入格式】

第一行为待查找的字符。字符个数在 1 到 100 之间，且不包含任何空白字符。

第二行包含一个正整数 k，表示至少需要连续出现的次数。1≤k≤100。

【输出格式】

若存在连续出现至少 k 次的字符，输出该字符；否则输出 no。

【输入样例】

```
abbcccddeeeefffffgggggg
4
```

【输出样例】

```
e
```

【思路分析】

从字符数组 s 中第一个字符开始，设当前位置为 i，判断从 i 开始数组当中字符（与 i 位置进行比较的位置用 t 表示，t 的初值为 i)是否与 i 位置字符相等，如果相等，则 t 加 1，直至不相等，然后判断 t−i 与 k 是否相等，若相等，输出 s[i]；否则 i 后移一个位置。直至数组中所有字符比较完成为止，若没有找到，则输出“no”。

【参考程序】

```
#include<bits/stdc++.h>
using namespace std;
int main()
{
    char s[101];
    int len,i,t=0,k;
    gets(s);
    cin>>k;
    len=strlen(s);
    for(i=0;i<len;i++)
    {
        t=i;
        while(s[i]==s[t])++t;
        if((t-i)>=k)
        {
            cout<<s[i];
            return 0;
        }
    }
    cout<<"no";
    return 0;
}
```

【运行结果】

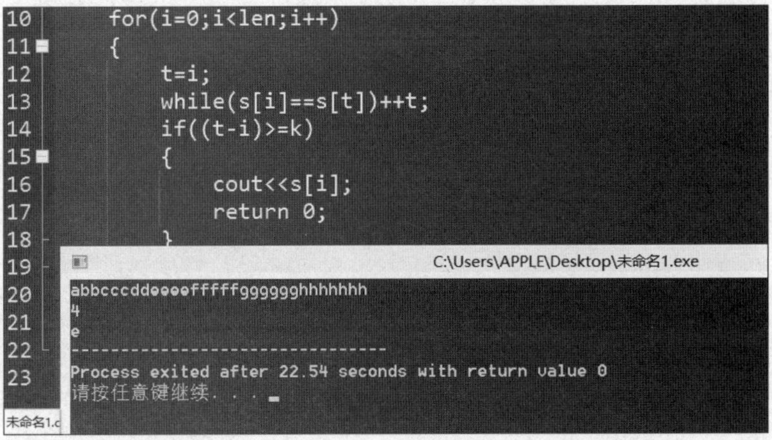

```
10      for(i=0;i<len;i++)
11      {
12          t=i;
13          while(s[i]==s[t])++t;
14          if((t-i)>=k)
15          {
16              cout<<s[i];
17              return 0;
18          }
19
20
21
22
23
未命名1.c

C:\Users\APPLE\Desktop\未命名1.exe
abbcccddeeeeeffffffggggggghhhhhhh
4
e
--------------------------------
Process exited after 22.54 seconds with return value 0
请按任意键继续. . .
```

练习 12.3：情报加密。

【题目描述】

在情报传递过程中，为了防止情报被截获破译，往往需要对情报用一定的方式加密。我们给出一种最简单的加密方法，对给定的一个字符串，把其中从 a 到 y、A 到 Y 的字母用其后继字母替代，把 z 和 Z 分别用 a 和 A 替代，其他非字母字符不变。

【输入格式】

输入一行只包含大小写字母的字符，字符个数小于 80。

【输出格式】

输出加密后的字符串。

【输入样例】

```
abdXBgHt
```

【输出样例】

```
bceYChIu
```

【思路分析】

将字符存入字符数组，逐一判断数组中字符的值，如果是'Z'或'z'，则字符减去 25；如果是其他字母则字符加 1。最后输出数组中的字符。

【参考程序】

```
#include<bits/stdc++.h>
using namespace std;
int main()
{
    char s[80];
    int len,i;
    gets(s);
    len=strlen(s);
    for(i=0;i<len;i++)
    {
        if(s[i]=='z'||s[i]=='Z')s[i]=s[i]-25;
        else if(s[i]>='a'&&s[i]<='z'||s[i]>='A'&&s[i]<='Z')
            s[i]=s[i]+1;
        cout<<s[i];
    }
    return 0;
}
```

【运行结果】

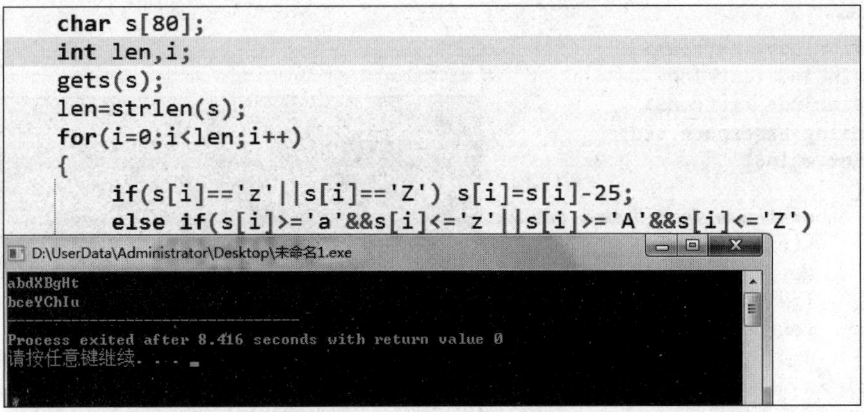

```
    char s[80];
    int len,i;
    gets(s);
    len=strlen(s);
    for(i=0;i<len;i++)
    {
        if(s[i]=='z'||s[i]=='Z') s[i]=s[i]-25;
        else if(s[i]>='a'&&s[i]<='z'||s[i]>='A'&&s[i]<='Z')
```

```
D:\UserData\Administrator\Desktop\未命名1.exe
abdXBgHt
bceYChIu
--------------------------------
Process exited after 8.416 seconds with return value 0
请按任意键继续. . .
```

练习 12.4：将键盘输入的单词输出到 word.out 文件中。

【输入格式】

一行，可以包含多个英文单词，单词之间用空格隔开。

【输出格式】

无。

【输入样例】

```
I am a student
```

【输出样例】

```
无
```

【思路分析】

通过输出文件声明 ofstream fout 以输出方式打开文件 word.out，通过 fout<<字符串的方式将从键盘输入的字符串输出到文件中。

【参考程序】

```
#include<iostream>
#include<cstring>
#include<fstream>
using namespace std;
int main()
{
    ofstream fout("word.out");
    string s;
    getline(cin,s);
    fout<<s<<endl;
    fout.close();
}
```

【运行结果】

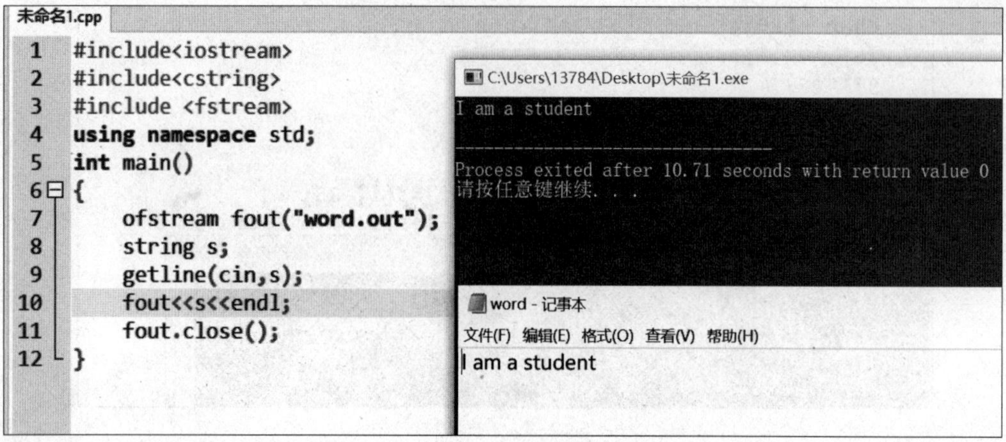

```
未命名1.cpp
1  #include<iostream>
2  #include<cstring>
3  #include <fstream>
4  using namespace std;
5  int main()
6  {
7      ofstream fout("word.out");
8      string s;
9      getline(cin,s);
10     fout<<s<<endl;
11     fout.close();
12 }
```

```
C:\Users\13784\Desktop\未命名1.exe
I am a student

--------------------------------
Process exited after 10.71 seconds with return value 0
请按任意键继续. . .
```

```
word - 记事本
文件(F) 编辑(E) 格式(O) 查看(V) 帮助(H)
I am a student
```

练习 12.5：输入三个单词，按字符大小从大到小排序后并输出。

【输入格式】

一行，三个单词，用空格隔开。

【输出格式】

一行，三个单词，按字符串大小从大到小排序，用空格隔开。

【输入样例】

```
an book cook
```

【输出样例】

```
cook book an
```

【思路分析】

字符串的比较在形式上与数字比较大小无异，因此借用数字比较大小的方法就可做出本题。

【参考程序】

```
#include<iostream>
#include<cstring>
using namespace std;
int main()
{
    string s1,s2,s3;
    cin>>s1>>s2>>s3;
    if(s1>s2)
    {
        if(s1>s3)
        {
            if(s2>s3)
                cout<<s1<<" "<<s2<<" "<<s3;
```

```
            else
                cout<<s1<<" "<<s3<<" "<<s2;
        }
        else
            cout<<s3<<" "<<s1<<" "<<s2;
    }
    else
    {
        if(s1>s3)
            cout<<s2<<" "<<s1<<" "<<s3;
        else
        {
            if(s2>s3)
                cout<<s2<<" "<<s3<<" "<<s1;
            else
                cout<<s3<<" "<<s2<<" "<<s1;
        }
    }
}
```

【运行结果】

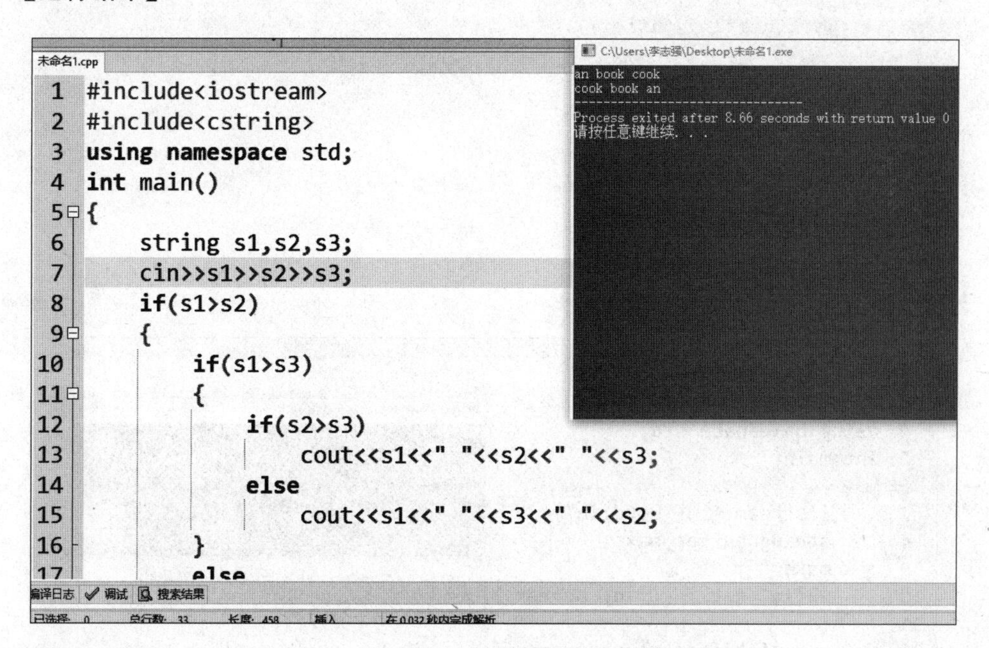

练习 12.6：从 word.in 读入的单词中找出最长的字符串并输出。

【输入格式】

无。

【输出格式】

word.in 文件中最长的字符串。

【输入样例】

请读者自己创建 word.in 文件。

【输出样例】

student(具体运行结果以读者自己创建的 word.in 文件内容决定。)

【思路分析】

先通过 ifstream fin("word.in")以读取方式打开文件,利用 while(getline(fin, buffer))语句逐一获取文件中的字符串。再通过打擂台的方式将较大的字符串赋给变量 maxs。最后输出 maxs 即可。

【参考程序】

```
#include<iostream>
#include<cstring>
#include<fstream>
using namespace std;
int main()
{
    ifstream fin("word.in");
    string buffer,maxs;
    maxs="";
    while (getline(fin, buffer))
    {
        if(buffer>maxs)maxs=buffer;
    }
    cout<<maxs;
    fin.close();
}
```

【运行结果】

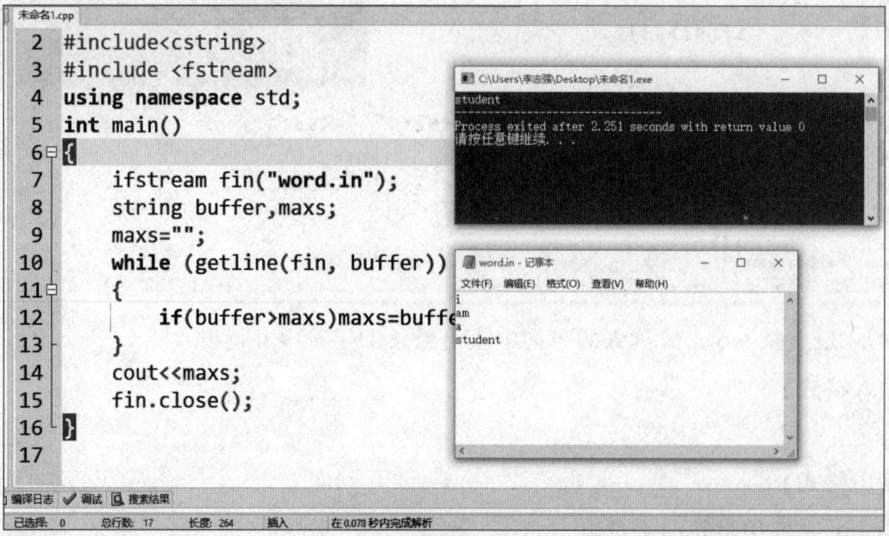

练习 12.7：单词后缀。

【题目描述】

给定一个单词，如果该单词以 er、ly 或者 ing 后缀结尾，则删除该后缀，否则不进行任何操作。

【输入格式】

一行字符，包含一个单词(单词中间没有空格，每个单词最大长度为 32)。

【输出格式】

处理后的单词。

【输入样例】

```
referer
```

【输出样例】

```
refer
```

【思路分析】

通过 find 函数查找字符串最后三个字符是否为“ing”或最后两个字符是否为“ly”或“er”，判断函数返回值是否是 len－3 或 len－2(len 表示字符串长度)，若是，则可以将字符串长度减去 3 或者 2。当然也可以利用删除字符串函数来实现。

【参考程序 1】

```
#include<bits/stdc++.h>
using namespace std;
int main()
{
    string s;
    int len,i;
    getline(cin,s);
    len=s.size();
    if(s.find("ing",len-3)==(len-3))len-=3;
    else if((s.find("er",len-2)==(len-2))||(s.find("ly",len-2)==(len-2)))len
-=2;
    for(i=0;i<len;i++)
        cout<<s[i];
    return 0;
}
```

【参考程序 2】

```
#include<bits/stdc++.h>
using namespace std;
int main()
{
    string s;
```

```
    int len,i;
    getline(cin,s);
    len=s.size();
    if(s.find("ing",len-3)==(len-3))s.erase(len-3);
    else if((s.find("ly",len-2)==(len-2))||(s.find("er",len-2)==(len-2)))s
.erase(len-2);
    cout<<s;
    return 0;
}
```

【运行结果】

```
未命名1.cpp
1  #include<bits/stdc++.h>
2  using namespace std;
3  int main()
4  {
5      string s;
6      int len,i;
7      getline(cin,s);
8      len=s.size();
9      if(s.find("ing",len-3)==(len-3))len-=3;
10     else if((s.find("er",len-2)==(len-2))||(s.find("ly",len-2)==(len-2)))len-=2;
11     for(i=0;i<len;i++)
12         cout<<s[i];
13     return 0;
14 }
15
```

```
C:\Users\13784\Desktop\未命名1.exe
referer
refer
--------------------------------
Process exited after 3.051 seconds with return value 0
请按任意键继续. . .
```

练习 12.8：字符串子串。

【题目描述】

输入两个字符串，验证其中一个字符串是否为另一个字符串的子串。

【输入格式】

两个字符串，每个字符串占一行，长度不超过 200 且不含空格。

【输出格式】

若第一个字符串 s1 是第二个字符串 s2 的子串，则输出(s1)is substring of (s2)。

若第二个字符串 s2 是第一个字符串 s1 的子串，则输出(s2)is substring of (s1)。

否则输出 No substring。

【输入样例】

```
abc
cabca
```

【输出样例】

```
abc is substring of cabca
```

【思路分析】

本题主要依靠 find 函数来实现。要注意的是需要判断 s1 是否为 s2 的子串,反过来需要判断 s2 是否为 s1 的子串。

【参考程序】

```
#include<bits/stdc++.h>
using namespace std;
int main()
{
    string s1,s2;
    cin>>s1>>s2;
    if(s1.find(s2)!=-1)
    {
        cout<<s2<<" is substring of "<<s1;
    }
    else if(s2.find(s1)!=-1)
    {
        cout<<s1<<" is substring of "<<s2;
    }
    else
        cout<<"No substring";
    return 0;
}
```

【运行结果】

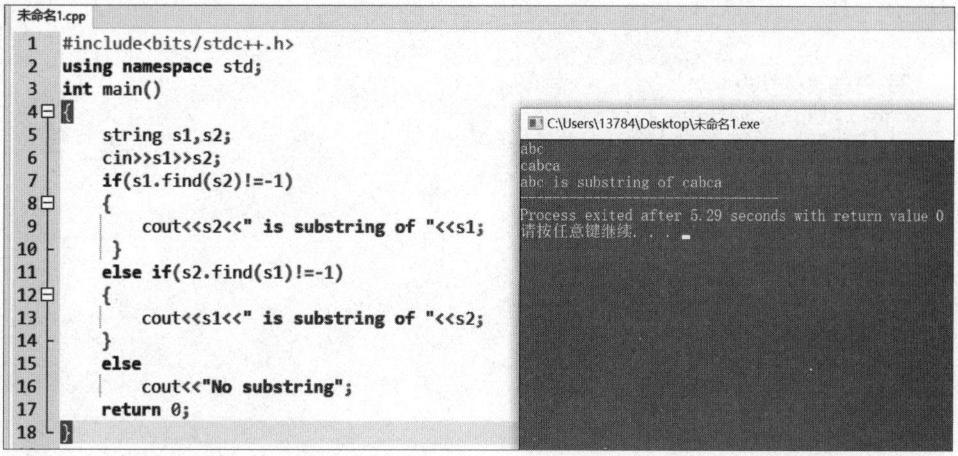

```
未命名1.cpp
1  #include<bits/stdc++.h>
2  using namespace std;
3  int main()
4  {
5      string s1,s2;
6      cin>>s1>>s2;
7      if(s1.find(s2)!=-1)
8      {
9          cout<<s2<<" is substring of "<<s1;
10     }
11     else if(s2.find(s1)!=-1)
12     {
13         cout<<s1<<" is substring of "<<s2;
14     }
15     else
16         cout<<"No substring";
17     return 0;
18 }
```

```
C:\Users\13784\Desktop\未命名1.exe
abc
cabca
abc is substring of cabca
--------------------------------
Process exited after 5.29 seconds with return value 0
请按任意键继续. . .
```

练习 12.9：最长单词。

【题目描述】

找出一个以“.”结尾的简单英文句子中的最长单词,输入时单词之间用空格隔开,没有缩写形式和其他特殊形式。

【输入格式】

一个以"."结尾的简单英文句子(句子中包含字符的长度不超过 500)。

【输出格式】

该句子中最长的单词。如果多于一个,则输出第一个。

【输入样例】

```
I am a student.
```

【输出样例】

```
student
```

【思路分析】

本题中每个单词以空格或'.'符号结束,假设当前数组中的位置为 i,需要判断 i+1 位置上是否为空格或".",若不是,则计算单词长度的变量 len 加 1,若是,则判断是否大于 maxlen(表示最大的长度),大于 maxlen,则将其值赋给 maxlen,并通过 substr 函数中包括最长单词的起始位置以及单词的长度,由于单词之间是以空格隔开的,因此单词长度为 len−1,将当前最长的单词赋给 maxs(表示最长的单词)。直至 i 位置为".",跳出循环,输出 maxs,即为最长的单词。

【参考程序】

```
#include<bits/stdc++.h>
using namespace std;
int main()
{
    string s,maxs;
    int i,len=0,maxlen=0,l;
    getline(cin,s);
    l=s.size();
    for(i=0;i<l;i++)
    {
        if(s[i]=='.')break;
        len++;
        if((s[i+1]=='.')||(s[i+1]==' '))
        {
            if(len>maxlen)
            {
                maxlen=len;
                maxs=s.substr(i+2-len,len-1);
            }
            len=0;
        }
    }
```

```
    cout<<maxs;
    return 0;
}
```

【运行结果】

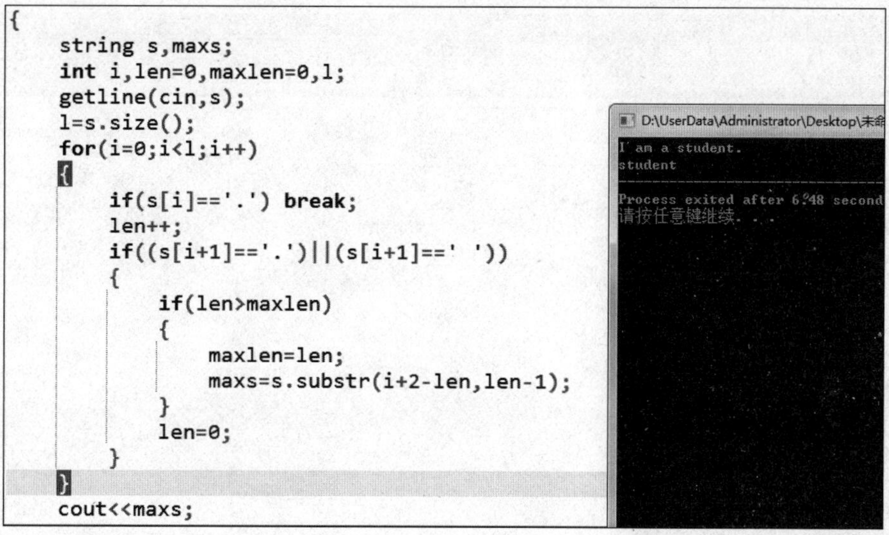

```
{
    string s,maxs;
    int i,len=0,maxlen=0,l;
    getline(cin,s);
    l=s.size();
    for(i=0;i<l;i++)
    {
        if(s[i]=='.') break;
        len++;
        if((s[i+1]=='.')||(s[i+1]==' '))
        {
            if(len>maxlen)
            {
                maxlen=len;
                maxs=s.substr(i+2-len,len-1);
            }
            len=0;
        }
    }
    cout<<maxs;
```

```
D:\UserData\Administrator\Desktop\未命
I' am a student.
student

Process exited after 6.48 second
请按任意键继续. . .
```